JN221656

森 重文 編集代表

ライブラリ数理科学のための数学とその展開 **F4**

数理科学のための 常微分方程式と 複素積分

竹井 義次 著

サイエンス社

編者のことば

　近年，諸科学において数学は記述言語という役割ばかりか研究の中での数学的手法の活用に期待が集まっている．このように，数学は人類最古の学問の一つでありながら，外部との相互作用も加わって現在も激しく変化し続けている学問である．既知の理論を整備・拡張して一般化する仕事がある一方，新しい概念を見出し視点を変えることにより数学を予想もしなかった方向に導く仕事が現れる．数学はこういった営為の繰り返しによって今日まで発展してきた．数学には，体系の整備に向かう動きと体系の外を目指す動きの二つがあり，これらが同時に働くことで学問としての活力が保たれている．

　この数学テキストのライブラリは，基礎編と展開編の二つからなっている．基礎編では学部段階の数学の体系的な扱いを意識して，主題を重要な項目から取り上げている．展開編では，大学院生から研究者を対象に現代の数学のさまざまなトピックについて自由に解説することを企図している．各著者の方々には，それぞれの見解に基づいて主題の数学について個性豊かな記述を与えていただくことをお願いしている．ライブラリ全体が現代数学を俯瞰することは意図しておらず，むしろ，数学テキストの範囲に留まらず，数学のダイナミックな動きを伝え，学習者・研究者に新鮮で個性的な刺激を与えることを期待している．本ライブラリの展開編の企画に際しては，数学を大きく4つの分野に分けて森脇淳（代数），中島啓（幾何），岡本久（解析），山田道夫（応用数理）が編集を担当し森重文が全体を監修した．数学を学ぶ読者や数学にヒントを探す読者に有用なライブラリとなれば望外の幸せである．

編者を代表して

森　重文

ま　え　が　き

　本書で扱うのは複素変数の常微分方程式の基礎理論である．典型的な常微分方程式の場合には独立変数を実数から複素数にまで拡張して考えるのが自然である．本書でもその視点に立って，実変数と複素変数に共通する常微分方程式の局所理論からはじめて，モノドロミーやストークス現象といった複素領域における解の大域的な性質までを論じる．ただし，専門家向けの解説書ではなくあくまでも初学者向けのテキストなので，特に解の大域理論に関しては一般論ではなく具体例を中心に解説した．こうした複素領域における解の大域的な性質を調べる際には，コーシーの積分定理や留数定理といった複素積分の手法が縦横に活躍する．本書のタイトルが『数理科学のための　常微分方程式と複素積分』となっているのは以上の背景による．

　以下，本書の内容についてもう少し詳しく説明する．本書は，第1章から第3章までからなる前半部分と，第4章以降の後半部分の大きく二つに分かれる．このうち前半部分では，主として独立変数を実変数とした常微分方程式の基礎理論を扱う．まず第1章では，本書の内容への導入として，常微分方程式を考える動機や背景，理由を例を用いて説明した．簡単な常微分方程式の例からはじめて，多変数の偏微分方程式を解く際にも常微分方程式が現れること，そこから変数を複素数にまで拡張して複素変数の常微分方程式を考える動機が得られること，等を述べた．特に，水素原子のエネルギー準位を論じる1.2節の例1.7は，後半で議論されることになる解の大域的な性質にかかわるいくつかの課題も提示され，本書の後半部分への橋渡しとなっている．さらに，微分方程式を扱うウォーミングアップを兼ねて，1.3節ではいわゆる求積法，つまり解が明示的に求まる典型的な方程式に関する性質をまとめた．つづく第2章では，最も基本的で重要な方程式と考えられる定数係数の線形常微分方程式を論じる．主として単独高階の常微分方程式を扱うが，それと同等な連立1階の常微分方程式についても，行列のジョルダン標準形の扱いを含めて比較的丁寧に説明した．その後の第3章において，解の存在と一意性といった常微分方程式の基礎定理の解説を行う．リプシッツ連続を仮定しない状況での，コーシーの折れ線近似

を用いた解の存在定理についても説明した.

第4章からはじまる後半部分が,複素変数の常微分方程式論を扱う本書の中心をなす部分である.まず第4章では,複素変数の線形常微分方程式の局所理論に関する基礎定理を解説した.読者の便宜のために複素解析学の復習からはじめて,正則点,確定特異点,さらに不確定特異点における解の構成について論じる.本書では考える方程式を単独2階の常微分方程式に限定することで,初学者向けのテキストでは扱われることが少ない不確定特異点のまわりでの(形式)解の構成についても(一般論に深入りすることなくごく簡単な議論で)説明した.この基礎理論を踏まえ,第5章では確定特異点型の2階常微分方程式の大域理論を,そして第6章では不確定特異点を含む微分方程式の大域理論をそれぞれ考察する.ここでも分かりやすさを主眼に,具体的な方程式(第5章ではガウスの超幾何微分方程式,第6章ではクンマーやウェーバーの微分方程式)を題材として,よく知られた解の積分表示式を複素積分という視点から解析することにより,モノドロミーやストークス現象といった解の大域的な性質を明示的に論じた.その結果として,1.2節の例1.7で提示されたいくつかの課題に対する解答が与えられる.なお,不確定特異点のまわりでのストークス現象の解析のために,第6章には漸近展開や大きなパラメータを含んだ積分に対する最急降下法についての説明を含めた.

常微分方程式については既に非常に多くのテキストが出版されている.本書の前半部分は,こうした多くの常微分方程式のテキストで扱われている内容を,限られたページ数の範囲でできるだけ簡潔にまとめたものである.ただし,基礎定理の証明も含めて,必要な説明は省略せずに与えている.一方,解の大域理論まで論じた複素変数の常微分方程式のテキストはそれほど多くない.その中でも,高野恭一先生の『常微分方程式』(巻末の参考文献で挙げた[5])に本書の著者は大きな感銘と影響を受けた.実際,本書で重要な役割を果たしている1.2節の例1.7や第5章の議論は,高野先生のテキストを大いに参考にしている.本書の後半部分は,複素積分という視点をより強調しながら,高野先生のテキストの内容を解説したものということができる.同時に,ガウスやクンマー,ウェーバーといった具体的な方程式を扱っているので,古典的な「特殊関数」の分野への入門書としても利用できるかも知れない.

最後に,『ライブラリ 数理科学のための数学とその展開』の一冊として本書の

執筆をお勧め下さり，できあがった原稿に対しても貴重なご助言を頂いた編集委員の森重文先生，山田道夫先生に厚く御礼申し上げる．実際の執筆にあたっては，所属先の異動という個人的な事情やコロナ禍に伴う混乱といった諸々の原因が重なって，原稿の完成までに多大な時間を要することになってしまった．ご迷惑をおかけした方々にお詫び申し上げるとともに，原稿の執筆が遅々として進まない中で絶えざる温かい励ましを頂いたサイエンス社の田島伸彦氏，鈴木綾子氏，仁平貴大氏に心よりの謝意を表したい．また，第6章で用いられている最急降下路の図の作成においてご協力頂いた佐々木真二氏にも，この場を借りて心より御礼申し上げる．

　2024 年 7 月

竹井　義次

目　　　次

第1章　序　　論　　　　　　　　　　　　　　　　　　　　　　**1**

　1.1　微分方程式とは ……………………………………………　1

　1.2　数理物理に現れる偏微分方程式と常微分方程式 …………　9

　1.3　求積できる常微分方程式のいくつかの例 ………………… 17

　演　習　問　題 ………………………………………………… 24

第2章　線形常微分方程式　　　　　　　　　　　　　　　　　**25**

　2.1　線形方程式の一般的性質 ………………………………… 25

　2.2　定数係数線形同次方程式の基本解系 …………………… 30

　2.3　ラプラス変換を用いた解法 ……………………………… 37

　2.4　非同次線形方程式の解法 ………………………………… 42

　2.5　1階連立線形方程式 ……………………………………… 47

　演　習　問　題 ………………………………………………… 57

第3章　常微分方程式の基礎理論　　　　　　　　　　　　　**59**

　3.1　解の存在と一意性 ………………………………………… 59

　3.2　解の接続と比較定理 ……………………………………… 70

　3.3　初期値やパラメータに関する解の連続性と微分可能性 ………… 76

　演　習　問　題 ………………………………………………… 80

第4章　複素変数の線形常微分方程式　　　　　　　　　　　**81**

　4.1　複素解析からの準備 ……………………………………… 81

　4.2　正則点におけるべき級数解 ……………………………… 87

　4.3　確定特異点と不確定特異点 ……………………………… 96

　4.4　確定特異点における解の構成 …………………………… 99

　4.5　不確定特異点における形式解 …………………………… 107

　演　習　問　題 ………………………………………………… 112

第 5 章　解の大域的性質と複素積分　　　　**113**

5.1　モノドロミー ……………………………………………………… 113

5.2　ガウスの超幾何関数とオイラー積分表示式 …………………… 118

5.3　超幾何微分方程式のモノドロミーと接続問題 ………………… 126

演　習　問　題 ………………………………………………………… 142

第 6 章　複素積分とストークス現象　　　　**143**

6.1　漸近展開とストークス現象 ……………………………………… 143

6.2　ウェーバー方程式に対するストークス現象 …………………… 152

6.3　大きなパラメータを含んだ積分の漸近展開 …………………… 161

6.4　ウェーバー方程式のパラメータに関するストークス現象 …… 169

演　習　問　題 ………………………………………………………… 179

演習問題略解　　　　**180**

参　考　文　献　　　　**194**

索　　　引　　　　**196**

第1章

序　　　論

　本章では，微分方程式論へのイントロダクションとして，いくつかの基本的な例を通じて微分方程式を論じる意味や背景について考察する．特に，本書の主題である複素変数の常微分方程式論を考える動機ともなる，数理物理の問題に現れる典型的な偏微分方程式について，少し詳しく論じる．また，微分方程式に対するウォーミングアップも兼ねて，求積が可能な常微分方程式の例をいくつか紹介する．

1.1　微分方程式とは

　未知数 x に対する関係式を代数方程式というのと同様に，独立変数 t をもつ未知関数 $u(t)$ とその微分 $u'(t), u''(t), \ldots$ に対する関係式を**微分方程式**という．例えば，

$$\frac{d^2 u}{dt^2} + tu + u^3 = 0, \tag{1.1}$$

$$\frac{\partial^2 u}{\partial t_1^2} + \frac{\partial^2 u}{\partial t_2^2} + \cdots + \frac{\partial^2 u}{\partial t_n^2} = 0, \tag{1.2}$$

$$\begin{cases} \dfrac{du_1}{dt} = (u_1 - u_2)u_1, \\ \dfrac{du_2}{dt} = (1 - u_1)u_2 \end{cases} \tag{1.3}$$

といった式が微分方程式の例である．(1.1) のように独立変数 t が 1 個の場合を**常微分方程式**，(1.2) のように独立変数 $t = (t_1, t_2, \ldots, t_n)$ が 2 個以上の変数からなる場合を**偏微分方程式**と呼ぶ．また，(1.3) のように（一般には複数個の）未知関数に対する関係式が複数個ある微分方程式は**連立方程式**と呼ばれる．（これに対して，1 個の未知関数に対する 1 個の微分方程式を**単独方程式**という．）本書では，1 個の独立変数 t と 1 個の未知関数 $u = u(t)$，およびその微分の関

数 F を用いて

$$F\left(t, u, \frac{du}{dt}, \frac{d^2u}{dt^2}, \ldots, \frac{d^mu}{dt^m}\right) = 0 \tag{1.4}$$

の形に表されるような単独の常微分方程式を主として扱う．微分方程式 (1.4) に含まれる最高階微分の階数 m を方程式の**階数**と呼ぶ.

　本書を始めるにあたって，微分方程式を考える意味や背景について，いくつかの基本的な例を通して見ておこう.

1.1.1 数理現象の解析

　微積分法が創始された当初から，例えばニュートンにとっては，力学的な現象を解析する道具として微分方程式はごく自然に利用されてきた．実際，いわゆるニュートンの運動方程式は，微分方程式の形で表現される．今，時刻 t において位置 $x(t)$ にある物体が力 F を受けて運動しているとき，運動方程式によれば

$$m\frac{d^2x}{dt^2} = F \tag{1.5}$$

が成り立つ．ここで m は物体の質量であり，位置の 2 階微分 $\frac{d^2x}{dt^2}$ は物体の加速度を表す．(1.5) はまさしく微分方程式であり，その解が求まれば運動の状況が明らかになる.

例 1.1（**物体の投げ上げ**）　地面から空に向かって鉛直方向に物を投げ上げるとき，物体には下向きに大きさ mg（g は重力加速度）の引力が働く．従って，地面を原点として，鉛直上向きの方向に（1 次元）座標を設定すると，運動方程式は

$$m\frac{d^2x}{dt^2} = -mg, \quad \text{i.e.,} \quad \frac{d^2x}{dt^2} = -g \tag{1.6}$$

となる．(1.6) は 2 回積分することで簡単に解が求まる．例えば，時刻 $t = 0$ のときに地面から初速度 a（a は正の定数）で投げ上げるとすると，

$$x(0) = 0, \quad \frac{dx}{dt}(0) = a \tag{1.7}$$

であるので，(1.6) の解は

$$x(t) = -\frac{1}{2}gt^2 + at \tag{1.8}$$

で与えられる．(1.8) から，物体は時刻 $t = \frac{2a}{g}$ に再び地面に落ちて来ることがわかる（図 1.1 参照）．

ある時刻（今の場合 $t = 0$）での関数値をあらかじめ定める条件 (1.7) を**初期条件**（あるいは，**初期値**），この例のように，与えられた初期条件を満たす微分方程式の解を求める問題を**初期値問題**（あるいは，**コーシー問題**）という．

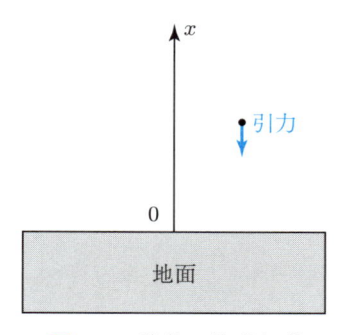

図 1.1　物体の投げ上げ　　　　□

例 1.2（**単振動**）　次に，一端を固定したバネに取り付けられた物体を，少し引っ張って静かに放した場合の運動を考えよう．バネの自然長を原点に取ると，フックの法則により物体には $-kx$（k はバネ定数）の力が加わるので，この場合の運動方程式は

$$m \frac{d^2 x}{dt^2} = -kx, \quad \text{i.e.,} \quad \frac{d^2 x}{dt^2} = -\frac{k}{m} x \tag{1.9}$$

となる．また，初期条件は

$$x(0) = a \quad (a \text{ は正の定数}), \quad \frac{dx}{dt}(0) = 0 \tag{1.10}$$

で与えられる（図 1.2 参照）．(1.9) は右辺にも未知関数が現れるので，単に積分するだけでは解は求まらない．しかし，例えば

$$x(t) = \cos\left(\sqrt{\frac{k}{m}}\, t\right) \quad \text{および} \quad x(t) = \sin\left(\sqrt{\frac{k}{m}}\, t\right) \tag{1.11}$$

が (1.9) を満たすことは簡単に確かめられる．言い換えれば，(1.11) は (1.9) の解である．今の場合 (1.9) は未知関数 x について 1 次式であるので，これより，c_1, c_2 を定数として，

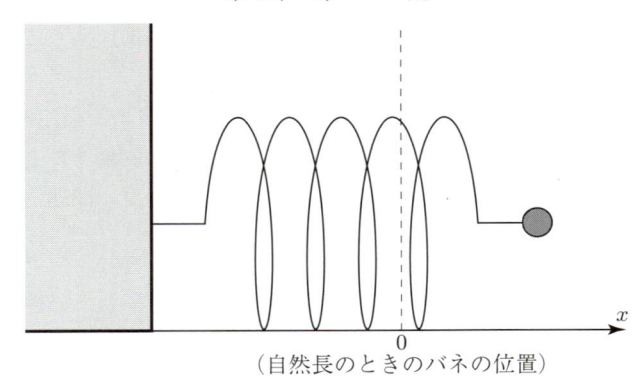

（自然長のときのバネの位置）

図 **1.2**　単振動—バネに取り付けられた物体の運動

$$x(t) = c_1 \cos\left(\sqrt{\frac{k}{m}}\, t\right) + c_2 \sin\left(\sqrt{\frac{k}{m}}\, t\right) \tag{1.12}$$

もまた (1.9) の解となることがわかる．ここで（任意定数と呼ばれる）定数 c_1, c_2 は任意に選べることに注意しよう．(1.12) のように任意定数を含んだ解（より厳密には，方程式の階数と同じだけの個数の任意定数を含んだ解）を**一般解**という．（これに対して，c_1, c_2 として特別な値を代入した解は**特殊解**と呼ばれる．）一般解が求まれば，初期条件 (1.10) を満たす解を求めることは難しくない．実際，(1.12) という解の表示を初期条件 (1.10) に代入すれば，

$$x(0) = c_1 \cos 0 + c_2 \sin 0 = c_1 = a,$$

$$\frac{dx}{dt}(0) = -c_1 \sqrt{\frac{k}{m}}\, \sin 0 + c_2 \sqrt{\frac{k}{m}}\, \cos 0 = c_2 \sqrt{\frac{k}{m}} = 0.$$

従って $x(t) = a \cos\left(\sqrt{\frac{k}{m}}\, t\right)$ が初期条件 (1.10) を満たす (1.9) の解を与える．

(1.9) のように，未知関数について 1 次式であるような微分方程式を**線形方程式**という．これに対して，線形でない方程式は**非線形方程式**と呼ばれる．線形方程式の場合，いくつかの解が見つかればその線形結合もまた解になる（線形方程式のこの性質を"**重ね合わせの原理**"という）ので，線形方程式の一般解の決定は非線形方程式に比べるとやさしい．(1.9) のような線形常微分方程式の解の見つけ方については，第 2 章で論じる．　　　　　　　　　　　□

例 1.1，例 1.2 では，ニュートンの運動方程式に従う運動を表す微分方程式の簡単な例を扱った．次に，もう少し違った数理現象を記述する微分方程式を考えよう．

例 1.3 （ロジスティック方程式） 人口，あるいは生物の個体数 $x = x(t)$ は時間 t とともに変化する．最も簡単なモデルでは，個体数が多いほどその生物の個体数の増加率も増えるとみなし，特に増加率が個体数に比例すると仮定して

$$\frac{dx}{dt} = kx \quad （ただし k は正の定数） \tag{1.13}$$

という微分方程式を考える．（厳密に言うと未知関数 $x(t)$ の値は整数，つまり従属変数 $x(t)$ は離散変数であるが，例えば個体数の代わりに密度を考えることにより，以下では $x(t)$ も連続変数とみなす．）この (1.13) の一般解は

$$x(t) = ce^{kt}$$

で与えられる．つまり，このモデルではすべての個体数の時間変化は指数関数により表され，従って個体数は時間とともに指数関数的に増大する．

しかし，例えば実際の人口モデルでは，個体数が余りに増えすぎると食糧不足や環境の悪化等の要因により，人口の増加率にブレーキがかかる．こうした負の影響を考慮に入れたモデルを表す微分方程式として，

$$\frac{dx}{dt} = (\alpha - \beta x)x \quad （ただし \alpha, \beta は正の定数） \tag{1.14}$$

という**ロジスティック方程式**がある．つまり，$x(t)$ が小さい間は右辺の中で αx の項が優勢とみなせて $x(t)$ の増加率は近似的に個体数に比例すると考えられるが，$x(t)$ が増加すると今度は $-\beta x^2$ の項が右辺で優勢となり，$x(t)$ の増加率にブレーキがかかるという状況を (1.14) は記述している．

ロジスティック方程式 (1.14) は 1 階の非線形方程式である．上で述べたように一般に非線形方程式を解くのはやさしくないが，この (1.14) は**変数分離形**という特別な形をしているので，具体的に解の表示式を求めることができる．以下，簡単のために $\alpha = \beta = 1$ として，初期条件

$$x(0) = a \quad （ただし a は正の定数）$$

を満たす (1.14) の解を求めてみよう．(1.14) の両辺を

$$(\alpha - \beta x)x = (1 - x)x$$

で割って部分分数に分解することにより,

$$\left(\frac{1}{x} + \frac{1}{1-x}\right)\frac{dx}{dt} = 1.$$

この両辺を t で積分すれば,積分定数を c として,

$$\log|x| - \log|1-x| = \log\left|\frac{x}{1-x}\right|$$
$$= t + c.$$

従って,積分定数を新たに C に取り換えることにより,

$$\frac{x}{1-x} = Ce^t,$$

つまり,

$$x(t) = \frac{Ce^t}{1 + Ce^t}$$

を得る.特に,初期条件 $x(0) = a$ を満たす解は

$$x(t) = \frac{Ce^t}{1 + Ce^t}, \quad \text{ただし} \quad C = \frac{a}{1-a} \tag{1.15}$$

で与えられる.

　こうした解の具体的な表示式 (1.15) が得られれば,それを用いることにより,例えば $t \to +\infty$ のときの解の漸近挙動もたやすく判定できる.実際,$a > 1$ の場合は,

$$C = \frac{a}{1-a} = -\widetilde{C}$$

とおくと $\widetilde{C} > 1$ となるので,

$$x(t) = \frac{\widetilde{C}e^t}{\widetilde{C}e^t - 1} \longrightarrow 1 \quad (t \to +\infty)$$

が成り立ち,また $0 < a < 1$ の場合は,$C > 0$ であるから,やはり

$$x(t) = \frac{Ce^t}{1 + Ce^t} \longrightarrow 1 \quad (t \to +\infty)$$

が成り立つ.(なお $a = 1$ のときは,方程式 (1.14) から直接 $x(t) \equiv 1$ であることがわかる.)いずれの場合も,$t \to +\infty$ のとき解 $x(t)$ は 1 に近づく.これに対して,(本来の変数 x の意味から言うと許されないが,純粋に数学的に考える

ことにして）$a < 0$ の場合は，$a > 1$ の場合と同様に $C = \frac{a}{1-a} = -\widetilde{C}$ とおくと今度は $0 < \widetilde{C} < 1$ となるので，

$$x(t) = \frac{\widetilde{C}e^t}{\widetilde{C}e^t - 1} \longrightarrow -\infty \quad \left(t \to \log\left(\frac{1}{\widetilde{C}}\right)\right)$$

となる．すなわち，有限時間で解は発散する（こうした状況を，通常 "解は**爆発**する" という）．こうした解の漸近挙動は，図 **1.3** のような (x, t) 平面上での解曲線の図を描くことによって，より視覚的に理解することも可能である．

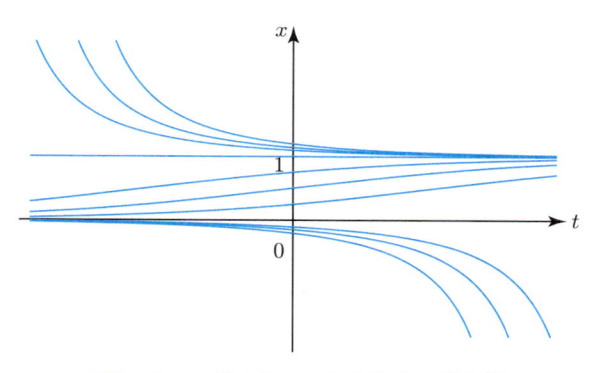

図 **1.3** ロジスティック方程式の解曲線 □

　以上の例のように，解析したい数理現象を微分方程式で表現し，その解を具体的に求めることができれば，その解の性質を通じて数理現象の本質を理解することができる．微分方程式を論じる一つの目的は，こうした数理現象の解析である．本書では，1.3 節や第 2 章で具体的に解ける微分方程式のいくつかの例を論じる．しかし，残念ながら，具体的に解ける微分方程式は（微分方程式全体の中で）それほど多くはない．具体的には解けない微分方程式の解の性質をどのようにして解析するかが，微分方程式論の一つの大きなテーマである．

1.1.2　関数の特徴づけ

　微分方程式論の他の重要な目的として，微分方程式の解となる関数のいろいろな性質を微分方程式を利用して調べ，場合によってはそうした関数を微分方程式によって特徴づけるということがある．これについても，簡単で基本的な例をみてみよう．

例 1.4 （**三角関数の加法定理**）　上の例 1.2 でも出てきたように，三角関数 $x = \sin t$ や $x = \cos t$ は微分方程式

$$\frac{d^2x}{dt^2} = -x \tag{1.16}$$

を満たす．実は，$\sin t$ や $\cos t$ はこの微分方程式 (1.16) によって特徴づけられると言っても過言ではない．例えば，$\sin t$ の重要な性質である加法定理

$$\sin(t + \theta) = \sin t \cos \theta + \cos t \sin \theta \tag{1.17}$$

も，微分方程式を用いて次のように証明することができる．

　証明したい式 (1.17) の両辺を t の関数と考えて（θ はパラメータとみなす），左辺を $f(t)$，右辺を $g(t)$ とおく．このとき，微分や三角関数の簡単な性質から，$f(t)$ については

$$f''(t) = -\sin(t + \theta) = -f(t), \quad f(0) = \sin \theta, \quad f'(0) = \cos \theta$$

が成り立つことは容易にわかる．同様に，右辺の $g(t)$ も

$$g''(t) = -g(t), \quad g(0) = \sin \theta, \quad g'(0) = \cos \theta$$

を満たす．つまり，$f(t), g(t)$ のいずれも微分方程式と初期条件

$$\frac{d^2x}{dt^2} = -x, \quad x(0) = \sin \theta, \quad \frac{dx}{dt}(0) = \cos \theta \tag{1.18}$$

を満足する．第 3 章で詳しく論じるように，初期値問題 (1.18) の解はただ一つなので，これより $f(t) = g(t)$ が従う．　　　　　　　　　　　　　　□

例 1.5 （**オイラーの公式**）　例 1.4 と同様にして，有名な**オイラーの公式**

$$e^{i\theta} = \cos \theta + i \sin \theta \tag{1.19}$$

もまた，微分方程式を用いた証明が可能である．実際，指数関数 $x = e^t$ は $\frac{dx}{dt} = x, \frac{d^2x}{dt^2} = x$ を満足するので，独立変数を複素数にした $x = e^{i\theta}$ は，変数変換の公式により $\frac{dx}{d\theta} = ix, \frac{d^2x}{d\theta^2} = -x$ を満たす．すなわち，$x = e^{i\theta}$ は初期値問題

$$\frac{d^2x}{d\theta^2} = -x, \quad x(0) = 1, \quad \frac{dx}{d\theta}(0) = i \tag{1.20}$$

の解である．一方，(1.19) の右辺も (1.20) の解であることが容易に確かめられ

る．第 3 章や第 4 章で論じるように，初期値問題 (1.20) の解の一意性，つまり解がただ一つであることは複素変数でも成立するので，これでオイラーの公式 (1.19) の成立が確かめられた． □

　微分方程式を用いて関数を特徴づけたり，関数のいろいろな性質を調べることは，数学における基本的な手法の一つである．上の例 1.4 や例 1.5 でみたように，そこでは微分方程式の解の一意性が重要な役割を演じる．本書の第 3 章では，解が具体的に求まるとは限らない一般の微分方程式に対して，その解の存在や一意性を論じる．

1.2　数理物理に現れる偏微分方程式と常微分方程式

　1.1 節のいくつかの例に対する議論が示すように，解が具体的に求まる方程式や，一般の微分方程式に対する解の存在や一意性を論じることは，常微分方程式論における最も基本的な問題である．本書では，それに引き続いた問題として，必ずしも解が具体的には求まらないような複素変数の常微分方程式を扱う．複素変数の常微分方程式は，数学のいろいろな場面に顔を出す重要な対象であるからである．この節では，その重要性の一端を例証すると同時に，偏微分方程式と常微分方程式との典型的な関わりを示すために，数理物理の問題に現れる偏微分方程式の基本的な例をいくつか論じることにしよう．

例 1.6　（**膜の振動**）　例えば太鼓で音を鳴らすときのように，半径 R の円形をした膜が微小な振動をする状況を考える．膜は (x, y) 平面の原点中心の円板

$$\{ (x, y) \mid x^2 + y^2 \le R^2 \}$$

であるとし，点 (x, y) における膜の変位，つまり静止状態からのずれを

$$\varphi = \varphi(x, y)$$

で表す．実際に膜が振動しているときには変位は時間とともに変化するので，

$$\varphi = \varphi(t, x, y)$$

は時間 t にも依存する (t, x, y) の 3 変数関数となる（図 1.4 参照）．このとき，$\varphi(t, x, y)$ はいわゆる**波動方程式**と呼ばれる次の偏微分方程式の解となることが知られている．

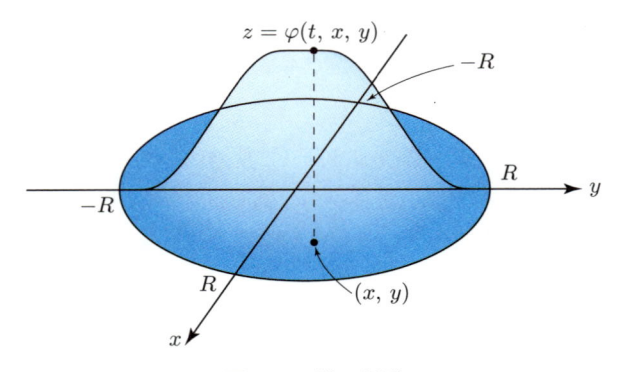

図 1.4　膜の振動

$$\begin{cases} \dfrac{\partial^2 \varphi}{\partial t^2} = \dfrac{\partial^2 \varphi}{\partial x^2} + \dfrac{\partial^2 \varphi}{\partial y^2} & (t > 0,\ x^2 + y^2 \leq R^2 \text{ のとき}), \\[2mm] \varphi(t, x, y) = 0 & (t > 0,\ x^2 + y^2 = R^2 \text{ のとき}). \end{cases} \tag{1.21}$$

(1.21) の第 2 式は**境界条件**と呼ばれる条件で，今の場合は膜の端が固定されている状況を表している．この偏微分方程式に対して，どのような解が存在するのかを考えよう．

注意 1.1　実際の膜の振動を解析する際には，境界条件に加えて，初期変位を記述する

$$\varphi(0, x, y) = \varphi_0(x, y) \tag{1.22}$$

という初期条件を課して解を求めることが普通である．（ここで $\varphi_0(x, y)$ は，$x^2 + y^2 = R^2$ において $\varphi_0(x, y) = 0$ を満たすような与えられた関数．）ただ，今は偏微分方程式の一般論を考察することが目的ではないので，以下では初期条件を無視して単に (1.21) を満たす解を求めることを考える．

　今は微分方程式を原点中心の円板上で考えているので，円の対称性を考慮に入れて，まずは極座標

$$x = r \cos \theta, \quad y = r \sin \theta \quad (0 \leq r \leq R,\, 0 \leq \theta < 2\pi) \tag{1.23}$$

を用いて微分方程式を書き直す．

$$\frac{\partial}{\partial x} = \cos \theta \frac{\partial}{\partial r} - \frac{\sin \theta}{r} \frac{\partial}{\partial \theta}, \quad \frac{\partial}{\partial y} = \sin \theta \frac{\partial}{\partial r} + \frac{\cos \theta}{r} \frac{\partial}{\partial \theta} \tag{1.24}$$

に注意して (1.21) に現れる微分方程式を書き直せば，次が得られる．

$$\frac{\partial^2 \varphi}{\partial t^2} = \left(\frac{\partial^2}{\partial r^2} + \frac{1}{r^2} \frac{\partial^2}{\partial \theta^2} + \frac{1}{r} \frac{\partial}{\partial r} \right) \varphi. \tag{1.25}$$

この (1.25) のような偏微分方程式の解を具体的に求めようとする際には, いわゆる**変数分離法**を利用するのが常套手段である. すなわち, 未知関数 $\varphi = \varphi(t, r, \theta)$ がそれぞれの変数の 1 変数関数の積の形

$$\varphi(t, r, \theta) = F(t)G(r)H(\theta) \tag{1.26}$$

であると仮定して, 解を探す. (1.26) を方程式 (1.25) に代入すると,

$$F''GH = FG''H + \frac{1}{r^2} FGH'' + \frac{1}{r} FG'H.$$

(F' 等は, それぞれの独立変数に関する微分を表す.) この両辺を FGH で割れば,

$$\frac{F''}{F} = \frac{G''}{G} + \frac{1}{r^2} \frac{H''}{H} + \frac{1}{r} \frac{G'}{G}. \tag{1.27}$$

(1.27) の両辺を見れば, 左辺が t のみの関数であるのに対して右辺は (r, θ) のみの関数である. 従って (1.27) の両辺は (t にも (r, θ) にも依らない) 定数でなければならないことがわかる. 今, この定数を $-\lambda$ と表すことにすれば,

$$F''(t) + \lambda F(t) = 0, \quad r^2 \frac{G''}{G} + r \frac{G'}{G} + \lambda r^2 = -\frac{H''}{H}. \tag{1.28}$$

(1.28) の第 2 式の左辺は r のみの関数, 右辺は θ のみの関数であるから, 上と同じ議論から再びこの両辺は定数となる. この定数を μ で表せば, 結局次が得られる.

$$\begin{cases} F''(t) + \lambda F(t) = 0, \\ G''(r) + \dfrac{1}{r} G'(r) + \left(\lambda - \dfrac{\mu}{r^2} \right) G(r) = 0, \\ H''(\theta) + \mu H(\theta) = 0. \end{cases} \tag{1.29}$$

この 3 個の常微分方程式を解けば, 元の偏微分方程式 (1.25) の解が得られる. まず, $H''(\theta) + \mu H(\theta) = 0$ については, 例 1.2 で扱った方程式 (1.9) と同様にして,

$$H(\theta) = c_1 \cos(\sqrt{\mu}\, \theta) + c_2 \sin(\sqrt{\mu}\, \theta) \tag{1.30}$$

(ただし c_1, c_2 は任意定数) が解を与える. ここで θ は極座標の変数だったことを思い出そう. 従って θ の関数である $H(\theta)$ は周期 2π の周期関数, つまり $H(\theta + 2\pi) = H(\theta)$ が成立しなければならない. この条件から,

$$\sqrt{\mu} \in \mathbb{Z}, \quad \text{i.e.,} \quad \mu = n^2 \quad (n = 1, 2, \ldots) \tag{1.31}$$

であることがわかる. よって,（三角関数を合成した形で書いて）

$$H(\theta) = c\cos(n\theta + \omega) \tag{1.32}$$

(c, ω は定数）が得られる.

次に, $G(r)$ に関する方程式を考える.（1.31）を踏まえ, さらに $r = \frac{\rho}{\sqrt{\lambda}}$ により独立変数を r から ρ に変換すれば,

$$\left\{ \frac{d^2}{d\rho^2} + \frac{1}{\rho}\frac{d}{d\rho} + \left(1 - \frac{n^2}{\rho^2}\right) \right\} G(r) = 0. \tag{1.33}$$

(1.33) は "ベッセルの微分方程式" と呼ばれる代表的な常微分方程式の一つである. ここで,（1.33）の左辺は $\rho = 0$ に特異点をもっていることに注意しよう. 第4章で論じるように, 一般にこうした微分方程式の特異点では解も特異点をもつ. ところが, $\rho = 0$ は原点, つまり考えている円板領域の中心なので, $\rho = 0$ においても特異点をもたないような解を見つけることが望ましい. 実際 4.4 節で見るように, 今の場合それは可能で, $\rho = 0$ に特異点をもたない (1.33) の解はいわゆる**ベッセル関数** $J_n(\rho)$（正確には, その定数倍）で与えられる. さらに, 境界条件から, $G = G(r)$ は $r = R$ に零点をもつことが必要である. 今, $J_n(\rho)$ の $\rho > 0$ における零点（可算無限個存在することが知られている）を $p_1, p_2, \ldots$ で表すことにすれば, この条件から

$$\sqrt{\lambda}\, R = p_j, \quad \text{i.e.,} \quad \sqrt{\lambda} = \frac{p_j}{R} \tag{1.34}$$

が従う. よって,

$$G(r) = c' J_n(\sqrt{\lambda}\, r) = c' J_n\left(\frac{p_j r}{R}\right) \quad (c' \text{ は定数}). \tag{1.35}$$

最後に, $F''(t) + \lambda F(t) = 0$ については, $H(\theta)$ の場合と同様にして,

$$F(t) = c'' \cos(\sqrt{\lambda}\, t + \omega') = c'' \cos\left(\frac{p_j t}{R} + \omega'\right) \tag{1.36}$$

(c'', ω' は定数）, ただし (1.34) を用いた.

結局, 3 個の常微分方程式を解くことにより, 偏微分方程式 (1.25) の解として

$$\varphi(t, r, \theta) = C \cos\left(\frac{p_j t}{R} + \omega'\right) J_n\left(\frac{p_j r}{R}\right) \cos(n\theta + \omega) \tag{1.37}$$

(C, ω, ω' は定数）が得られた. □

　数理物理の問題に現れる偏微分方程式の典型的な例として，もう一つ，量子力学における水素原子のエネルギー準位を決定する問題を考えよう．

例 1.7（**水素原子のエネルギー準位**）　量子力学によれば，水素原子の取り得るエネルギーは次のような**シュレーディンガー作用素**の固有値問題の解として決定される．

$$H := -\left(\frac{\partial^2}{\partial x^2} + \frac{\partial^2}{\partial y^2} + \frac{\partial^2}{\partial z^2}\right) + V(x, y, z), \tag{1.38}$$

ただし $V(x, y, z)$ は，クーロンポテンシャルと呼ばれる

$$V(x, y, z) = -\frac{k}{r} \quad (r = \sqrt{x^2 + y^2 + z^2},\, k > 0：定数) \tag{1.39}$$

という形の関数であり，水素原子とそのまわりをまわる電子の間に働くクーロン力を記述している．また，定数 E がシュレーディンガー作用素 H の**固有値**であるとは，微分方程式

$$H\varphi = E\varphi \tag{1.40}$$

の零でない有界な解 φ であって，

$$\iiint_{\mathbb{R}^3} |\varphi(x, y, z)|^2 \, dxdydz < +\infty \tag{1.41}$$

を満たすものが存在するときをいう．（このとき，(1.41) を満たす有界な解 φ は**固有関数**と呼ばれる．）以下，シュレーディンガー作用素 H の固有値を求めてみよう．

　例 1.6 と同様にして，まず微分方程式 (1.40) を 3 次元の極座標

$$\begin{cases} x = r\sin\theta\cos\phi \\ y = r\sin\theta\sin\phi \quad (r \geq 0,\ 0 \leq \theta \leq \pi,\ 0 \leq \phi < 2\pi) \\ z = r\cos\theta \end{cases} \tag{1.42}$$

を用いて書き直す（**図 1.5** 参照）．少し計算が複雑なので，結果のみ記すと，

$$\left(\frac{\partial^2}{\partial r^2} + \frac{1}{r^2}\frac{\partial^2}{\partial\theta^2} + \frac{1}{r^2\sin^2\theta}\frac{\partial^2}{\partial\phi^2} + \frac{2}{r}\frac{\partial}{\partial r} + \frac{\cos\theta}{r^2\sin\theta}\frac{\partial}{\partial\theta} + E + \frac{k}{r}\right)\varphi = 0 \tag{1.43}$$

となる．この偏微分方程式を，再び変数分離法を用いて解くことを考える．

$$\varphi(r, \theta, \phi) = F(r)G(\theta)H(\phi) \tag{1.44}$$

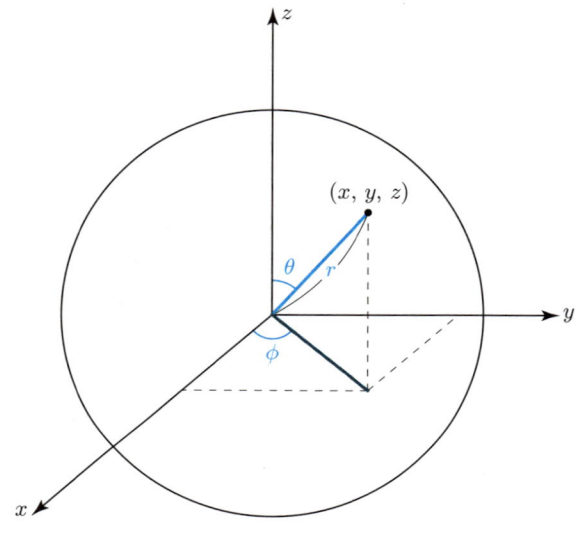

図 **1.5** 3 次元極座標

を (1.43) に代入すれば，例 1.6 と同様の議論により，次の 3 個の常微分方程式
が得られる．

$$\begin{cases} F'' + \dfrac{2}{r} F' + \left(E + \dfrac{k}{r} - \dfrac{\lambda}{r^2} \right) F = 0, \\ \sin\theta(\sin\theta\, G'' + \cos\theta\, G') + (\lambda\sin^2\theta - \mu)G = 0, \\ H'' + \mu H = 0, \end{cases} \tag{1.45}$$

ただし λ, μ は定数である．

　この 3 個の常微分方程式の解を求める．まず

$$H'' + \mu H = 0$$

については，例 1.6 と同様にして，

$$\mu = n^2 \quad (n = 0, 1, 2, \ldots), \qquad H(\phi) = c\cos(n\phi + \omega) \tag{1.46}$$

$(c, \omega$ は定数) が得られる．次に少し複雑な $G(\theta)$ の方程式については，

$$s = \cos\theta \quad (-1 \leq s \leq 1)$$

と変数変換することによって，(多少の計算の後に)

$$(1 - s^2)\frac{d^2 G}{ds^2} - 2s\frac{dG}{ds} + \left(\lambda - \frac{n^2}{1 - s^2}\right)G = 0 \qquad (1.47)$$

と書き直されることがわかる．この (1.47) は，有名な **"ガウスの超幾何微分方程式"** を少し変形したものに他ならない．(1.47) は $s = \pm 1$ に特異点をもっていることに注意しよう．変数 $s = \cos\theta$ は極座標であったから，(1.44) が固有関数であるためには，これらの特異点 $s = \pm 1$，すなわち $\theta = 0$ および $\theta = \pi$ の両方において，解 G は有界であることが要請される．第 5 章で論じるように，この要請から定数 λ は次のように決定される．

$$\lambda = l(l + 1) \quad (l = 0, 1, 2, \ldots, l \geq n). \qquad (1.48)$$

最後に $F(r)$ の満たす微分方程式を考えよう．すぐ後でわかるように固有値 E は負の実数であるので，以下 $E < 0$ として，

$$\begin{aligned} t &= 2\sqrt{-E}\,r, \\ F &= e^{-\frac{t}{2}}t^l u \end{aligned} \qquad (1.49)$$

によって独立変数を r から t に，未知関数を F から u に変換する．すると，$u = u(t)$ は

$$\frac{d^2 u}{dt^2} + \left\{\frac{2(l + 1)}{t} - 1\right\}\frac{du}{dt} - \frac{l + 1 - \sigma}{t}u = 0 \qquad (1.50)$$

（ただし $\sigma = \frac{k}{2\sqrt{-E}}$）を満たすことがわかる．(1.50) もまた，**"クンマーの合流型超幾何微分方程式"** と呼ばれる有名な方程式である．(1.50) は $t = 0$ に特異点をもつ．E が固有値となるためには，解が $t = 0$ で有界でなければならない．さらに，固有関数の条件 (1.41) より，解は無限遠点 $t = \infty$（この点もまた (1.50) の特異点である）においても高々多項式程度の増大度である，すなわち

$$\begin{aligned} &\text{ある正定数 } M, C \text{ が存在して，} t \text{ が十分大きいとき} \\ &|u(t)| \leq C|t|^M \text{ が成り立つ} \end{aligned} \qquad (1.51)$$

ことが必要である．（変数変換 (1.49) の形から，このとき

$$\varphi = F(r)G(\theta)H(\phi)$$

は (1.41) を満たすことに注意．）これらの要請から，定数 σ は

$$l + 1 - \sigma = -m \quad (m = 0, 1, 2, \ldots) \tag{1.52}$$

を満たすことが結論される.

　こうして得られた条件 (1.46), (1.48), (1.52) をまとめれば,

$$\sigma = \frac{k}{2\sqrt{-E}}$$
$$= l + 1 + m,$$

すなわち

$$E = -\left(\frac{k}{2}\right)^2 \frac{1}{(l+1+m)^2} \quad (l, m, n \in \{0, 1, 2, \ldots\}, l \geq n).$$

従って, シュレーディンガー作用素 H の固有値 E は,

$$E = -\left(\frac{k}{2}\right)^2 \frac{1}{p^2} \quad (p = 1, 2, \ldots) \tag{1.53}$$

のように, とびとびの値を取ることがわかる. □

　例 1.6, 1.7 が示すように, 数理物理に現れる典型的な偏微分方程式を変数分離法を用いて解こうとすると, ベッセルやガウス, クンマーといったよく知られた常微分方程式が現れる. そして, 固有値問題等の枠組でこうした偏微分方程式の解を得るためには, これらの常微分方程式の解のいろいろな性質を知ることが必要になる. ここで, ベッセルやガウス, クンマーのいずれの常微分方程式も, 未知関数の微分の前にかかる関数 (係数関数, または単に係数と呼ばれる) は有理関数, つまり多項式の比として表される分数関数であり, 従っていくつかの特異点をもっていることに注意しよう. こうした有理関数を係数とする常微分方程式の性質を調べる際には, 独立変数を複素数に拡げて考察するのが都合が良い. 具体的に解ける方程式や一般の常微分方程式に対する解の存在と一意性の問題に加えて, 主として有理関数を係数とする複素変数の常微分方程式の解の様々な性質 (例えば, 解の大域的な挙動) を, 複素関数論の手法を援用して解析しようというのが本書第 4 章〜第 6 章の大きなテーマである.

1.3 求積できる常微分方程式のいくつかの例

次章から常微分方程式の一般理論の解説を行うが，その前にこの節では，求積できるようないくつかの典型的な常微分方程式の例を見ておこう．ここで，微分方程式が「**求積できる**」とは，四則演算，微分積分（すなわち，導関数や原始関数をとる），代数方程式を解く，関数の合成（特に，初等関数への代入），陰関数を解く（逆関数を作る），といった操作を高々有限回行うことにより微分方程式の（一般）解が求まることをいう．数学としては，求積の際に許される操作をより厳密に指定する必要があるけれども，そうした厳密な理論は他書に譲って，ここでは素朴に解が求まるようないくつかの典型例を紹介することにしよう．

1.3.1 変数分離形

求積できる最も典型的な例は，次の形をした，いわゆる**変数分離形**の微分方程式である．

$$\frac{dx}{dt} = f(t)g(x). \tag{1.54}$$

（ここで $f(t), g(x)$ はそれぞれ t と x の関数.）実際，(1.54) は次のように変形すれば簡単に解が求まる.

$$(1.54) \implies \frac{1}{g(x)}\frac{dx}{dt} = f(t)$$

$$\implies \int \frac{1}{g(x)}\,dx = \int f(t)\,dt.$$

つまり，$\frac{1}{g(x)}$ の原始関数を $G(x)$，$f(t)$ の原始関数を $F(t)$ とおくと，(1.54) は

$$G(x) = F(t) + C \quad (C は積分定数) \tag{1.55}$$

と同値になり，(1.55) を x について解くことによって解が得られる.

例題 1.1 次の微分方程式を解け.

$$\frac{dx}{dt} = -\frac{t}{x}. \tag{1.56}$$

解答 この微分方程式は変数分離形であり，次のようにして解が求まる.

$$(1.56) \implies x\frac{dx}{dt} = -t \implies \frac{1}{2}x^2 = -\frac{1}{2}t^2 + C$$

$$\Longrightarrow \quad x^2 + t^2 = 2C, \quad \text{i.e.,} \quad x^2 + t^2 = C_1$$
$$\Longrightarrow \quad x = \pm\sqrt{C_1 - t^2}\,.$$

（ただし，C, C_1 は積分定数.）　　　　　　　　　　　　　　　　□

1.3.2　1階（単独）線形方程式

1階の（単独）線形方程式

$$\frac{dx}{dt} = a(t)x + b(t) \tag{1.57}$$

（$a(t), b(t)$ は t の関数）もまた，求積できる典型的な方程式である．実際，$a(t)$ の原始関数 $\int a(t)\,dt$ を $A(t)$ とおくと，次のようにして解が求まる．

$$(1.57) \implies \frac{dx}{dt} - a(t)x = b(t)$$
$$\implies e^{-A(t)}\frac{dx}{dt} - a(t)e^{-A(t)}x = b(t)e^{-A(t)}$$
$$\implies \frac{d}{dt}\left\{e^{-A(t)}x\right\} = b(t)e^{-A(t)}$$
$$\implies e^{-A(t)}x = \int b(t)e^{-A(t)}\,dt$$
$$\implies x = e^{A(t)}\int b(t)e^{-A(t)}\,dt.$$

[例題 1.2] 次の微分方程式を解け．

$$\frac{dx}{dt} = ax \quad (a \text{ は定数}). \tag{1.58}$$

[解答]（1.58）を

$$e^{-at}\frac{dx}{dt} - ae^{-at}x = \frac{d}{dt}\left(e^{-at}x\right) = 0$$

と変形すれば，

$$e^{-at}x = C, \quad \text{i.e.,} \quad x = Ce^{at} \quad (C \text{ は積分定数})$$

とすぐに解が求まる．もちろん（1.58）は変数分離形なので 1.3.1 項のように変形しても解は求まるが，その場合は x での割り算を行う必要があり，x が 0 になるかどうかが少し気になる．上のようにして解を求めれば，x が 0 になるかどうかを気にする必要がなく便利である．　　　　　　　　　　　　　　　□

1.3.3 完全微分形

微分方程式が，ある 2 変数関数 $\phi(t, x)$ を用いて

$$\frac{dx}{dt} = -\frac{\frac{\partial \phi}{\partial t}(t, x)}{\frac{\partial \phi}{\partial x}(t, x)}, \quad \text{i.e.,} \quad \frac{\partial \phi}{\partial t} + \frac{\partial \phi}{\partial x}\frac{dx}{dt} = 0 \tag{1.59}$$

の形に表されるとき，**完全微分形**と呼ぶ.

完全微分形の場合，

$$\frac{d}{dt}\phi(t, x(t)) = \frac{\partial \phi}{\partial t}(t, x(t)) + \frac{\partial \phi}{\partial x}(t, x(t))\frac{dx}{dt} = 0 \tag{1.60}$$

が成り立つので，$\phi(t, x(t))$ は t に依らない定数である．その（積分）定数を C と書くことにすると，$\phi(t, x(t)) = C$ を x について解くことにより (1.59) の解が求まる.

例題 1.3 次の微分方程式の解を求めよ.

$$\frac{dx}{dt} = \frac{t - x}{t + x}, \quad \text{i.e.,} \quad (x - t) + (x + t)\frac{dx}{dt} = 0. \tag{1.61}$$

解答 $\phi(t, x) = \frac{x^2}{2} + tx - \frac{t^2}{2}$ とおくと，

$$\frac{\partial \phi}{\partial t} = x - t, \quad \frac{\partial \phi}{\partial x} = x + t$$

なので，(1.61) は完全微分形である．従って，

$$\phi(t, x) = \frac{1}{2}x^2 + tx - \frac{1}{2}t^2 = C.$$

これを x について解けば，次のように解が求まる.

$$x(t) = -t \pm \sqrt{2(t^2 + C)}. \qquad \square$$

なお，変数分離形の方程式は完全微分形の特別な場合と考えることもできる．実際，

$$\phi(t, x) = \int f(t)\,dt - \int \frac{1}{g(x)}\,dx$$

とおけば，変数分離形の方程式 (1.54) はまさしく (1.59) の形である．この場合，(1.60) を積分した式 $\phi(t, x(t)) = C$ が (1.55) に対応する.

次の命題は，与えられた（1 階の）微分方程式が完全微分形かどうかを判定する条件を与える.

命題 1.1　$f(t,x), g(t,x)$ を C^1 級の関数とするとき，微分方程式

$$f(t,x) + g(t,x)\frac{dx}{dt} = 0 \tag{1.62}$$

が完全微分形である（すなわち，

$$\frac{\partial \phi}{\partial t} = f(t,x), \quad \frac{\partial \phi}{\partial x} = g(t,x) \tag{1.63}$$

を満たす C^2 級関数 $\phi(t,x)$ が存在する）ための必要十分条件は，

$$\frac{\partial f}{\partial x} = \frac{\partial g}{\partial t} \tag{1.64}$$

が成り立つことである．さらに，条件 (1.64) が成り立つとき，$\phi(t,x)$ は次式で与えられる．

$$\begin{aligned}
\phi(t,x) &= \int_{t_0}^{t} f(t',x_0)\,dt' + \int_{x_0}^{x} g(t,x')\,dx' \\
&= \int_{(t_0,x_0)}^{(t,x)} (f\,dt' + g\,dx') \tag{1.65}
\end{aligned}$$

（ただし (t_0, x_0) は任意に固定した点）．

証明　(1.63) を満たす C^2 級関数 $\phi(t,x)$ が存在するとすれば，

$$\frac{\partial}{\partial x} f = \frac{\partial}{\partial x}\left(\frac{\partial \phi}{\partial t}\right) = \frac{\partial}{\partial t}\left(\frac{\partial \phi}{\partial x}\right) = \frac{\partial}{\partial t} g.$$

逆に (1.64) が成り立つとき，$\phi(t,x)$ を (1.65) で定義すると明らかに $\frac{\partial \phi}{\partial x} = g(t,x)$ が成立し，さらに

$$\begin{aligned}
\frac{\partial \phi}{\partial t} &= f(t,x_0) + \int_{x_0}^{x} \frac{\partial g}{\partial t}(t,x')\,dx' \\
&= f(t,x_0) + \int_{x_0}^{x} \frac{\partial f}{\partial x}(t,x')\,dx' \\
&= f(t,x_0) + \big\{f(t,x) - f(t,x_0)\big\} \\
&= f(t,x)
\end{aligned}$$

も成り立つ． □

　そのままでは完全微分形の形はしていなくても，方程式に適切な関数をかけることによって完全微分形になる場合がある．例えば，次の例題を見てみよう．

例題 1.4 次の微分方程式の解を求めよ.

$$\frac{dx}{dt} = \frac{t^2 + x}{t}, \quad \text{i.e.,} \quad (t^2 + x) - t\frac{dx}{dt} = 0. \tag{1.66}$$

解答 $f(t,x) = t^2 + x$, $g(t,x) = -t$ に対しては (1.64) が成立せず, (1.66) はこのままでは完全微分形ではない. しかし,

$$\lambda(t,x) = \frac{1}{t^2}$$

として $\lambda(t,x)$ を (1.66) にかけると,

$$\left(1 + \frac{x}{t^2}\right) - \frac{1}{t}\frac{dx}{dt} = 0. \tag{1.67}$$

$\widetilde{f}(t,x) = 1 + \frac{x}{t^2}$, $\widetilde{g}(t,x) = -\frac{1}{t}$ とおけば

$$\frac{\partial \widetilde{f}}{\partial x} = \frac{\partial \widetilde{g}}{\partial t}$$

が成立するので, (1.67) は完全微分形である. 実際, $\widetilde{\phi}(t,x) = t - \frac{x}{t}$ とおくと (1.67) より $\frac{d}{dt}\widetilde{\phi}(t, x(t)) = 0$ が成り立ち, これから

$$x(t) = t(t - C) \quad (C \text{ は積分定数})$$

という解の具体的な表示式が得られる. □

この例題 1.4 のように, $f + g\frac{dx}{dt} = 0$ において, うまく $\lambda(t,x)$ を選んで

$$\frac{\partial}{\partial x}(\lambda f) = \frac{\partial}{\partial t}(\lambda g)$$

が成り立つようにできるとき, $\lambda(t,x)$ を **積分因子** という.

求積できる常微分方程式は, ここに挙げたもの以外にもいくつか知られている. 詳しくは他の常微分方程式の成書を参照されたい. 特に, 高崎[1]は, こうした求積可能な方程式の背後に存在する (幾何学的な) 構造に注目し, 求積可能な方程式をより一般的な視点から考察している. 興味のある読者は一読されると良いだろう.

ここではもう一つの例として, 求積可能という訳ではないが, 未知関数の変換によってある程度は解けるリッカチ方程式を取り上げる. 以下のリッカチ方程式の性質は, 本書の後半でも用いられる.

1.3.4　リッカチ方程式

$$\frac{dx}{dt} = a(t)x^2 + b(t)x + c(t) \tag{1.68}$$

という形の方程式を**リッカチ**（Riccati）**方程式**という．この方程式は，a, b, c が
すべて定数なら変数分離形，$a(t) \equiv 0$ なら 1 階の線形方程式，さらに $c(t) \equiv 0$
なら $y(t) = \frac{1}{x(t)}$ という未知関数の変換によってやはり 1 階の線形方程式に変
換されるので，これらの場合は求積可能である．それ以外の場合は求積可能と
は限らないが，次の性質が成り立つ．

命題 1.2　リッカチ方程式

$$\frac{dx}{dt} + x^2 + p(t)x + q(t) = 0 \tag{1.69}$$

は，2 階の線形方程式

$$\frac{d^2u}{dt^2} + p(t)\frac{du}{dt} + q(t)u = 0 \tag{1.70}$$

に帰着できる．特に，(1.69) が求積可能であることと (1.70) が求積可能である
ことは同値である．

注意 1.2　リッカチ方程式 (1.68) において $y(t) = -a(t)x(t)$ と未知関数を変換す
れば，

$$\frac{dy}{dt} + y^2 - \left\{ b(t) + \frac{a'(t)}{a(t)} \right\} y + a(t)c(t) = 0$$

という (1.69) の形の方程式が得られる．従って，(1.69) の形の方程式に限定しても一
般性は失われない．

証明　$x(t)$ が (1.69) の解であるとき，$u(t) = \exp \int x(t)\,dt$ とすると，

$$u'(t) = x(t) \exp \int x(t)\,dt, \quad u''(t) = \left\{ x'(t) + x(t)^2 \right\} \exp \int x(t)\,dt$$

が成り立つので，$u(t)$ は (1.70) を満たす．逆に，$u(t)$ が (1.70) を満たすとき，
$x(t) = \frac{d}{dt} \log u(t) = \frac{u'(t)}{u(t)}$ とすると，

$$x' = \frac{u''}{u} - \frac{u'^2}{u^2} = -\frac{pu' + qu}{u} - \left(\frac{u'}{u} \right)^2 = -x^2 - px - q.$$

従って (1.69) を得る．　　　　　　　　　　　　　　　　　　　　　　　□

例題 1.5 次の微分方程式の解を求めよ.

$$\frac{dx}{dt} + x^2 + \frac{a}{t}x + \frac{b}{t^2} = 0, \tag{1.71}$$

ただし a, b は $(a-1)^2 - 4b > 0$ を満たす実数.

解答 命題 1.2 により, (1.71) を解くには, 次の線形方程式を考えれば良い.

$$\frac{d^2u}{dt^2} + \frac{a}{t}\frac{du}{dt} + \frac{b}{t^2}u = 0. \tag{1.72}$$

この方程式の一般解は, α と β を

$$\theta(\theta - 1) + a\theta + b = 0$$

の異なる二つの実数解として,

$$u(t) = c_1 t^\alpha + c_2 t^\beta \quad (c_1, c_2 : 任意定数)$$

で与えられる. 従って, 命題 1.2 (正確には, その証明) により, リッカチ方程式 (1.71) の解は

$$x(t) = \frac{\alpha c_1 t^{\alpha-1} + \beta c_2 t^{\beta-1}}{c_1 t^\alpha + c_2 t^\beta}$$
$$= \frac{\alpha t^{\alpha-1} + c\beta t^{\beta-1}}{t^\alpha + c t^\beta}$$

(ただし $c = \frac{c_2}{c_1}$: 任意定数) となる. $\qquad\square$

演　習　問　題

演習 1　次の微分方程式を解け.

$$\text{(i)} \quad \frac{dx}{dt} = -\frac{x}{t}. \qquad \text{(ii)} \quad \frac{dx}{dt} = x - a \ (a \text{ は定数}). \qquad \text{(iii)} \quad \frac{dx}{dt} = x^2.$$

演習 2　次の微分方程式を解け.

$$\frac{dx}{dt} = \alpha x + \beta t + \gamma \quad (\alpha, \beta, \gamma : \text{定数}, \ \alpha \neq 0).$$

演習 3　命題 1.1 において，条件 (1.64) が成り立つとき，$\phi(t, x)$ は次式でも与えられることを示せ.

$$\phi(t, x) = \int_{x_0}^{x} g(t_0, x') \, dx' + \int_{t_0}^{t} f(t', x) \, dt'.$$

演習 4　次の微分方程式を解け.

$$\text{(i)} \quad t(t^2 - 3x^2) + x(x^2 - 3t^2)\frac{dx}{dt} = 0.$$

$$\text{(ii)} \quad -2x + t\frac{dx}{dt} = 0. \quad (\textbf{ヒント}：\lambda = \frac{1}{t^3} \text{ をかけてみる.})$$

演習 5　微分方程式

$$\frac{dx}{dt} = \frac{3xt}{x^2 - t^2}$$

を解け.

（**ヒント**：**同次形**と呼ばれる微分方程式. $y = \frac{x}{t}$ とおいて，未知関数を x から y に変換してみる.）

演習 6　微分方程式

$$\frac{dx}{dt} = a(t)x^2 + b(t)x$$

を解け.

（**ヒント**：**ベルヌーイ形**と呼ばれる微分方程式. $y = \frac{1}{x}$ で未知関数を x から y に変換する.）

第2章
線形常微分方程式

いよいよ本章から本論が始まる．第2章と第3章では，常微分方程式の基礎的な一般論を論じる．特にこの第2章では，その重要性に鑑みて，線形常微分方程式の基礎事項を解説する．

2.1 線形方程式の一般的性質

1.1節で述べたように，線形方程式とは未知関数について高々1次式であるような微分方程式のことであり，m 階の（単独）線形常微分方程式は

$$\frac{d^m x}{dt^m} + a_1(t)\frac{d^{m-1}x}{dt^{m-1}} + \cdots + a_{m-1}(t)\frac{dx}{dt} + a_m(t)x = b(t) \qquad (2.1)$$

のような形をしている．特に $b(t) \equiv 0$ である

$$\frac{d^m x}{dt^m} + a_1(t)\frac{d^{m-1}x}{dt^{m-1}} + \cdots + a_{m-1}(t)\frac{dx}{dt} + a_m(t)x = 0 \qquad (2.2)$$

の場合を**同次**（または**斉次**）**方程式**，$b(t) \not\equiv 0$ の場合を**非同次**（または**非斉次**）**方程式**という．

線形方程式の最も基本的な性質は，初期値問題の解の存在と一意性を保証する次の定理である．

定理 2.1　$a_1(t), a_2(t), \ldots, a_m(t), b(t)$ は開区間 $I = (\alpha, \beta)$ において連続と仮定する．このとき，任意の $t_0 \in I$ と任意の m 個の定数 $c_0, c_1, \ldots, c_{m-1}$ に対して，

$$\frac{d^m x}{dt^m} + a_1(t)\frac{d^{m-1}x}{dt^{m-1}} + \cdots + a_{m-1}(t)\frac{dx}{dt} + a_m(t)x = b(t),$$
$$x(t_0) = c_0, \quad \frac{dx}{dt}(t_0) = c_1, \quad \ldots, \quad \frac{d^{m-1}x}{dt^{m-1}}(t_0) = c_{m-1} \qquad (2.3)$$

の解が I 全体でただ一つ存在する．

[注意 2.1] 線形方程式の場合は，$a_j(t)$ や $b(t)$ が連続な区間全体で解が存在する．これは，非線形方程式の場合には期待できない，線形方程式特有の著しい特徴である．定理 2.1 の証明は第 3 章で行う．

　線形方程式は未知関数について高々 1 次式であるので，いわゆる重ね合わせの原理が成り立つ．つまり，$x_1(t)$ と $x_2(t)$ が同次線形方程式 (2.2) の解であるならば，その一次結合 $c_1 x_1(t) + c_2 x_2(t)$（c_1, c_2 は定数）もまた同じ方程式 (2.2) を満たす．さらに，非同次方程式 (2.1) についても，次の意味で重ね合わせの原理が成立する：非同次方程式 (2.1) の一つの解 $u_0(t)$ に同次方程式 (2.2) の任意の解 $x(t)$ を加えた $u_0(t) + x(t)$ もまた (2.1) を満たす．逆に，$u(t)$ を非同次方程式 (2.1) の任意の解とすると，$u(t)$ は (2.2) の解 $x(t)$ を用いて $u(t) = u_0(t) + x(t)$ の形に表せる．（後半の主張は，$u(t) - u_0(t)$ が (2.2) を満たすことから容易に確かめられる．）

　以上をまとめると，

[定理 2.2] 　(i) 　同次線形方程式 (2.2) の解全体は m 次元の線形空間をなす．
　(ii) 　非同次方程式 (2.1) の解全体は，(2.1) の一つの（特殊）解 $u_0(t)$ を用いて

$$\{\, u_0(t) + x(t) \mid \text{ただし } x(t) \text{ は (2.2) の解} \,\} \tag{2.4}$$

と表せる．

[証明] 　(2.2) の解の全体を $\mathcal{S}$ と表す．$\mathcal{S}$ の次元が m であること以外は既に上で確かめた．$\dim \mathcal{S} = m$ であることを示そう．

　任意に t_0 を取り，$j = 0, 1, \ldots, m-1$ に対して，初期条件

$$x(t_0) = 0, \quad \ldots, \quad x^{(j)}(t_0) = 1, \quad \ldots, \quad x^{(m-1)}(t_0) = 0$$

（つまり，j 階微分以外はすべて 0）を満たす (2.2) の解を $x_j(t)$ と書く．このとき，$x_0(t), x_1(t), \ldots, x_{m-1}(t)$ は一次独立である．実際，

$$y(t) = c_0 x_0(t) + c_1 x_1(t) + \cdots + c_{m-1} x_{m-1}(t) \equiv 0$$

とすれば，$x_j(t)$ の初期条件の与え方から $y^{(j)}(t_0) = c_j$ であるが，他方 $y(t) \equiv 0$ という仮定からこの c_j は 0 でなければならない．こうして m 個の一次独立な解が存在するから，従って $\dim \mathcal{S} \geq m$ である．

一方，(2.2) の任意の解 $x(t)$ を取り，

$$x(t_0) = c_0, \quad x'(t_0) = c_1, \quad \ldots, \quad x^{(m-1)}(t_0) = c_{m-1}$$

とおく．ここで

$$y(t) = c_0 x_0(t) + c_1 x_1(t) + \cdots + c_{m-1} x_{m-1}(t)$$

を考えると，再び $x_j(t)$ の初期条件の与え方から $y^{(j)}(t_0) = c_j$ となり，$x(t)$ と $y(t)$ が同じ初期条件を満たす (2.2) の解であることがわかる．従って，定理 2.1 により $x(t) = y(t)$，すなわち $x(t)$ は $x_0(t), x_1(t), \ldots, x_{m-1}(t)$ の一次結合で表せる．よって $\dim \mathcal{S} \leq m$ である． $\square$

定義 2.1 同次線形方程式 (2.2) の解空間の基底を，(2.2) の**基本解系**（あるいは，**解の基本系**）という．

例えば，上の証明で用いられた $\{x_j(t)\}_{j=0,1,\ldots,m-1}$ は一つの基本解系である．

基本解系は，同次線形方程式 (2.2) の解空間を調べる際によく用いられる．そこで，(2.2) の解の組が与えられたとき，それらが一次独立であるかどうかを判定できる条件があれば非常に都合が良い．方程式 (2.2) の場合にそうした条件を与えるのが次のロンスキアンである．

同次線形方程式 (2.2) の m 個の解 $\{x_j(t)\}_{j=1,2,\ldots,m}$（上記の証明で用いられたものとは限らない）に対して，

$$W(x_1, x_2, \ldots, x_m)(t) := \det \begin{pmatrix} x_1 & x_2 & \cdots & x_m \\ x_1' & x_2' & \cdots & x_m' \\ \vdots & \vdots & & \vdots \\ x_1^{(m-1)} & x_2^{(m-1)} & \cdots & x_m^{(m-1)} \end{pmatrix} \tag{2.5}$$

を $(x_1, x_2, \ldots, x_m)$ の**ロンスキアン**（または，**ロンスキー行列式**）という．

定理 2.3 (2.2) の m 個の解 $(x_1, x_2, \ldots, x_m)$ のロンスキアンに関して，次のいずれかが成り立つ．

(1) $W(x_1, x_2, \ldots, x_m)(t) \equiv 0$,

(2) $W(x_1, x_2, \ldots, x_m)(t)$ は決して 0 にならない．

さらに，(1) が成り立つとき $x_1, x_2, \ldots, x_m$ は一次従属，(2) が成り立つとき $x_1, x_2, \ldots, x_m$ は一次独立である．

定理 2.3 の証明には，次を用いる．

命題 2.1　$W(t) = W(x_1, x_2, \ldots, x_m)(t)$ は微分方程式

$$\frac{d}{dt}W(t) = -a_1(t)W(t) \tag{2.6}$$

を満たす．

証明　行列式の微分に関する公式

$$\frac{d}{dt}\begin{vmatrix} a_{11} & \cdots & a_{1m} \\ a_{21} & \cdots & a_{2m} \\ \vdots & & \vdots \\ a_{m1} & \cdots & a_{mm} \end{vmatrix} = \begin{vmatrix} a'_{11} & \cdots & a'_{1m} \\ a_{21} & \cdots & a_{2m} \\ \vdots & & \vdots \\ a_{m1} & \cdots & a_{mm} \end{vmatrix} + \cdots + \begin{vmatrix} a_{11} & \cdots & a_{1m} \\ a_{21} & \cdots & a_{2m} \\ \vdots & & \vdots \\ a'_{m1} & \cdots & a'_{mm} \end{vmatrix}$$

を用いれば，

$$\frac{d}{dt}W(t) = \begin{vmatrix} x'_1 & \cdots & x'_m \\ x'_1 & \cdots & x'_m \\ \vdots & & \vdots \\ x_1^{(m-1)} & \cdots & x_m^{(m-1)} \end{vmatrix}$$

$$+ \begin{vmatrix} x_1 & \cdots & x_m \\ x''_1 & \cdots & x''_m \\ \vdots & & \vdots \\ x_1^{(m-1)} & \cdots & x_m^{(m-1)} \end{vmatrix} + \cdots + \begin{vmatrix} x_1 & \cdots & x_m \\ x'_1 & \cdots & x'_m \\ \vdots & & \vdots \\ x_1^{(m)} & \cdots & x_m^{(m)} \end{vmatrix}.$$

最後の項以外はすべて 0 になるので，

$$\frac{d}{dt}W(t) = \begin{vmatrix} x_1 & \cdots & x_m \\ \vdots & & \vdots \\ x_1^{(m-2)} & \cdots & x_m^{(m-2)} \\ x_1^{(m)} & \cdots & x_m^{(m)} \end{vmatrix}. \tag{2.7}$$

ここで，x_j は (2.2) の解だから，

$$x_j^{(m)} = -a_1 x_j^{(m-1)} - a_2 x_j^{(m-2)} - \cdots - a_m x_j.$$

これを (2.7) に代入し，第 1 行の a_m 倍，第 2 行の a_{m-1} 倍，$\cdots$，第 $(m-1)$ 行の a_2 倍を第 m 行に加えると，

$$\frac{d}{dt}W(t) = \begin{vmatrix} x_1 & \cdots & x_m \\ \vdots & & \vdots \\ x_1^{(m-2)} & \cdots & x_m^{(m-2)} \\ -a_1 x_1^{(m-1)} & \cdots & -a_1 x_m^{(m-1)} \end{vmatrix}$$

$$= -a_1 W(t). \qquad \square$$

系 2.1 (2.2) で $a_1(t) \equiv 0$ のとき，ロンスキアン $W(x_1, x_2, \ldots, x_m)(t)$ は定数である．

定理 2.3 の証明 $W(t) = W(x_1, x_2, \ldots, x_m)(t)$ と略記する．まず前半を示そう．命題 2.1 より

$$\frac{d}{dt}W(t) = -a_1(t)W(t).$$

これは $W(t)$ に関する 1 階単独の線形方程式なので，1.3.2 項で見たように $W(t)$ が求積できて，

$$W(t) = W(t_0) \exp\left\{ -\int_{t_0}^t a_1(t')\, dt' \right\}$$

となる．従って，ある点 t_0 で $W(t_0) = 0$ ならば $W(t)$ は恒等的に 0 であり，一方 $W(t_0) \neq 0$ ならば $W(t)$ は決して 0 にならない．

次に後半を示す．(2.2) の m 個の解 $x_1, x_2, \ldots, x_m$ が一次従属とすると，

$$\alpha_1 x_1(t) + \alpha_2 x_2(t) + \cdots + \alpha_m x_m(t) \equiv 0$$

となる $(\alpha_1, \alpha_2, \ldots, \alpha_m) \neq (0, 0, \ldots, 0)$ が存在する．このとき，

$$\alpha_1 x_1(t) + \alpha_2 x_2(t) + \cdots + \alpha_m x_m(t)$$

の微分も（高階微分も含めて）すべて 0 となるので，

$$\begin{pmatrix} x_1 & \cdots & x_m \\ x_1' & \cdots & x_m' \\ \vdots & & \vdots \\ x_1^{(m-1)} & \cdots & x_m^{(m-1)} \end{pmatrix} \begin{pmatrix} \alpha_1 \\ \alpha_2 \\ \vdots \\ \alpha_m \end{pmatrix} = \begin{pmatrix} 0 \\ 0 \\ \vdots \\ 0 \end{pmatrix}$$

が成り立つ．ここで $(\alpha_1, \alpha_2, \ldots, \alpha_m) \neq (0, 0, \ldots, 0)$ であったから，$W(t) \equiv 0$ でなければならない．逆に $W(t) \equiv 0$ とすると，$t = t_0$ において

$$\begin{pmatrix} x_1(t_0) & \cdots & x_m(t_0) \\ x_1'(t_0) & \cdots & x_m'(t_0) \\ \vdots & & \vdots \\ x_1^{(m-1)}(t_0) & \cdots & x_m^{(m-1)}(t_0) \end{pmatrix} \begin{pmatrix} \alpha_1 \\ \alpha_2 \\ \vdots \\ \alpha_m \end{pmatrix} = \begin{pmatrix} 0 \\ 0 \\ \vdots \\ 0 \end{pmatrix}$$

を満たす $(\alpha_1, \alpha_2, \ldots, \alpha_m) \neq (0, 0, \ldots, 0)$ が存在する．このとき，

$$y(t) := \alpha_1 x_1(t) + \alpha_2 x_2(t) + \cdots + \alpha_m x_m(t)$$

とおくと，$y(t)$ は (2.2) の解であって，

$$y(t_0) = y'(t_0) = \cdots = y^{(m-1)}(t_0) = 0$$

を満たす．従って定理 2.1 により $y(t) \equiv 0$．よって $x_1, x_2, \ldots, x_m$ は一次従属である．　　　　　　　　　　　　　　　　　　　　　　　　　　□

2.2　定数係数線形同次方程式の基本解系

1.3 節では，いくつかの求積可能な常微分方程式の例について述べた．求積可能な常微分方程式のもう一つの重要な例が，定数係数の線形同次方程式，すなわち

$$\frac{d^m x}{dt^m} + a_1 \frac{d^{m-1} x}{dt^{m-1}} + \cdots + a_{m-1} \frac{dx}{dt} + a_m x = 0 \tag{2.8}$$

（ただし $a_1, a_2, \ldots, a_m$ は定数）の形の方程式である．本節では，定数係数線形同次常微分方程式の解法について述べよう．

基本となるのは，簡単に確かめられる次の恒等式である．

$$\left(D^m + a_1 D^{m-1} + \cdots + a_m\right) e^{\lambda t} = \left(\lambda^m + a_1 \lambda^{m-1} + \cdots + a_m\right) e^{\lambda t}. \tag{2.9}$$

（ここで $D = \frac{d}{dt}$．D は関数に作用する微分作用素と考える．）

定義 2.2

$$P(\lambda) := \lambda^m + a_1 \lambda^{m-1} + \cdots + a_m \tag{2.10}$$

を定数係数線形同次方程式 (2.8) の**特性多項式**，$P(\lambda) = 0$ を**特性方程式**という．

2.2.1 特性方程式の解がすべて異なる場合

上でみた恒等式 (2.9) を用いれば，λ が特性方程式の解ならば $e^{\lambda t}$ が (2.8) の解になることが容易にわかる．これより，次の定理が得られる．

定理 2.4 特性方程式の解がすべて異なる場合，$\lambda_1, \lambda_2, \ldots, \lambda_m$ を特性方程式の異なる m 個の解とすると，$e^{\lambda_1 t}, e^{\lambda_2 t}, \ldots, e^{\lambda_m t}$ が (2.8) の基本解系を与える．

この定理を証明するためには，$e^{\lambda_1 t}, e^{\lambda_2 t}, \ldots, e^{\lambda_m t}$ の一次独立性を確かめれば良い．後で使う場合も含めて，次の形で証明しておこう．

命題 2.2 $\lambda_j \ (j = 1, 2, \ldots, n)$ はすべて異なる定数と仮定する．このとき，

(i) $e^{\lambda_1 t}, e^{\lambda_2 t}, \ldots, e^{\lambda_n t}$ は一次独立である．すなわち，

$$c_1 e^{\lambda_1 t} + c_2 e^{\lambda_2 t} + \cdots + c_n e^{\lambda_n t} \equiv 0 \quad \text{ならば} \quad c_1 = c_2 = \cdots = c_n = 0.$$

(ii) さらに，$P_1(t), P_2(t), \ldots, P_n(t)$ が多項式の場合にも，

$$P_1(t) e^{\lambda_1 t} + P_2(t) e^{\lambda_2 t} + \cdots + P_n(t) e^{\lambda_n t} \equiv 0$$

ならば

$$P_1(t) = P_2(t) = \cdots = P_n(t) = 0$$

が成立する．

証明 (i) は (ii) の特別な場合であるが，ウォーミングアップも兼ねて，まず (i) から証明しよう．

数学的帰納法を用いる．$n = 1$ のときは明らかなので，n まで成り立つと仮定して $n + 1$ のときを示す．

$$c_1 e^{\lambda_1 t} + \cdots + c_n e^{\lambda_n t} + c_{n+1} e^{\lambda_{n+1} t} \equiv 0$$

とする．$e^{-\lambda_{n+1} t}$ を辺々にかければ，

$$c_1 e^{(\lambda_1 - \lambda_{n+1})t} + \cdots + c_n e^{(\lambda_n - \lambda_{n+1})t} + c_{n+1} \equiv 0.$$

この両辺を t で微分すれば，

$$c_1 (\lambda_1 - \lambda_{n+1}) e^{(\lambda_1 - \lambda_{n+1})t} + \cdots + c_n (\lambda_n - \lambda_{n+1}) e^{(\lambda_n - \lambda_{n+1})t} \equiv 0.$$

従って，帰納法の仮定より，

$$c_1(\lambda_1 - \lambda_{n+1}) = \cdots = c_n(\lambda_n - \lambda_{n+1}) = 0.$$

今, λ_j $(j = 1, 2, \ldots, n+1)$ はすべて異なると仮定しているので, これより

$$c_1 = c_2 = \cdots = c_n = 0$$

を得る. よって $c_{n+1} = 0$ も成り立つ.

(ii) も, 帰納法を用いて同様に証明する. やはり n まで成り立つと仮定して $n+1$ のときを示せば良い.

$$P_1(t)e^{\lambda_1 t} + \cdots + P_n(t)e^{\lambda_n t} + P_{n+1}(t)e^{\lambda_{n+1} t} \equiv 0$$

とすれば, 上と同様にして,

$$P_1(t)e^{(\lambda_1 - \lambda_{n+1})t} + \cdots + P_n(t)e^{(\lambda_n - \lambda_{n+1})t} + P_{n+1}(t) \equiv 0.$$

$P_{n+1}(t)$ が d 次多項式として, 今度はこの両辺を t で $d+1$ 回微分すると,

$$D^{d+1}\left\{P_1(t)e^{(\lambda_1 - \lambda_{n+1})t} + \cdots + P_n(t)e^{(\lambda_n - \lambda_{n+1})t}\right\} \equiv 0.$$

一般に, λ と μ を定数, k を非負の整数, $f(t)$ を t の関数とするとき,

$$(D - \mu)^k\{e^{\lambda t}f(t)\} = e^{\lambda t}(D - \mu + \lambda)^k f(t) \tag{2.11}$$

が成り立つ. (k に関する帰納法を用いて容易に証明できる.) 特に $\mu = 0$ とすれば

$$D^k\{e^{\lambda t}f(t)\} = e^{\lambda t}(D + \lambda)^k f(t)$$

となるので, これより

$$D^{d+1}\left\{P_j(t)e^{(\lambda_j - \lambda_{n+1})t}\right\} = e^{(\lambda_j - \lambda_{n+1})t}(D + \lambda_j - \lambda_{n+1})^{d+1}P_j(t)$$
$$= e^{(\lambda_j - \lambda_{n+1})t}Q_j(t) \quad (j = 1, 2, \ldots, n)$$

(ただし $Q_j(t) = (D + \lambda_j - \lambda_{n+1})^{d+1}P_j(t)$ とおいた) が得られる. 従って,

$$Q_1(t)e^{(\lambda_1 - \lambda_{n+1})t} + \cdots + Q_n(t)e^{(\lambda_n - \lambda_{n+1})t} \equiv 0.$$

帰納法の仮定より,

$$Q_1(t) = Q_2(t) = \cdots = Q_n(t) = 0.$$

よって, 次の補題により

$$P_1(t) = P_2(t) = \cdots = P_n(t) = 0$$

が従う. これより $P_{n+1}(t) = 0$ も成り立つ. □

補題 2.1　$P(t)$ を多項式，$\mu \neq 0$ を 0 でない定数，k を非負整数とするとき，$(D + \mu)^k P(t) = 0$ ならば $P(t) = 0$ である．

証明　$P(t) \neq 0$ とすると，

$$P(t) = at^d + (d - 1 \text{ 次以下の項)}, \quad a \neq 0$$

と書ける．すると，

$$(D + \mu)^k P(t) = \mu^k at^d + (d - 1 \text{ 次以下の項)}$$

となり，$(D + \mu)^k P(t) = 0$ に矛盾する．　　□

2.2.2　特性方程式が重解をもつ場合

次に，特性方程式が重解をもつ場合を考えよう．

まず特性方程式 (2.10) がただ一つの解をもつ場合として $P(\lambda) = \lambda^m$ のときを考えると，このときは微分方程式 (2.8) が

$$\frac{d^m x}{dt^m} = 0$$

となるので，その基本解系は $1, t, \ldots, t^{m-1}$ で与えられることが容易にわかる．同様に，特性方程式 (2.10) がただ一つの解 λ_1 をもつ $P(\lambda) = (\lambda - \lambda_1)^m$ のときは，$e^{\lambda_1 t}, te^{\lambda_1 t}, \ldots, t^{m-1} e^{\lambda_1 t}$ が (2.8) の基本解系となる．実際，(2.11) を用いれば

$$(D - \lambda_1)^m (t^k e^{\lambda_1 t}) = e^{\lambda_1 t} D^m t^k$$

が成り立つことがわかるので，$t^k e^{\lambda_1 t}$ $(0 \leq k \leq m - 1)$ がこの場合の微分方程式 $(\frac{d}{dt} - \lambda_1)^m x = 0$ の解となる．

特性方程式が一般の場合の結果は，次のようにまとめられる．

定理 2.5　定数係数線形常微分方程式 (2.8) の特性方程式が

$$P(\lambda) = (\lambda - \lambda_1)^{k_1} (\lambda - \lambda_2)^{k_2} \cdots (\lambda - \lambda_l)^{k_l}$$

（ただし λ_j は互いに相異なり，$k_j \geq 1, k_1 + k_2 + \cdots + k_l = m$ とする）と因数分解されるとき，(2.8) の基本解系は次により与えられる．

$$t^i e^{\lambda_j t} \quad (1 \leq j \leq l, 0 \leq i \leq k_j - 1). \tag{2.12}$$

[証明]　この節で考察している定数係数の方程式の場合,

$$(D - \mu_1)(D - \mu_2)f = \left\{ D^2 - (\mu_1 + \mu_2)D + \mu_1\mu_2 \right\}f$$
$$= (D - \mu_2)(D - \mu_1)f \qquad (2.13)$$

といった微分作用素の展開や因数分解が可能である.　この事実に注意すると,
上で見たように

$$(D - \lambda_j)^{k_j}(t^i e^{\lambda_j t}) = e^{\lambda_j t} D^{k_j} t^i = 0 \quad (0 \le i \le k_j - 1)$$

が成り立つので, (2.12) はすべて (2.8) の解であることが確かめられる.　(2.12) の
形の解は全部で $k_1 + k_2 + \cdots + k_l = m$ 個あり, 命題 2.2 によりそれらは一次
独立なので, 定理が成立する.　　　　　　　　　　　　　　　　　　□

[注意 2.2]　μ_1, μ_2 がそれぞれ $\mu_1(t), \mu_2(t)$ といった関数の場合は, (2.13) は成り立た
ない.　実際,

$$\{D - \mu_1(t)\}\{D - \mu_2(t)\}f$$
$$= D^2 f - \{\mu_1(t) + \mu_2(t)\}Df - \underline{\{D\mu_2(t)\}}f + \mu_1(t)\mu_2(t)f$$

となるので, これは (2.13) の中辺とは等しくない.

[注意 2.3]　微分方程式 (2.8) の係数 $a_1, a_2, \ldots, a_m$ がすべて実数のときは, 特性方程
式 (2.10) が実数でない解

$$\lambda = \mu + i\nu$$

をもつとすると, その複素共役

$$\overline{\lambda} = \mu - i\nu$$

もまた (2.10) の解となる.　従って, この場合は (2.8) の基本解系の表示 (2.12) に現れ
る複素指数関数

$$e^{(\mu \pm i\nu)t} = e^{\mu t}\left\{ \cos(\nu t) \pm i \sin(\nu t) \right\}$$

の代わりに,

$$\begin{cases} e^{\mu t}\cos(\nu t) = \dfrac{1}{2}\left\{ e^{(\mu + i\nu)t} + e^{(\mu - i\nu)t} \right\}, \\ e^{\mu t}\sin(\nu t) = \dfrac{1}{2i}\left\{ e^{(\mu + i\nu)t} - e^{(\mu - i\nu)t} \right\} \end{cases}$$

という実数値関数を用いることもできる.

[例題 2.1] 定数係数線形同次方程式の例題として，空気抵抗を考慮に入れたバネの振動の問題を考えよう．図 2.1 のように，バネに繋がれた質量 1 の質点が振動する状況を考える．バネの伸びが 0 の点を基準点として表した質点の位置を x，時間を t とすると，この場合の

$$x = x(t)$$

の時間変化は次の微分方程式により記述される．

$$\frac{d^2x}{dt^2} = -kx - \gamma\frac{dx}{dt}. \tag{2.14}$$

ここで k はバネ定数，γ は空気抵抗を表す定数であり，いずれも正である．この微分方程式の解を，定数 k, γ に関していくつかの場合に分けた上で，具体的に求めよ．

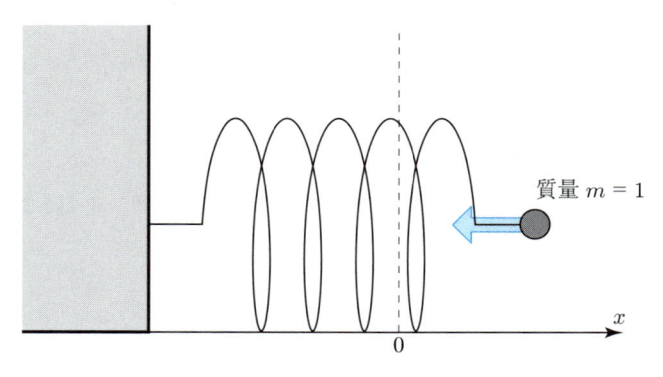

図 2.1　バネの振動

[解答] (2.14) の特性方程式は次式で与えられる．

$$P(\lambda) = \lambda^2 + \gamma\lambda + k = 0.$$

(I)　$\gamma^2 - 4k < 0$ のとき．特性方程式の解は互いに共役な二つの複素数となる．これらを $\mu \pm i\nu$ と表す．

$$\mu \pm i\nu = -\frac{\gamma}{2} \pm \frac{i}{2}\sqrt{4k - \gamma^2}.$$

このとき，(2.14) の基本解系は

$$e^{(\mu \pm i\nu)t}$$

あるいは

$$e^{\mu t}\cos(\nu t),\ \ e^{\mu t}\sin(\nu t)$$

で与えられる．$\mu < 0$ に注意すると，一般解のグラフは図 2.2 のようになる．

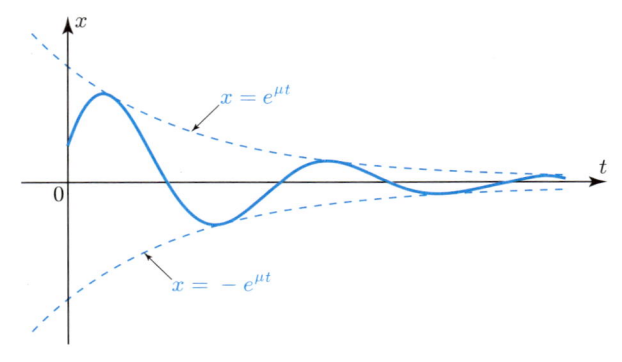

図 **2.2**　$\gamma^2 - 4k < 0$ のときの (2.14) の一般解のグラフ

（II）　$\gamma^2 - 4k > 0$ のとき．特性方程式は二つの実数解をもつ．これらはともに負となるので，$-\lambda_\pm$（$\lambda_\pm > 0$）と表すことにする．

$$-\lambda_\pm = -\frac{\gamma}{2} \pm \frac{1}{2}\sqrt{\gamma^2 - 4k}.$$

このとき，(2.14) の基本解系は $e^{-\lambda_\pm t}$ で与えられ，一般解のグラフは図 **2.3** のようになる．

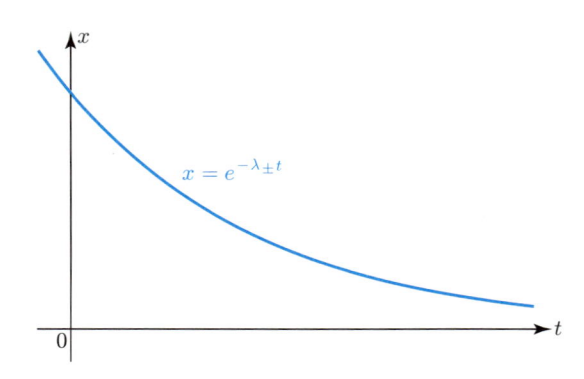

図 **2.3**　$\gamma^2 - 4k > 0$ のときの (2.14) の一般解のグラフ

（III）　$\gamma^2 - 4k = 0$ のとき．特性方程式は重解 $-\frac{\gamma}{2}$ をもち，(2.14) の基本解系は $e^{-\frac{\gamma t}{2}}$，および $te^{-\frac{\gamma t}{2}}$ で与えられる．それらのグラフは図 **2.4** のようになる．いずれの場合も，(2.14) の解は $t \to +\infty$ のとき 0 に収束する．

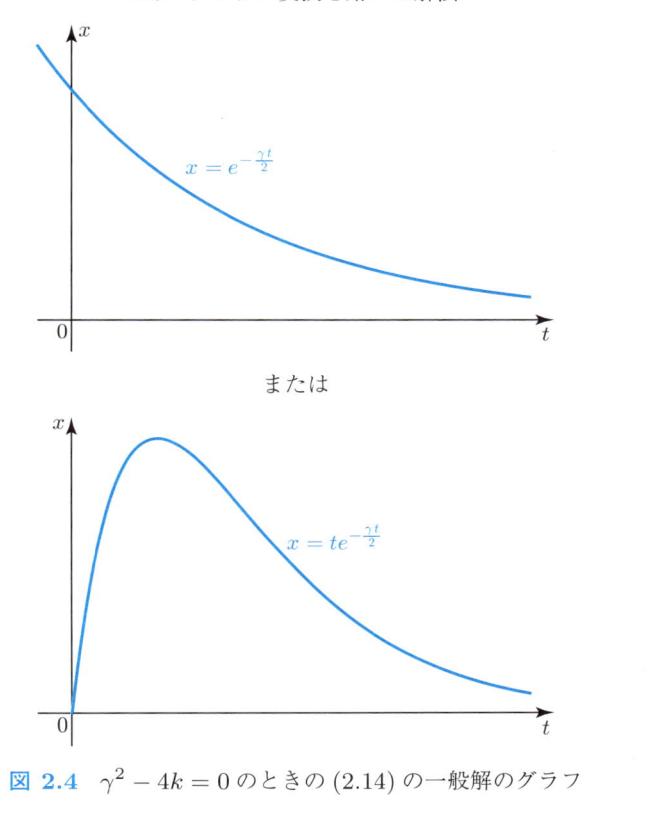

図 **2.4** $\gamma^2 - 4k = 0$ のときの (2.14) の一般解のグラフ　　　　　□

2.3 ラプラス変換を用いた解法

　前節では，定数係数線形同次方程式の基本解系を求めた．この基本解系を用いれば，定数係数線形同次方程式の初期値問題を解くことができる．一方，定数係数線形同次方程式の初期値問題を解く際に従来からよく用いられてきた方法として，ラプラス変換による解法（**演算子法**とも呼ばれる）がある．この節では，このラプラス変換による解法について簡単に触れておこう．

　まず，ラプラス変換の定義を述べよう．区間 $[0, \infty)$ で定義された関数 $f(x)$ に対して，

$$\widehat{f}(\xi) = \mathcal{L}[f](\xi) := \int_0^\infty e^{-x\xi} f(x)\, dx \tag{2.15}$$

を f の**ラプラス変換**という.

　例えば, $f(x)$ が区分的に連続であって, ある正の定数 M, α に対して不等式

$$|f(x)| \leq Me^{\alpha x} \quad (x \in [0, \infty)) \tag{2.16}$$

が成り立つような**指数増大度**をもつ関数 (指数型の関数とも呼ばれる) であれば, f のラプラス変換 $\widehat{f}(\xi)$ は $\xi > \alpha$ を満たす ξ に対して問題なく定義される. 従って, 指数関数 e^x や三角関数 $\sin x, \cos x$, さらに多項式等については, そのラプラス変換が考えられる. いくつか例を見ておこう.

例 2.1　(i)　$f(x) \equiv 1$ のラプラス変換は,

$$\int_0^\infty e^{-x\xi}\, dx = \left[-\frac{1}{\xi}e^{-x\xi}\right]_{x=0}^{x=\infty} = \frac{1}{\xi}$$

より $\mathcal{L}[1](\xi) = \frac{1}{\xi}$ である. 従って, $f(x) = x^n$ (n は自然数) のラプラス変換は,

$$\mathcal{L}[x^n](\xi) = \int_0^\infty e^{-x\xi} x^n\, dx = \int_0^\infty \left(-\frac{\partial}{\partial \xi}\right)^n e^{-x\xi}\, dx$$

$$= \left(-\frac{\partial}{\partial \xi}\right)^n \int_0^\infty e^{-x\xi}\, dx = \left(-\frac{\partial}{\partial \xi}\right)^n \left(\frac{1}{\xi}\right) = \frac{n!}{\xi^{n+1}}.$$

　(ii)　$f(x) = e^{\alpha x}$ (α は定数) のラプラス変換は,

$$\mathcal{L}[e^{\alpha x}](\xi) = \int_0^\infty e^{-x\xi} e^{\alpha x}\, dx = \int_0^\infty e^{(\alpha - \xi)x}\, dx$$

$$= \left[\frac{1}{\alpha - \xi}e^{(\alpha - \xi)x}\right]_{x=0}^{x=\infty} = \frac{1}{\xi - \alpha}. \qquad \square$$

ラプラス変換の代表的な性質を述べよう.

命題 2.3　α, β を定数, n を自然数とするとき, 次が成り立つ.

(i)　$\mathcal{L}[\alpha f + \beta g](\xi) = \alpha \mathcal{L}[f](\xi) + \beta \mathcal{L}[g](\xi)$.

(ii)　$\mathcal{L}[e^{\alpha x} f](\xi) = \mathcal{L}[f](\xi - \alpha)$.

(iii)　$\mathcal{L}[x^n f](\xi) = \left(-\dfrac{d}{d\xi}\right)^n \mathcal{L}[f](\xi)$.

(iv)　$\mathcal{L}\left[\dfrac{d}{dx}f\right](\xi) = \xi \mathcal{L}[f](\xi) - f(0)$,

$\qquad \mathcal{L}\left[\left(\dfrac{d}{dx}\right)^2 f\right](\xi) = \xi^2 \mathcal{L}[f](\xi) - \left\{\xi f(0) + \dfrac{df}{dx}(0)\right\}$.

より一般に

$$\mathcal{L}\left[\left(\frac{d}{dx}\right)^n f\right](\xi) = \xi^n \mathcal{L}[f](\xi)$$
$$- \left\{\xi^{n-1} f(0) + \xi^{n-2}\frac{df}{dx}(0) + \cdots + \frac{d^{n-1}f}{dx^{n-1}}(0)\right\}.$$

(証明) (i) は明らか. (ii), (iii) も，例 2.1 と同様に次のように計算すればすぐに確かめられる.

$$\mathcal{L}[e^{\alpha x} f](\xi) = \int_0^\infty e^{-(\xi-\alpha)x} f(x)\,dx = \mathcal{L}[f](\xi - \alpha),$$

$$\mathcal{L}[x^n f](\xi) = \int_0^\infty e^{-x\xi} x^n f(x)\,dx = \int_0^\infty \left(-\frac{\partial}{\partial \xi}\right)^n e^{-x\xi} f(x)\,dx$$

$$= \left(-\frac{\partial}{\partial \xi}\right)^n \int_0^\infty e^{-x\xi} f(x)\,dx = \left(-\frac{\partial}{\partial \xi}\right)^n \mathcal{L}[f](\xi).$$

(iv) を確かめるには部分積分を用いれば良い. まず $n = 1$ のときは,

$$\mathcal{L}\left[\frac{d}{dx}f\right](\xi) = \int_0^\infty e^{-x\xi}\frac{df}{dx}(x)\,dx$$

$$= \left[e^{-x\xi} f(x)\right]_0^\infty + \xi \int_0^\infty e^{-x\xi} f(x)\,dx$$

$$= \xi\mathcal{L}[f](\xi) - f(0).$$

一般の n のときも，この式と帰納法により,

$$\mathcal{L}\left[\left(\frac{d}{dx}\right)^n f\right](\xi) = \xi\mathcal{L}\left[\left(\frac{d}{dx}\right)^{n-1} f\right](\xi) - \frac{d^{n-1}f}{dx^{n-1}}(0)$$

$$= \xi\left[\xi^{n-1}\mathcal{L}[f](\xi) - \left\{\xi^{n-2} f(0) + \cdots + \frac{d^{n-2}f}{dx^{n-2}}(0)\right\}\right] - \frac{d^{n-1}f}{dx^{n-1}}(0)$$

$$= \xi^n \mathcal{L}[f](\xi) - \left\{\xi^{n-1} f(0) + \cdots + \frac{d^{n-1}f}{dx^{n-1}}(0)\right\}. \qquad \square$$

命題 2.3, (iv) が示すように，ラプラス変換は関数の微分を関数の多項式倍に移す. この性質により，定数係数の線形微分方程式はラプラス変換によって代数方程式に変換され，簡単に解くことができる. 2 階の微分方程式を例にとって見てみよう.

例題 2.2 次の 2 階の線形同次微分方程式の初期値問題を考える.

$$\begin{cases} \dfrac{d^2 f}{dx^2} + a_1 \dfrac{df}{dx} + a_2 f = 0, \\[2mm] f(0) = c_0, \quad \dfrac{df}{dx}(0) = c_1. \end{cases} \tag{2.17}$$

ただし a_1, a_2, c_0, c_1 は定数である. ラプラス変換を用いて, この微分方程式の初期値問題を解け.

解答 (2.17) をラプラス変換すると, 命題 2.3 により,

$$\left[\xi^2 \mathcal{L}[f] - \left\{ \xi f(0) + \frac{df}{dx}(0) \right\} \right] + a_1 \left\{ \xi \mathcal{L}[f] - f(0) \right\} + a_2 \mathcal{L}[f] = 0$$

となる. この式に初期条件 $f(0) = c_0, \frac{df}{dx}(0) = c_1$ を代入し, $\mathcal{L}[f]$ について解けば,

$$\mathcal{L}[f](\xi) = \frac{c_0 \xi + (c_0 a_1 + c_1)}{\xi^2 + a_1 \xi + a_2} \tag{2.18}$$

を得る. 簡単のため, 特性方程式 $\xi^2 + a_1 \xi + a_2 = 0$ が重解をもたない, つまり $\xi^2 + a_1 \xi + a_2 = (\xi - \lambda_1)(\xi - \lambda_2)$ $(\lambda_1 \neq \lambda_2)$ と因数分解できると仮定して, この式の右辺を部分分数に展開すれば,

$$\mathcal{L}[f](\xi) = \frac{b_1}{\xi - \lambda_1} + \frac{b_2}{\xi - \lambda_2}, \tag{2.19}$$

ただし

$$b_1 = -\frac{\lambda_2 c_0 - c_1}{\lambda_1 - \lambda_2}, \quad b_2 = \frac{\lambda_1 c_0 - c_1}{\lambda_1 - \lambda_2}$$

が得られる. 例 2.1 で見たように $e^{\lambda x}$ のラプラス変換が $\frac{1}{\xi - \lambda}$ だったから, 上式のラプラス逆変換を考えることにより, 最終的に

$$f(x) = b_1 e^{\lambda_1 x} + b_2 e^{\lambda_2 x} \tag{2.20}$$

という (2.17) の解の表示式を得る. (ラプラス逆変換の一意性を論じていないので厳密には (2.20) の $f(x)$ は解の候補に過ぎないが, 定理 2.1 により微分方程式 (2.17) の解はただ一つなので, 結局この (2.20) が (2.17) の解となる.) □

　本書では深入りしないが, 適切な関数空間を設定すればラプラス逆変換が一意に定まってラプラス変換は全単射となる. 例えば, (2.16) を満たすような指数増大度をもつ連続関数 $f(x)$ については, そのラプラス変換 $\mathcal{L}[f]$ は領域 $\{\zeta = \xi + i\eta \in \mathbb{C} \mid \xi > \alpha\}$ における複素変数 ζ の正則関数 (すなわち, ζ に関して複素微分可能な関数) となって, 次の**反転公式**が成立する.

$$f(x) = \frac{1}{2\pi i} \int_{\Gamma} e^{x\zeta} \mathcal{L}[f](\zeta)\, d\zeta. \tag{2.21}$$

つまり，このような関数に対しては，ラプラス逆変換は次の複素積分で与えられる．

$$\mathcal{L}^{-1}[g](x) = \frac{1}{2\pi i} \int_{\Gamma} e^{x\zeta} g(\zeta)\, d\zeta. \tag{2.22}$$

（ここで $g(\zeta)$ は右半平面 $\{\zeta = \xi + i\eta \in \mathbb{C} \mid \xi > \alpha\}$ 上の正則関数．なお，正則関数の定義や複素積分については後の 4.1 節を参照．）小川[2]，第 7 章でも論じられているように，ラプラス逆変換を与える積分路 Γ として通常用いられるのは，虚軸に平行な無限直線 $\{\zeta = \xi_0 + it \in \mathbb{C} \mid -\infty < t < \infty\}$（ただし ξ_0 は $\xi_0 > \alpha$ となるように選ぶ）である．ラプラス逆変換がこうした複素積分により定義されるという視点から見れば，例題 2.2 の解の表示式 (2.20) は留数定理の応用としてより自然に導出される．本書後半の主題である微分方程式と複素積分の関わりの一つの雛形として，複素積分を用いた (2.20) の導出について説明しておこう．

例題 2.2 で求めた $\mathcal{L}[f]$ の表示式 (2.18) と上のラプラス逆変換の説明から，

$$f(x) = \frac{1}{2\pi i} \int_{\xi_0 - i\infty}^{\xi_0 + i\infty} e^{x\zeta} \frac{c_0\zeta + (c_0 a_1 + c_1)}{\zeta^2 + a_1\zeta + a_2}\, d\zeta \tag{2.23}$$

となる．今の場合，図 2.5 で表されるような積分路を Γ_R と書くことにすると，コーシーの積分定理に基づく積分路の変形の議論を用いることにより

$$f(x) = \lim_{R \to +\infty} \frac{1}{2\pi i} \int_{\Gamma_R} e^{x\zeta} \frac{c_0\zeta + (c_0 a_1 + c_1)}{\zeta^2 + a_1\zeta + a_2}\, d\zeta$$

が成立するので，留数定理（後の定理 4.9）から (2.23) の右辺の積分は被積分関数の留数の和となる．（ここで ξ_0 はいくらでも大きく取れることに注意．）もちろん，(2.23) の被積分関数の特異点は分母の 2 次式の零点である λ_j $(j = 1, 2)$ であるから，

$$f(x) = \sum_{j=1,2} \operatorname*{Res}_{\zeta = \lambda_j} \left\{ e^{x\zeta} \frac{c_0\zeta + (c_0 a_1 + c_1)}{\zeta^2 + a_1\zeta + a_2} \right\}.$$

ただし，右辺の $\operatorname*{Res}_{\zeta = \lambda_j}$ は $\zeta = \lambda_j$ における留数を表す（留数の定義については 4.1 節を参照）．よって，(2.19) を用いれば，解の表示式 (2.20) が得られる．

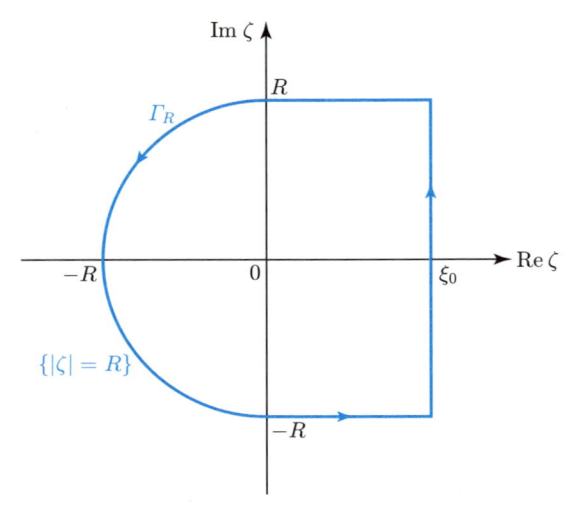

図 **2.5**　積分路 Γ_R（$\xi_0 > 0$ と仮定）

2.4　非同次線形方程式の解法

　ここまでは主として同次な線形方程式を論じてきたが，ここで非同次な方程式 (2.1)，すなわち

$$\frac{d^m x}{dt^m} + a_1(t)\frac{d^{m-1}x}{dt^{m-1}} + \cdots + a_{m-1}(t)\frac{dx}{dt} + a_m(t)x = b(t) \qquad (2.1)$$

について考察しておこう．付随する同次方程式，つまり (2.1) で

$$b(t) \equiv 0$$

とおいた微分方程式の基本解系を $x_1(t), x_2(t), \ldots, x_m(t)$ とすると，定理 2.2 により，(2.1) の一般解は

$$u_0(t) + c_1 x_1(t) + \cdots + c_m x_m(t)$$

と表される．ここで，$u_0(t)$ は (2.1) の一つの解，$c_1, c_2, \ldots, c_m$ は任意定数である．従って，付随する同次方程式の基本解系がわかっているならば，非同次方程式 (2.1) の一つの解さえ求めることができれば良い．付随する同次方程式の基本解系を利用して (2.1) の一つの解を求める方法としてよく知られているのが "**定数変化法**" である．本節では，この定数変化法を説明しよう．

定数変化法では，

$$u_0(t) = C_1(t)x_1(t) + C_2(t)x_2(t) + \cdots + C_m(t)x_m(t)$$
$$= \sum_{j=1}^{m} C_j(t)x_j(t) \tag{2.24}$$

の形で (2.1) の解を探す．(2.24) を微分すると，

$$u_0'(t) = \sum_j C_j'(t)x_j(t) + \sum_j C_j(t)x_j'(t).$$

ここで次の条件を要請する．

要請 (1) $\quad \displaystyle\sum_j C_j'(t)x_j(t) \equiv 0.$

この要請の下では

$$u_0'(t) = \sum C_j(t)x_j'(t)$$

となり，さらに $u_0(t)$ の 2 階微分は

$$u_0''(t) = \sum_j C_j'(t)x_j'(t) + \sum_j C_j(t)x_j''(t)$$
$$= \sum_j C_j(t)x_j''(t)$$

となる．ただし，さらに次の要請をおいた．

要請 (2) $\quad \displaystyle\sum_j C_j'(t)x_j'(t) \equiv 0.$

以下，この操作を繰り返して，

$$u_0^{(k)}(t) = \sum_j C_j(t)x_j^{(k)}(t) \quad (k = 1, 2, \ldots, m-1),$$

ただし

要請 (k) $\quad \displaystyle\sum_j C_j'(t)x_j^{(k-1)}(t) \equiv 0 \quad (k = 1, 2, \ldots, m-1)$

を課した．最後に，

$$u_0^{(m)}(t) = \sum_j C_j'(t) x_j^{(m-1)}(t) + \sum_j C_j(t) x_j^{(m)}(t)$$

$$= b(t) + \sum_j C_j(t) x_j^{(m)}(t),$$

ただし,

> **要請 (m)**　　$\displaystyle\sum_j C_j'(t) x_j^{(m-1)}(t) \equiv b(t).$

要請 (1)〜(m) を仮定しておくと,

$$u_0^{(m)}(t) + a_1(t) u_0^{(m-1)}(t) + \cdots + a_m(t) u_0(t)$$

$$= b(t) + \sum_j C_j(t) x_j^{(m)}(t)$$

$$+ a_1(t) \sum_j C_j(t) x_j^{(m-1)}(t) + \cdots + a_m(t) \sum_j C_j(t) x_j(t)$$

$$= b(t) + \sum_j C_j(t) \left\{ x_j^{(m)}(t) + a_1(t) x_j^{(m-1)}(t) + \cdots + a_m(t) x_j(t) \right\}$$

$$= b(t)$$

となって, $u_0(t)$ は確かに (2.1) の解となる.

そこで, $C_j(t)$ は **要請 (1)〜(m)** が満たされるように決める. すなわち,

$$\begin{pmatrix} x_1 & \cdots & x_m \\ x_1' & \cdots & x_m' \\ \vdots & & \vdots \\ x_1^{(m-1)} & \cdots & x_m^{(m-1)} \end{pmatrix} \begin{pmatrix} C_1' \\ C_2' \\ \vdots \\ C_m' \end{pmatrix} = \begin{pmatrix} 0 \\ 0 \\ \vdots \\ b(t) \end{pmatrix}. \tag{2.25}$$

ここで $x_1(t), x_2(t), \ldots, x_m(t)$ は基本解系だから, 定理 2.3 より

$$\det \begin{pmatrix} x_1 & \cdots & x_m \\ x_1' & \cdots & x_m' \\ \vdots & & \vdots \\ x_1^{(m-1)} & \cdots & x_m^{(m-1)} \end{pmatrix} = W(x_1, x_2, \ldots, x_m) \neq 0$$

が成り立ち, 従って (2.25) より $(C_1', C_2', \ldots, C_m')$ が求まる. これを積分すれば $(C_1, C_2, \ldots, C_m)$ が得られる.

注意 2.4 逆行列に関するよく知られたクラメールの公式

$$\left(\begin{array}{c} a_{ij} \end{array}\right)\begin{pmatrix} u_1 \\ \vdots \\ u_m \end{pmatrix} = \left(\begin{array}{ccc} \boldsymbol{a}_1 & \cdots & \boldsymbol{a}_m \end{array}\right)\begin{pmatrix} u_1 \\ \vdots \\ u_m \end{pmatrix} = \boldsymbol{b}$$

$$\Longleftrightarrow \quad u_j = \frac{\det\left(\begin{array}{ccccc} \boldsymbol{a}_1 & \cdots & \overset{j}{\overset{\smile}{\boldsymbol{b}}} & \cdots & \boldsymbol{a}_m \end{array}\right)}{\det\left(\begin{array}{cccc} \boldsymbol{a}_1 & \boldsymbol{a}_2 & \cdots & \boldsymbol{a}_m \end{array}\right)}$$

($\overset{j}{\overset{\smile}{\boldsymbol{b}}}$ は j 番目に $\boldsymbol{b}$ を入れるという意味）を用いると，C_j' は次のように表される.

$$C_j' = W(x_1, x_2, \ldots, x_m)^{-1} \begin{vmatrix} x_1 & \cdots & \overset{j}{\overset{\smile}{0}} & \cdots & x_m \\ x_1' & \cdots & 0 & \cdots & x_m' \\ \vdots & & \vdots & & \vdots \\ x_1^{(m-1)} & \cdots & b(t) & \cdots & x_m^{(m-1)} \end{vmatrix}$$

$$= (-1)^{m-j} b(t) \frac{W(x_1, \ldots, \widehat{x_j}, \ldots, x_m)}{W(x_1, x_2, \ldots, x_m)} \tag{2.26}$$

（ただし $\widehat{x_j}$ は第 j 列の x_j を取り除くという意味）.

例 2.2 **（1 階線形方程式の求積法）** 1.3.2 項で見たように，

$$\frac{dx}{dt} = a(t)x + b(t)$$

の解は

$$x(t) = e^{A(t)} \int b(t) e^{-A(t)} \, dt \quad \left(\text{ただし } A(t) = \int a(t) \, dt\right)$$

で与えられるが，この解の表示式は定数変化法によっても得られる. 実際，付随する同次方程式 $x' = a(t)x$ の解は $e^{A(t)}$ なので，問題の 1 階線形方程式の解を定数変化法に従って

$$x(t) = C(t) e^{A(t)}$$

とおくと，

$$x' = C' e^{A(t)} + C(t) a(t) e^{A(t)} = a(t)x(t) + b(t)$$

より $C(t)$ に対する要請は

$$C' e^{A(t)} = b(t) \quad \text{すなわち} \quad C' = b(t) e^{-A(t)}$$

となる. 1.3.2 項で与えた解の表示式は, この式から直ちに従う. □

例題 2.3 定数変化法を用いて, 次の非同次な微分方程式の解を求めよ.

$$\frac{d^2 x}{dt^2} + x = b(t).$$

解答 付随する同次方程式

$$x'' + x = 0$$

の基本解系として, $\cos t, \sin t$ を取る. そこで,

$$x(t) = C_1(t) \cos t + C_2(t) \sin t$$

の形で上の微分方程式の解を探すと,

$$x' = -C_1 \sin t + C_2 \cos t, \qquad C_1' \cos t + C_2' \sin t = 0,$$
$$x'' = b(t) - C_1 \cos t - C_2 \sin t, \qquad -C_1' \sin t + C_2' \cos t = b(t).$$

従って,

$$\begin{pmatrix} \cos t & \sin t \\ -\sin t & \cos t \end{pmatrix} \begin{pmatrix} C_1' \\ C_2' \end{pmatrix} = \begin{pmatrix} 0 \\ b(t) \end{pmatrix}$$

を解いて

$$C_1' = -b \sin t, \quad C_2' = b \cos t,$$

すなわち,

$$x(t) = -\cos t \int b(t) \sin t \, dt + \sin t \int b(t) \cos t \, dt$$

を得る. 例えば $b(t) = \cos(\mu t)$ のとき, 解 $x(t)$ は, c_1, c_2 を任意定数として次のように表される.

$$x(t) = \begin{cases} -\dfrac{\cos(\mu t)}{\mu^2 - 1} + c_1 \cos t + c_2 \sin t & (\mu \neq \pm 1 \text{ のとき}), \\ \dfrac{1}{2} t \sin t + c_1 \cos t + c_2 \sin t & (\mu = \pm 1 \text{ のとき}). \end{cases} \tag{2.27}$$

□

2.5 1 階連立線形方程式

本書では主として未知関数が 1 個の単独方程式を扱うが，複数の未知関数を含む連立方程式を論じる必要がある場合も少なくない．本節では，特に 1 階の連立線形方程式

$$
\frac{d}{dt}\begin{pmatrix} x_1 \\ x_2 \\ \vdots \\ x_m \end{pmatrix} = \begin{pmatrix} a_{11}(t) & \cdots & a_{1m}(t) \\ a_{21}(t) & \cdots & a_{2m}(t) \\ \vdots & & \vdots \\ a_{m1}(t) & \cdots & a_{mm}(t) \end{pmatrix} \begin{pmatrix} x_1 \\ x_2 \\ \vdots \\ x_m \end{pmatrix} + \begin{pmatrix} b_1(t) \\ b_2(t) \\ \vdots \\ b_m(t) \end{pmatrix},
$$

あるいは，それをベクトル記号を用いて表した

$$
\frac{d}{dt}\boldsymbol{x} = A(t)\boldsymbol{x} + \boldsymbol{b}(t) \tag{2.28}
$$

（ただし $A(t)$ は $m \times m$ 行列, $\boldsymbol{x} = \boldsymbol{x}(t)$, $\boldsymbol{b}(t)$ は m 個の成分からなるベクトル）について，その基本性質を単独方程式の場合に倣って説明する．

注意 2.5 単独方程式 (2.1) の場合，

$$
x_1 = x, \quad x_2 = x', \quad \ldots, \quad x_m = x^{(m-1)}
$$

とすると，(2.1) は

$$
\frac{d}{dt}\begin{pmatrix} x_1 \\ x_2 \\ \vdots \\ x_{m-1} \\ x_m \end{pmatrix} = \begin{pmatrix} 0 & 1 & & & \\ & 0 & 1 & & \\ & & \ddots & \ddots & \\ & & & 0 & 1 \\ -a_m & -a_{m-1} & \cdots & \cdots & -a_1 \end{pmatrix} \begin{pmatrix} x_1 \\ x_2 \\ \vdots \\ x_{m-1} \\ x_m \end{pmatrix} + \begin{pmatrix} 0 \\ 0 \\ \vdots \\ 0 \\ b(t) \end{pmatrix}
$$

と表せる．従って，m 階の単独方程式 (2.1) は連立方程式 (2.28) の特別な場合と見なせる．

2.5.1 一般的性質

まず，1 階連立方程式 (2.28) の場合の基本性質を列挙する．単独方程式の場合と同様に示せる性質については，証明は述べない．

定理 2.6 $A(t), \boldsymbol{b}(t)$ は開区間 $I = (\alpha, \beta)$ において連続, $t_0 \in I, c_1, c_2, \ldots, c_m$

$\in \mathbb{C}$ とするとき,

$$\frac{d}{dt}\boldsymbol{x} = A(t)\boldsymbol{x} + \boldsymbol{b}(t), \quad \boldsymbol{x}(t_0) = \begin{pmatrix} c_1 \\ c_2 \\ \vdots \\ c_m \end{pmatrix}$$

の解が I 全体でただ一つ存在する.

定理 2.7　(i)　同次方程式

$$\frac{d}{dt}\boldsymbol{x} = A(t)\boldsymbol{x} \tag{2.29}$$

の解全体は m 次元の線形空間をなす.

　(ii)　非同次方程式 (2.28) の解全体は,

$$\{\, \boldsymbol{u}_0(t) + \boldsymbol{x}(t) \mid \text{ただし } \boldsymbol{x}(t) \text{ は (2.29) の解} \,\} \tag{2.30}$$

と表せる（$\boldsymbol{u}_0(t)$ は (2.28) の一つの（特殊）解）.

　実際, 第 j 成分のみが 1 で他がすべて 0 であるような初期条件を満たす解を $\boldsymbol{x}_j$ とすると（$1 \le j \le m$）, $\boldsymbol{x}_1, \boldsymbol{x}_2, \dots, \boldsymbol{x}_m$ が (2.29) の基本解系となる.

定義 2.3　$\boldsymbol{x}_1, \boldsymbol{x}_2, \dots, \boldsymbol{x}_m$ を (2.29) の基本解系とするとき, それらを並べた $m \times m$ 行列

$$X(t) = \begin{pmatrix} \boldsymbol{x}_1 & \boldsymbol{x}_2 & \cdots & \boldsymbol{x}_m \end{pmatrix} \tag{2.31}$$

を**基本解行列**という.

注意 2.6　注意 2.5 に倣って単独の同次方程式 (2.2) を (2.29) の形に直した場合なら, 基本解行列は

$$X(t) = \begin{pmatrix} x_1 & \cdots & x_m \\ x_1' & \cdots & x_m' \\ \vdots & & \vdots \\ x_1^{(m-1)} & \cdots & x_m^{(m-1)} \end{pmatrix}$$

となる. つまり, 基本解行列 $X(t)$ は単独方程式の場合のロンスキー行列に相当する.

　基本解行列の性質をまとめておこう.

命題 2.4　(i)　(2.29) の一般解は，定数ベクトル $\boldsymbol{c} = {}^t(c_1, c_2, \ldots, c_m)$（ここで ^{t} は行列の転置を表す）を用いて次のように表される．

$$X(t)\boldsymbol{c} = X(t) \begin{pmatrix} c_1 \\ c_2 \\ \vdots \\ c_m \end{pmatrix} = c_1 \boldsymbol{x}_1 + c_2 \boldsymbol{x}_2 + \cdots + c_m \boldsymbol{x}_m.$$

(ii)　$\dfrac{d}{dt} X(t) = A(t)X(t).$

(iii)　$\dfrac{d}{dt} \det X(t) = \operatorname{tr} A(t) \det X(t)$

（ここで $\operatorname{tr} A(t) = a_{11}(t) + a_{22}(t) + \cdots + a_{mm}(t)$）．特に，$\det X(t)$ は決して 0 にならない．

(iv)　P を正則な定数行列とすると，$X(t)P$ も基本解行列である．逆に，任意の基本解行列はすべて $X(t)P$ の形に表せる．

証明　(i), (ii) は定義からすぐにわかるので，(iii), (iv) を示そう．$\boldsymbol{y}_j$ を $X(t)$ の第 j 行とすれば，

$$\frac{d}{dt} \det X(t) = \sum_{k=1}^{m} \det \begin{pmatrix} \boldsymbol{y}_1 \\ \vdots \\ \frac{d}{dt} \boldsymbol{y}_k \\ \vdots \\ \boldsymbol{y}_m \end{pmatrix} {\scriptstyle <k} = \sum_{k=1}^{m} \det \begin{pmatrix} \boldsymbol{y}_1 \\ \vdots \\ \sum_{j=1}^{m} a_{kj} \boldsymbol{y}_j \\ \vdots \\ \boldsymbol{y}_m \end{pmatrix} {\scriptstyle <k}$$

$$= \sum_{j,k=1}^{m} a_{kj} \det \begin{pmatrix} \boldsymbol{y}_1 \\ \vdots \\ \boldsymbol{y}_j \\ \vdots \\ \boldsymbol{y}_m \end{pmatrix} {\scriptstyle <k} = \sum_{j=1}^{m} a_{jj} \det X(t)$$

$$= \operatorname{tr} A(t) \det X(t)$$

となり，(iii) が成立する（ここで $<k$ は k 行目を表す記号）．

最後に (iv) を示そう. $Y(t) = X(t)P$ とおくと, $Y(t)$ の各列ベクトルは一次独立であって,

$$\frac{d}{dt}Y(t) = \frac{d}{dt}X(t)P = A(t)X(t)P = A(t)Y(t)$$

より (2.29) を満たす. よって $Y(t)$ は基本解行列である. 逆に $Y(t)$ を任意の基本解行列とすると,

$$\frac{d}{dt}\{X(t)^{-1}Y(t)\} = \left\{\frac{d}{dt}X(t)^{-1}\right\}Y(t) + X(t)^{-1}\left\{\frac{d}{dt}Y(t)\right\}.$$

ここで, 逆行列の微分については

$$\frac{d}{dt}U(t)^{-1} = -U(t)^{-1}\left\{\frac{d}{dt}U(t)\right\}U(t)^{-1}$$

が成立するので（積の順序に注意しながら $U(t)^{-1}U(t) = I$ の両辺を微分すれば良い),

$$\frac{d}{dt}\{X(t)^{-1}Y(t)\} = -X^{-1}\left(\frac{d}{dt}X\right)X^{-1}Y + X^{-1}\frac{d}{dt}Y$$

$$= -X^{-1}AXX^{-1}Y + X^{-1}AY = 0.$$

よって $P = X(t)^{-1}Y(t)$ とおくと, P は正則な定数行列である.　　　□

2.5.2　非同次方程式の解法

定数係数の同次方程式の解法は次の項で少し詳しく論じることにして, 先に非同次方程式 (2.28) の解法, つまり定数変化法について述べよう. 実は, 連立方程式の場合の定数変化法は非常に簡単である.

$X(t)$ を同次方程式 (2.29) の基本解行列とする. 非同次方程式 (2.28) の解を $\boldsymbol{x}(t) = X(t)\boldsymbol{c}(t)$ の形で探そう.

$$\frac{d}{dt}\boldsymbol{x}(t) = X'(t)\boldsymbol{c}(t) + X(t)\boldsymbol{c}'(t)$$

$$= A(t)X(t)\boldsymbol{c}(t) + X(t)\boldsymbol{c}'(t) = A(t)\boldsymbol{x}(t) + X(t)\boldsymbol{c}'(t).$$

従って $X(t)\boldsymbol{c}'(t) = \boldsymbol{b}(t)$, つまり

$$\boldsymbol{c}(t) = \int X(t)^{-1}\boldsymbol{b}(t)\,dt$$

と取れば良い. 結局 (2.28) の解は, $\boldsymbol{c}$ を定数ベクトルとして次で与えられる.

$$\boldsymbol{x}(t) = X(t)\int_{t_0}^{t}X(s)^{-1}\boldsymbol{b}(s)\,ds + X(t)\boldsymbol{c}. \tag{2.32}$$

2.5.3 定数係数同次方程式の解法

この項では，1階連立の定数係数同次方程式

$$\frac{d}{dt}\boldsymbol{x} = A\boldsymbol{x}, \quad A \in M(m, \mathbb{C}) \tag{2.33}$$

の解法について論じる．（ここで $M(m, \mathbb{C})$ は $m \times m$ の複素定数行列の集合を表す．）1階連立方程式の場合，定数係数同次方程式 (2.33) の基本解行列は，いわゆる行列の指数関数を用いて表すことができる．

定義 2.4　$A \in M(m, \mathbb{C})$ に対して，**行列の指数関数** e^A（または $\exp A$）を次で定義する．

$$e^A (= \exp A) := \sum_{j=0}^{\infty} \frac{A^j}{j!}. \tag{2.34}$$

　行列の指数関数の性質を調べるために，線形空間の上で定義されたノルムについて説明しておこう．（ノルムは，第3章でもしばしば用いられる．）

定義 2.5　線形空間 V の各元 $u \in V$ に対して実数 $\|u\|$ が定まっていて，次の条件が満たされるとき，$\|u\|$ を u の**ノルム**という．

(i)　$\|u\| \geq 0$,

(ii)　$\|u\| = 0 \iff u = 0$,

(iii)　$\|\alpha u\| = |\alpha|\,\|u\| \quad (\alpha \in \mathbb{C})$,

(iv)　$\|u + v\| \leq \|u\| + \|v\| \quad (u, v \in V)$.

例 2.3　$\mathbb{C}^n \ni u = (u_1, u_2, \ldots, u_n)$ のノルムとしては，

$$\|u\|_2 = (|u_1|^2 + |u_2|^2 + \cdots + |u_n|^2)^{\frac{1}{2}},$$

$$\|u\|_\infty = \max\{|u_1|, |u_2|, \ldots, |u_n|\}$$

などが代表的なものである．また，$M(n, \mathbb{C}) \ni A = (a_{ij})_{1 \leq i, j \leq n}$ に対しては，

$$\|A\|_2 = \left(\sum_{i,j} |a_{ij}|^2 \right)^{\frac{1}{2}},$$

$$\|A\|_\infty = \max_{i,j} |a_{ij}|,$$

$$\|A\| = \sup_{u \in \mathbb{C}^n, u \neq 0} \frac{\|Au\|_2}{\|u\|_2}$$

等，いろいろなノルムが定義される．特に $\|A\|_\infty, \|A\|$ については，次式が成立する．

$$\|AB\| \leq \|A\|\,\|B\|, \tag{2.35}$$

$$\|A\|_\infty \leq \|A\| \leq n\|A\|_\infty. \tag{2.36}$$

$\square$

線形空間 V にノルム $\|u\|$ が与えられると，

$$d(u, v) = \|u - v\| \quad (u, v \in V)$$

により V 上に距離が定まり，V は距離空間となる．こうして定義される距離を用いれば，線形空間 V において点列の収束等を考えることができるようになることを注意しておこう．

行列の指数関数の基本的な性質を述べる．

定理 2.8　(i)　任意の A に対して e^A は収束する．
(ii)　A, B が可換（すなわち $AB = BA$）ならば

$$e^A e^B = e^B e^A = e^{A+B}.$$

(iii)　任意の A に対して e^A は正則行列であり，$(e^A)^{-1} = e^{-A}$ が成り立つ．
(iv)　T を正則行列とするとき，

$$Te^A T^{-1} = e^{TAT^{-1}}.$$

証明　(i)　例 2.3 で述べた行列のノルム $\|A\|$ を用いると，(2.35) より

$$\|A^j\| \leq \|A^{j-1}\|\,\|A\| \leq \cdots \leq \|A\|^j.$$

これより，A^j の (k, l) 成分を $(A^j)_{kl}$ と書くことにすると，

$$\sum_j \frac{|(A^j)_{kl}|}{j!} \leq \sum_j \frac{\|A^j\|_\infty}{j!} \leq \sum_j \frac{\|A^j\|}{j!} \leq \sum_j \frac{\|A\|^j}{j!} \leq e^{\|A\|} < \infty.$$

従って e^A の各成分は絶対収束する（広義一様収束である）．
(ii)　$e^A e^B = e^{A+B}$ を示せば良い．仮定から $AB = BA$ なので，

$$(A+B)^m = \sum_{j+k=m} \frac{m!}{j!\,k!} A^j B^k$$

が成り立つ. これを用いると,

$$e^A e^B = \sum_j \frac{A^j}{j!} \sum_k \frac{B^k}{k!} = \sum_{j,k} \frac{A^j B^k}{j!\,k!} = \sum_{m=0}^{\infty} \frac{1}{m!} \sum_{j+k=m} \frac{m!}{j!\,k!} A^j B^k$$

$$= \sum_m \frac{1}{m!}(A+B)^m = e^{A+B}.$$

(iii)　(ii) で $B = -A$ と取れば良い.

(iv)　$Te^A T^{-1} = T \sum_j \frac{A^j}{j!} T^{-1} = \sum_j \frac{TA^j T^{-1}}{j!} = \sum_j \frac{(TAT^{-1})^j}{j!}$

$$= e^{TAT^{-1}}. \qquad \Box$$

$\boxed{\text{定理 2.9}}$　(2.33) の基本解行列は e^{At} で与えられる. 特に, 初期条件 $\boldsymbol{x}(t_0) = \boldsymbol{c}$ を満たす (2.33) の解は $e^{A(t-t_0)}\boldsymbol{c}$ と表される.

$\boxed{\text{証明}}$　まず, e^{At} は正則行列なので, その各列は一次独立である. さらに, 次が成り立つ.

$$\frac{d}{dt} e^{At} = \frac{d}{dt} \sum_{j=0}^{\infty} \frac{A^j t^j}{j!} = \sum_{j=1}^{\infty} \frac{A^j t^{j-1}}{(j-1)!} = \sum_{k=0}^{\infty} \frac{A^{k+1} t^k}{k!} = Ae^{At}. \qquad \Box$$

$\boxed{\text{注意 2.7}}$　一般に $X(t)$ を行列値の関数とするとき, $X(t)$ とその微分 $X'(t)$ は可換とは限らないので,

$$\frac{d}{dt} e^{X(t)} = X'(t)\, e^{X(t)} \tag{2.37}$$

は成立しない. 従って, 変数係数の 1 階連立方程式

$$\frac{d}{dt} \boldsymbol{x} = A(t)\boldsymbol{x}$$

の場合は, $\exp\{\int A(t)\,dt\}$ は一般には基本解行列とはならない.

　これまでに述べたことから, 定数係数の 1 階連立同次方程式を解くには, 行列の指数関数 e^{At} が計算できれば良い. e^{At} を計算する方法はいくつか知られている. 以下では, 行列の対角化とジョルダン標準形を用いた e^{At} の計算法を説明しよう.

まず，**行列の対角化**と**ジョルダン標準形**について復習する．$A = (a_{ij}) \in M(n, \mathbb{C})$ に対して，

$$P_A(\lambda) = \det(\lambda I - A)$$

（I は単位行列）を A の**固有多項式**，$P_A(\lambda) = 0$ の解を A の**固有値**という．固有値の重複度に応じて，二つの場合に分かれる．

Case (A) 固有値，つまり $P_A(\lambda) = 0$ の解 $\lambda_1, \lambda_2, \dots, \lambda_n$ がすべて異なるとき．このとき，A は対角化できる．すなわち，ある正則行列 T が存在して

$$T^{-1}AT = \begin{pmatrix} \lambda_1 & & & 0 \\ & \lambda_2 & & \\ & & \ddots & \\ 0 & & & \lambda_n \end{pmatrix}$$

（以下，この右辺の対角行列を $D[\lambda]$ あるいは $D[\lambda_1, \lambda_2, \dots, \lambda_n]$ で表す）．

Case (B) 固有値，つまり $P_A(\lambda) = 0$ の解が重解をもつとき．このとき，A はジョルダン標準形に変換できる．すなわち，ある正則行列 T が存在して

$$T^{-1}AT = \begin{pmatrix} J_1 & & & 0 \\ & J_2 & & \\ & & \ddots & \\ 0 & & & J_m \end{pmatrix}$$

（以下，この右辺の行列を $D[J]$ あるいは $D[J_1, J_2, \dots, J_m]$ で表す）．ただし，各 J_i $(1 \leq i \leq m)$ は次の形をしたサイズ $k_i \times k_i$ のジョルダン行列である．

$$J_i = \begin{pmatrix} \lambda_i & 1 & & 0 \\ & \ddots & \ddots & \\ & & \ddots & 1 \\ 0 & & & \lambda_i \end{pmatrix}.$$

（ここで $1 \leq k_i \leq n, k_1 + k_2 + \cdots + k_m = n$．なお，$\lambda_i$ と λ_j が等しくなる場合もある．）

(A) の場合,

$$A = TD[\lambda_1, \lambda_2, \ldots, \lambda_n]T^{-1}, \quad D[\lambda_1, \lambda_2, \ldots, \lambda_n]^j = D[\lambda_1^j, \lambda_2^j, \ldots, \lambda_n^j]$$

だから,

$$e^{At} = Te^{D[\lambda]t}T^{-1} = T\sum_j \frac{t^j}{j!} D[\lambda_1^j, \lambda_2^j, \ldots, \lambda_n^j]T^{-1}$$

$$= T \begin{pmatrix} e^{\lambda_1 t} & & & 0 \\ & e^{\lambda_2 t} & & \\ & & \ddots & \\ 0 & & & e^{\lambda_n t} \end{pmatrix} T^{-1}.$$

一方, (B) の場合も, $A = TD[J_1, J_2, \ldots, J_m]T^{-1}$ より (A) の場合と同様にして,

$$e^{At} = T \begin{pmatrix} e^{J_1 t} & & & 0 \\ & e^{J_2 t} & & \\ & & \ddots & \\ 0 & & & e^{J_m t} \end{pmatrix} T^{-1}.$$

$e^{J_i t}$ を求めるために, $k_i \times k_i$ 行列 N_i を

$$N_i = \begin{pmatrix} 0 & 1 & & 0 \\ & \ddots & \ddots & \\ & & \ddots & 1 \\ 0 & & & 0 \end{pmatrix}$$

とおく. $J_i = \lambda_i I + N_i$, $N_i^{k_i} = 0$ に注意すれば,

$$J_i^j = (\lambda_i I + N_i)^j$$

$$= \lambda_i^j I + j\lambda_i^{j-1} N_i + \cdots + \frac{j!}{(k_i - 1)!\,(j - k_i + 1)!}\lambda_i^{j-k_i+1}N_i^{k_i-1}$$

であるから,

$$e^{J_i t} = \sum_j \frac{t^j}{j!}\left\{\lambda_i^j I + \cdots + \frac{j!}{(k_i - 1)!\,(j - k_i + 1)!}\lambda_i^{j-k_i+1}N_i^{k_i-1}\right\}$$

$$= \sum_j \frac{(t\lambda_i)^j}{j!} I + t \sum_j \frac{(t\lambda_i)^{j-1}}{(j-1)!} N + \cdots$$

$$+ \frac{t^{k_i-1}}{(k_i-1)!} \sum_j \frac{(t\lambda_i)^{j-k_i+1}}{(j-k_i+1)!} N_i^{k_i-1}$$

$$= e^{\lambda_i t} \left\{ I + tN_i + \cdots + \frac{t^{k_i-1}}{(k_i-1)!} N_i^{k_i-1} \right\}$$

を得る.

例題 2.4 $x'' - 2ax' + bx = 0$ $(a, b \in \mathbb{C})$ を連立方程式の形に直した

$$\frac{d}{dt} \begin{pmatrix} x_1 \\ x_2 \end{pmatrix} = A \begin{pmatrix} x_1 \\ x_2 \end{pmatrix}, \quad A = \begin{pmatrix} 0 & 1 \\ -b & 2a \end{pmatrix}$$

(ただし, $x_1 = x, x_2 = x'$) の解を, 行列の指数関数を用いて求めよ.

解答 まず, A の固有多項式は

$$\det(\lambda I - A) = \begin{vmatrix} \lambda & -1 \\ b & \lambda - 2a \end{vmatrix}$$
$$= \lambda^2 - 2a\lambda + b$$

であり, $x'' - 2ax' + bx = 0$ の特性多項式と一致することに注意する.

(A) $a^2 - b \neq 0$ のとき. 二つの異なる固有値を $\lambda_{\pm} = a \pm \sqrt{a^2 - b}$ とおくと,

$$T^{-1}AT = \begin{pmatrix} \lambda_+ & 0 \\ 0 & \lambda_- \end{pmatrix}, \quad T = \begin{pmatrix} 1 & 1 \\ \lambda_+ & \lambda_- \end{pmatrix}$$

である. これより

$$e^{At} = T \begin{pmatrix} e^{\lambda_+ t} & 0 \\ 0 & e^{\lambda_- t} \end{pmatrix} T^{-1}.$$

従って, 定数ベクトル $\boldsymbol{c}$ に対して, $T^{-1}\boldsymbol{c} = {}^t(c_1, c_2)$ とおくと,

$$e^{At}\boldsymbol{c} = \begin{pmatrix} 1 & 1 \\ \lambda_+ & \lambda_- \end{pmatrix} \begin{pmatrix} e^{\lambda_+ t} & 0 \\ 0 & e^{\lambda_- t} \end{pmatrix} \begin{pmatrix} c_1 \\ c_2 \end{pmatrix} = \begin{pmatrix} c_1 e^{\lambda_+ t} + c_2 e^{\lambda_- t} \\ c_1 \lambda_+ e^{\lambda_+ t} + c_2 \lambda_- e^{\lambda_- t} \end{pmatrix}.$$

(B) $a^2 - b = 0$ のとき. A の固有値は a のみであり,

$$T^{-1}AT = \begin{pmatrix} a & 1 \\ 0 & a \end{pmatrix}, \quad T = \begin{pmatrix} 1 & 0 \\ a & 1 \end{pmatrix}$$

である. これより

$$e^{At} = Te^{at} \begin{pmatrix} 1 & t \\ 0 & 1 \end{pmatrix} T^{-1}.$$

従って，$T^{-1}\boldsymbol{c} = {}^t(c_1, c_2)$ とおくと，

$$e^{At}\boldsymbol{c} = \begin{pmatrix} 1 & 0 \\ a & 1 \end{pmatrix} \begin{pmatrix} c_1 e^{at} + c_2 t e^{at} \\ c_2 e^{at} \end{pmatrix} = \begin{pmatrix} c_1 e^{at} + c_2 t e^{at} \\ c_1 a e^{at} + c_2(1 + at)e^{at} \end{pmatrix}. \qquad \square$$

●●●●●●●●●●●●●●● 演 習 問 題 ●●●●●●●●●●●●●●●●●●

演習 1 $x_j = e^{\lambda_j t}$ $(j = 1, 2, \ldots, n)$ とおき，$(x_1, x_2, \ldots, x_n)$ の $t = 0$ でのロンスキアンを計算することにより，命題 2.2, (i) を示せ．(**ヒント**：ヴァンデルモンドの行列式

$$\begin{vmatrix} 1 & \cdots & 1 \\ \lambda_1 & \cdots & \lambda_n \\ \vdots & & \vdots \\ \lambda_1^{n-1} & \cdots & \lambda_n^{n-1} \end{vmatrix} = \prod_{i > j} (\lambda_i - \lambda_j)$$

を用いる．)

演習 2 数学的帰納法を用いて (2.11) を証明せよ．

演習 3 次の微分方程式の基本解系を求めよ．

(i) $\dfrac{d^2 x}{dt^2} + 3\dfrac{dx}{dt} + 2x = 0$

(ii) $\dfrac{d^2 x}{dt^2} + \dfrac{dx}{dt} + x = 0$

(iii) $\dfrac{d^3 x}{dt^3} - 4\dfrac{d^2 x}{dt^2} + 5\dfrac{dx}{dt} - 2x = 0$

演習 4 ラプラス変換を用いて，

$$\begin{cases} \dfrac{d^2 f}{dx^2} + 5\dfrac{df}{dx} + 6f = 0, \\ f(0) = 0, \quad \dfrac{df}{dx}(0) = 1 \end{cases}$$

の解を求めよ．

演習 5 例題 2.3 において，$b(t) = \cos(\mu t)$ のときの解が (2.27) で与えられることを確かめよ．

演習 6 定数変化法を用いて，次の微分方程式の一般解を求めよ．
$$\frac{d^2 x}{dt^2} - 2\frac{dx}{dt} + x = e^t.$$

演習 7 注意 2.5 のように，単独の同次方程式 (2.2) を連立方程式
$$\frac{d}{dt}\boldsymbol{x} = A(t)\boldsymbol{x},$$

$$\boldsymbol{x} = \begin{pmatrix} x_1 \\ x_2 \\ \vdots \\ x_{m-1} \\ x_m \end{pmatrix}, \quad A(t) = \begin{pmatrix} 0 & 1 & & & \\ & 0 & 1 & & \\ & & \ddots & \ddots & \\ & & & 0 & 1 \\ -a_m & -a_{m-1} & \cdots & \cdots & -a_1 \end{pmatrix}$$

の形に書き直したとき，(2.2) の特性多項式と $A(t)$ の固有多項式が一致することを示せ．

演習 8 ノルムの性質 (2.35), (2.36) が成り立つことを示せ．

演習 9 注意 2.7 で述べたように，(2.37) は一般には成立しない．(2.37) が成立しないような $X(t)$ の例を一つ挙げよ．

演習 10 a を定数とし，
$$A = \begin{pmatrix} 0 & 1 & 0 \\ 0 & 0 & 1 \\ a^3 & -3a^2 & 3a \end{pmatrix}$$

とおく．A をジョルダン標準形に変換し，e^{At} を求めよ．

第3章
常微分方程式の基礎理論

　　本章では，常微分方程式の基礎理論の解説を行う．特に，初期値問題の解の存在と一意性の定理は，既に第1章や第2章でも用いられたことからもわかるように，最も基本的な結果である．ただ，一般的な方程式を扱うために議論は抽象的にならざるを得ず，本章の議論は本書の他の部分とはやや趣を異にする．

3.1　解の存在と一意性

　　まず本節では，最も基本的な解の存在と一意性の定理を証明する．2.5節の注意2.5で述べたのと同様な方法により，m 階の単独方程式は未知関数が m 個の1階連立方程式に書き直すことができるので，以下では次の形の1階非線形連立方程式を考える．

$$\frac{dx_i}{dt} = f_i(t, x_1, x_2, \ldots, x_m) \quad (i = 1, 2, \ldots, m). \tag{3.1}$$

簡単のため，以下では (3.1) を $\boldsymbol{x} = {}^t(x_1, x_2, \ldots, x_m)$, $\boldsymbol{f} = \boldsymbol{f}(t, \boldsymbol{x}) = {}^t(f_1(t, \boldsymbol{x}), f_2(t, \boldsymbol{x}), \ldots, f_m(t, \boldsymbol{x}))$ というベクトル記号を用いて

$$\frac{d\boldsymbol{x}}{dt} = \boldsymbol{f}(t, \boldsymbol{x}) \tag{3.2}$$

と表し，さらに次の初期条件を仮定する．

$$\boldsymbol{x}(t_0) = \boldsymbol{\alpha} \tag{3.3}$$

（ただし $\boldsymbol{\alpha}$ は定ベクトル）．

注意 3.1　本章では，簡単のため主に $t \in \mathbb{R}, \boldsymbol{x} \in \mathbb{R}^m, \boldsymbol{f}(t, \boldsymbol{x}) \in \mathbb{R}^m, \boldsymbol{\alpha} \in \mathbb{R}^m$ の場合を考える．また，$\mathbb{R}^m$ 上のノルムとしては

$$\|\boldsymbol{x}\| = \max\{|x_1|, |x_2|, \ldots, |x_m|\}$$

を用いる．

　初期値問題の解の一意性は，次の簡単な例が示すように，無条件では成立しない．

例 3.1

$$\frac{dx}{dt} = \sqrt{x}, \quad x(0) = 0$$

というスカラー関数 $x(t)$ に関する初期値問題を考える．この微分方程式は変数分離形なので，1.3.1 項の議論を用いれば

$$x(t) = \frac{(t-c)^2}{4} \quad （ただし c は任意定数）$$

という形の解が得られる．特に初期条件 $x(0) = 0$ を満たす解は

$$x(t) = \frac{t^2}{4}$$

である．ところが，容易にわかるように $x(t) \equiv 0$ も同じ初期値問題の解である．さらに，$a, b > 0$ を任意の正の定数として，

$$x(t) = \begin{cases} \dfrac{1}{4}(t+a)^2 & （t \leq -a のとき）, \\ 0 & （-a \leq t \leq b のとき）, \\ \dfrac{1}{4}(t-b)^2 & （b \leq t のとき） \end{cases}$$

も同じ初期値問題の C^1 級の解となる．つまり，上記の微分方程式の初期値問題には無限個の解が存在し，解の一意性は成立しない．　　　　　　　　□

　初期値問題 (3.2), (3.3) の解の一意性を保証するために，よく知られた次のリプシッツ条件を導入する．

定義 3.1（リプシッツ条件）　D を $\mathbb{R}^{m+1}$ 内の領域（すなわち，連結な開集合）とし，$\boldsymbol{f}(t, \boldsymbol{x})$ は D の閉包 $\overline{D}$ 上で定義された連続関数とする．さらに，ある正の定数 L が存在して

$$\|\boldsymbol{f}(t, \boldsymbol{x}) - \boldsymbol{f}(t, \boldsymbol{y})\| \leq L \|\boldsymbol{x} - \boldsymbol{y}\| \quad ((t, \boldsymbol{x}), (t, \boldsymbol{y}) \in D) \tag{3.4}$$

が成り立つとき，$\boldsymbol{f}(t, \boldsymbol{x})$ は（変数 $\boldsymbol{x}$ に関して）**リプシッツ条件**を満たす，あるいは**リプシッツ連続**であるという．

例 3.2 (i) $\boldsymbol{f}(t, \boldsymbol{x})$ を $\boldsymbol{x}$ に関して C^1 級であるような $\mathbb{R}^{m+1}$ 上の関数とするとき，$\boldsymbol{f}(t, \boldsymbol{x})$ は（$\mathbb{R}^{m+1}$ の任意の有界閉集合上で）リプシッツ連続である．

(ii) $f(x) = |x|$ は $\mathbb{R}$ 上のリプシッツ連続関数である．

(iii) $f(x) = \sqrt{x}$（ただし，$x < 0$ のときは $f(x) = 0$ と定義する）という $\mathbb{R}$ 上の関数 $f(x)$ は，$x = 0$ の近くでリプシッツ連続ではない． $\square$

リプシッツ条件を仮定すると，次のような解の存在と一意性の定理が成立する．

定理 3.1 $\boldsymbol{f}(t, \boldsymbol{x})$ は

$$E = \{(t, \boldsymbol{x}) \in \mathbb{R}^{m+1} \mid |t - t_0| \leq r, \|\boldsymbol{x} - \boldsymbol{\alpha}\| \leq a\}$$

でリプシッツ連続であると仮定する（ここで r, a は正の定数）．このとき，初期値問題 (3.2), (3.3) の C^1 級の解が，区間 $I' = [t_0 - r', t_0 + r']$ においてただ一つ存在する．ただし，

$$r' = \min\left\{r, \frac{a}{M}\right\}, \quad M = \max_{(t, \boldsymbol{x}) \in E} \|\boldsymbol{f}(t, \boldsymbol{x})\|.$$

以下では，この定理 3.1 の証明を行う．まず次の命題から始めよう．

命題 3.1 $\boldsymbol{x}(t)$ が (3.2), (3.3) の C^1 級の解であることと，$\boldsymbol{x}(t)$ が次の積分方程式 (3.5) の連続な解であることは同値である．

$$\boldsymbol{x}(t) = \boldsymbol{\alpha} + \int_{t_0}^{t} \boldsymbol{f}(s, \boldsymbol{x}(s)) \, ds. \tag{3.5}$$

証明 まず $\boldsymbol{x}(t)$ が (3.2), (3.3) の C^1 級の解であるとすると，(3.2) を $t = t_0$ から t まで積分することにより，

$$\boldsymbol{x}(t) - \boldsymbol{x}(t_0) = \int_{t_0}^{t} \boldsymbol{f}(s, \boldsymbol{x}(s)) \, ds.$$

従って (3.3) により (3.5) が成り立つ．

逆に，$\boldsymbol{x}(t)$ が (3.5) の連続な解であるとしよう．すると，(3.5) の右辺は微分可能であるので，(3.5) の両辺を t に関して微分することにより，

$$\frac{d}{dt} \boldsymbol{x}(t) = \boldsymbol{f}(t, \boldsymbol{x}(t)).$$

仮定よりこの右辺は連続なので，$\boldsymbol{x}(t)$ は C^1 級となり，(3.2) が成り立つ．さらに，(3.5) で $t = t_0$ とおけば (3.3) が従う． $\square$

●**解の一意性の証明**   命題 3.1 を用いて，まず解の一意性を証明しよう．$\boldsymbol{x}^{(1)}$ と $\boldsymbol{x}^{(2)}$ を，区間

$$J = [t_0 - \rho, t_0 + \rho] \subset I = [t_0 - r, t_0 + r]$$

で定義された（集合 E 内の）(3.2), (3.3) の C^1 級の二つの解とすると，命題 3.1 から

$$\boldsymbol{x}^{(j)}(t) = \boldsymbol{\alpha} + \int_{t_0}^{t} \boldsymbol{f}(s, \boldsymbol{x}^{(j)}(s))\,ds \quad (j = 1, 2)$$

が従う．この二つの式の差を取ると，$t \geq t_0, t \in J$ のとき，

$$\boldsymbol{x}^{(1)}(t) - \boldsymbol{x}^{(2)}(t) = \int_{t_0}^{t} \left\{ \boldsymbol{f}(s, \boldsymbol{x}^{(1)}(s)) - \boldsymbol{f}(s, \boldsymbol{x}^{(2)}(s)) \right\} ds$$

が成り立つことがわかる．従って，リプシッツ連続の仮定から，

$$\|\boldsymbol{x}^{(1)}(t) - \boldsymbol{x}^{(2)}(t)\| \leq \int_{t_0}^{t} \|\boldsymbol{f}(s, \boldsymbol{x}^{(1)}(s)) - \boldsymbol{f}(s, \boldsymbol{x}^{(2)}(s))\|\,ds$$

$$\leq L \int_{t_0}^{t} \|\boldsymbol{x}^{(1)}(s) - \boldsymbol{x}^{(2)}(s)\|\,ds.$$

そこで

$$\phi(t) = \int_{t_0}^{t} \|\boldsymbol{x}^{(1)}(s) - \boldsymbol{x}^{(2)}(s)\|\,ds$$

とおくと，

$$\phi'(t) \leq L\phi(t) \implies \phi'(t) - L\phi(t) \leq 0$$
$$\implies \left\{ \phi(t)e^{-Lt} \right\}' \leq 0$$
$$\implies \phi(t)e^{-Lt} \leq \phi(t_0)e^{-Lt_0} = 0.$$

従って，

$$\|\boldsymbol{x}^{(1)}(t) - \boldsymbol{x}^{(2)}(t)\| \leq L\phi(t) \leq 0.$$

$t \leq t_0$ でも同様である．よって区間 J で $\boldsymbol{x}^{(1)}(t) \equiv \boldsymbol{x}^{(2)}(t)$ となり，一意性が証明された．（以上の証明からわかるように，解の一意性は I に含まれる任意の区間 J で成立する．これに対して，以下にみるように，解の存在は一般には I' においてのみ保証される．） $\square$

注意 3.2 (i) **グロンウォールの補題**と呼ばれる次のような補題がある.

補題 3.1 $u(t), v(t)$ を区間 $[t_0, t_0 + \rho]$ 上の非負な（すなわち $u(t), v(t) \geq 0$ を満たす）連続関数とする. さらに, 非負の定数 $C \geq 0$ が存在して,

$$u(t) \leq C + \int_{t_0}^{t} u(s)v(s)\, ds$$

が成り立つと仮定する. このとき, 次が成立する.

$$u(t) \leq C \exp \int_{t_0}^{t} v(s)\, ds.$$

一意性の証明には, この補題を $C = 0, v(t) \equiv L, u(t) = \|\boldsymbol{x}^{(1)}(t) - \boldsymbol{x}^{(2)}(t)\|$ として用いても良い.

(ii) 上の証明からわかるように, 一意性は（解が存在している限り）区間 I 全体で成立する.

●**解の存在の証明** 次に, 解の存在を証明する. 一般に, 微分方程式の解の存在を示すには次の三つの代表的な方法がある.

(A) ピカールの逐次近似法.
(B) コーシーの折れ線近似の方法.
(C) べき級数展開の方法.

ここでは (A) の方法を用いる.（なお, (B) の方法はこの後の定理 3.3 の証明で, (C) の方法は第 4 章以降で, それぞれ用いられる.）3 段階に分けて証明しよう.

Step 1（解の近似列の構成） 関数列 $\{\boldsymbol{x}^{(j)}(t)\}_{j=0,1,\dots}$ を次で定める.

$$\boldsymbol{x}^{(0)}(t) \equiv \boldsymbol{\alpha},$$

$$\boldsymbol{x}^{(1)}(t) = \boldsymbol{\alpha} + \int_{t_0}^{t} \boldsymbol{f}(s, \boldsymbol{x}^{(0)}(s))\, ds,$$

$$\cdots$$

$$\boldsymbol{x}^{(n)}(t) = \boldsymbol{\alpha} + \int_{t_0}^{t} \boldsymbol{f}(s, \boldsymbol{x}^{(n-1)}(s))\, ds$$

（ただし $n \geq 1$）. もちろん, これで関数列 $\{\boldsymbol{x}^{(j)}(t)\}_{j=0,1,\dots}$ がうまく定義できていること（well-defined であること）を確かめておかなければならない. 今の場合は, I' 上で $\|\boldsymbol{x}^{(n)}(t) - \boldsymbol{\alpha}\| \leq a$ であること（つまり, $(t, \boldsymbol{x}^{(n)}(t))$ が $\boldsymbol{f}$ の定義域に入っていること）を確認する必要がある.

帰納法を用いて確かめる．以下，$t_0 \leq t \leq t_0 + r'$ とする．$n = 0$ のときは明らかなので，$n - 1$ まで成り立つと仮定して，n のときを考えると，

$$\|\boldsymbol{x}^{(n)}(t) - \boldsymbol{\alpha}\| \leq \int_{t_0}^{t} \|\boldsymbol{f}(s, \boldsymbol{x}^{(n-1)}(s))\|\, ds \leq M(t - t_0) \leq Mr' \leq a.$$

よって n のときも成立する．$t_0 - r' \leq t \leq t_0$ のときも同様．

Step 2　(近似列の収束の証明)

$$\boldsymbol{x}^{(n)}(t) = \boldsymbol{x}^{(0)}(t) + \sum_{j=1}^{n} \left\{ \boldsymbol{x}^{(j)}(t) - \boldsymbol{x}^{(j-1)}(t) \right\}$$

と表されるので，$\{\boldsymbol{x}^{(n)}(t)\}_{n=0,1,\ldots}$ が収束列であることを示すには，$\sum \|\boldsymbol{x}^{(j)} - \boldsymbol{x}^{(j-1)}\|$ が収束することを言えばよい．$t_0 - r' \leq t \leq t_0$ のときも同様なので，以下では $t_0 \leq t \leq t_0 + r'$ において考える．まず，

$$\|\boldsymbol{x}^{(1)} - \boldsymbol{x}^{(0)}\| = \|\boldsymbol{x}^{(1)} - \boldsymbol{\alpha}\| \leq M(t - t_0).$$

これとリプシッツ条件を用いると，

$$\|\boldsymbol{x}^{(2)} - \boldsymbol{x}^{(1)}\| \leq \int_{t_0}^{t} \|\boldsymbol{f}(s, \boldsymbol{x}^{(1)}(s)) - \boldsymbol{f}(s, \boldsymbol{x}^{(0)}(s))\|\, ds$$

$$\leq L \int_{t_0}^{t} \|\boldsymbol{x}^{(1)}(s) - \boldsymbol{x}^{(0)}(s)\|\, ds$$

$$\leq LM \int_{t_0}^{t} (s - t_0)\, ds = \frac{LM}{2}(t - t_0)^2.$$

そこで，

$$\|\boldsymbol{x}^{(j)} - \boldsymbol{x}^{(j-1)}\| \leq \frac{ML^{j-1}}{j!}(t - t_0)^j \tag{3.6}$$

と予想し，実際に (3.6) が成り立つことを帰納法で証明しよう．$j = n - 1$ まで成立するとして，$j = n$ のとき，上と同様にして

$$\|\boldsymbol{x}^{(n)} - \boldsymbol{x}^{(n-1)}\| \leq \int_{t_0}^{t} \|\boldsymbol{f}(s, \boldsymbol{x}^{(n-1)}(s)) - \boldsymbol{f}(s, \boldsymbol{x}^{(n-2)}(s))\|\, ds$$

$$\leq L \int_{t_0}^{t} \|\boldsymbol{x}^{(n-1)}(s) - \boldsymbol{x}^{(n-2)}(s)\|\, ds$$

$$\leq \frac{ML^{n-1}}{(n-1)!} \int_{t_0}^{t} (s - t_0)^{n-1}\, ds = \frac{ML^{n-1}}{n!}(t - t_0)^n.$$

従って (3.6) が成立する. これより,

$$\sum_{j=1}^{n} \|x^{(j)} - x^{(j-1)}\| \le \sum_{j=1}^{n} \frac{ML^{j-1}}{j!}(t-t_0)^j \le \sum_{j=1}^{n} \frac{ML^{j-1}}{j!}(r')^j < \infty.$$

すなわち, $\sum\{x^{(j)} - x^{(j-1)}\}$ は絶対一様収束する. よって, $x^{(\infty)}(t) = \lim_{n\to\infty} x^{(n)}(t)$ が存在し, しかも $x^{(\infty)}(t)$ は連続関数である.

Step 3（解であることの確認） $x^{(n)}(t)$ の定義式

$$x^{(n)}(t) = \alpha + \int_{t_0}^{t} f(s, x^{(n-1)}(s))\,ds$$

において, 両辺の $n \to \infty$ の極限を取る. もちろん, 左辺は $x^{(\infty)}(t)$ に収束する. 他方, **Step 2** で示したように $x^{(n-1)}$ は $x^{(\infty)}$ に一様収束し, さらに $f(t, x)$ は有界閉集合 E において一様連続であるから, $f(s, x^{(n-1)}(s))$ は $f(s, x^{(\infty)}(s))$ に一様収束することがわかる. 従って, 右辺は $\alpha + \int_{t_0}^{t} f(s, x^{(\infty)}(s))\,ds$ に収束する. よって

$$x^{(\infty)}(t) = \alpha + \int_{t_0}^{t} f(s, x^{(\infty)}(s))\,ds$$

が成立し, 極限関数 $x^{(\infty)}(t)$ は確かに (3.5) を満たすことが確かめられた.

以上で定理 3.1 の証明がすべて終わった. $\qquad\square$

注意 3.3 上で説明したように, 解の近似列を逐次的に求め, その収束性を確かめることで定理 3.1 は証明された. この論法をより一般の状況で用いることによって示される, ある種の非線形写像に関する不動点定理が次である.（しばしば "**縮小写像の原理**" と呼ばれる.）

定理 3.2 V をバナッハ空間, すなわち, ノルム $\|u\|_0$ をもつ完備な線形空間とし, X をその閉集合とする.（ここで線形空間が**完備**であるとは, その中の任意のコーシー列が収束する, つまり極限をもつという意味である.）また, Φ を X から X への縮小写像, すなわち Φ は X から X への写像であって, ある 1 より小さい正の定数 K が存在して,

$$\|\Phi(x) - \Phi(y)\|_0 \le K\|x - y\|_0$$

が任意の $x, y \in X$ に対して成り立つと仮定する. このとき, Φ の不動点, つまり $\Phi(\hat{x}) = \hat{x}$ を満たす $\hat{x} \in X$ がただ一つ存在する.

定理 3.1 は，この縮小写像の原理を用いて証明することも可能である．実際，

$$I'' = [t_0 - r'', t_0 + r''], \quad r'' = \min\left\{r, \frac{a}{M}, \frac{1}{2L}\right\} \quad (\leq r')$$

とし，

$$C^0(I''): I'' 上の連続関数の全体，$$

$$V = \left(C^0(I'')\right)^m: I'' 上のベクトル値連続関数の全体，$$

$$X = \{\boldsymbol{x}(t) \in V \mid \|\boldsymbol{x}(t) - \boldsymbol{\alpha}\| \leq a\}$$

とおく．（V は $\|\boldsymbol{x}\|_0 = \sup_{t \in I''} \|\boldsymbol{x}(t)\|$ というノルムによりバナッハ空間となる．）すると

$$\Phi(\boldsymbol{x}) = \boldsymbol{\alpha} + \int_{t_0}^t \boldsymbol{f}(s, \boldsymbol{x}(s))\,ds \tag{3.7}$$

は X から X への縮小写像となり，この Φ の不動点が (3.5) の解を与える．

定理 3.1 では，$\boldsymbol{f}(t, \boldsymbol{x})$ がリプシッツ連続であると仮定して，初期値問題 (3.2)，(3.3) の解の存在と一意性を証明した．それでは，リプシッツ条件を仮定しない場合はどうなるだろうか？　実は，リプシッツ条件が成立しなくても，単に $\boldsymbol{f}(t, \boldsymbol{x})$ が連続であるという仮定だけで解の存在を示すことができる．すなわち，次の定理が成り立つ．

定理 3.3　$\boldsymbol{f}(t, \boldsymbol{x})$ は $E = \{(t, \boldsymbol{x}) \in \mathbb{R}^{m+1} \mid |t - t_0| \leq r, \|\boldsymbol{x} - \boldsymbol{\alpha}\| \leq a\}$ で連続と仮定する．このとき，初期値問題 (3.2)，(3.3) の解が区間 $I' = [t_0 - r', t_0 + r']$ で存在する．（r' は定理 3.1 と同じである．）

注意 3.4　例 3.1 が示すように，$\boldsymbol{f}(t, \boldsymbol{x})$ が連続という仮定だけでは解は一つとは限らない．

以下では，定理 3.1 の解の存在証明のところで述べた (B) の方法，つまり**コーシーの折れ線近似**の方法を用いて定理 3.3 を証明する．

証明　定理 3.1 の証明と同様に，$t_0 \leq t \leq t_0 + r'$ で考える．$\delta > 0$ を（後で決める）十分小さい正の数とし，区間 $[t_0, t_0 + r']$ を $0 < t_j - t_{j-1} < \delta$ が満たされるように $t_0 < t_1 < \cdots < t_N = t_0 + r'$ と小区間に分割して，各小区間で 1 次式（つまり，グラフが折れ線，図 3.1 参照）となるように連続関数 $\boldsymbol{x}(t)$ を次式で定義する．

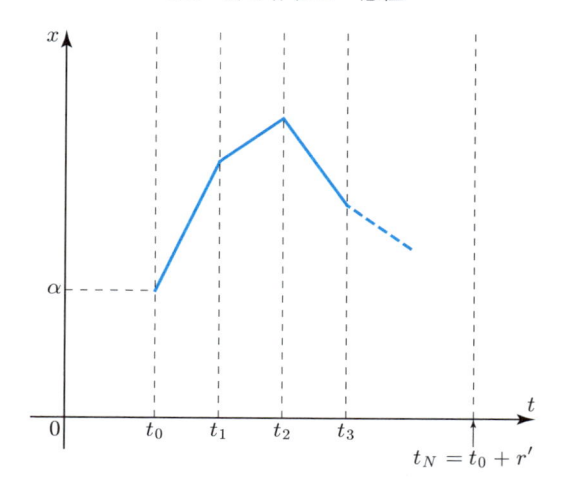

図 **3.1** コーシーの折れ線近似

$$
\boldsymbol{x}(t) = \begin{cases}
\boldsymbol{\alpha} + \boldsymbol{f}(t_0, \boldsymbol{\alpha})(t - t_0) & (t_0 \leq t \leq t_1), \\
\boldsymbol{x}(t_1) + \boldsymbol{f}(t_1, \boldsymbol{x}(t_1))(t - t_1) & (t_1 \leq t \leq t_2), \\
\quad \cdots \\
\boldsymbol{x}(t_{N-1}) + \boldsymbol{f}(t_{N-1}, \boldsymbol{x}(t_{N-1}))(t - t_{N-1}) & (t_{N-1} \leq t \leq t_N).
\end{cases}
$$

コーシーの折れ線近似では，この形の関数 $\boldsymbol{x}(t)$ を用いて解の近似列を構成する.

まず，各小区間で $\boldsymbol{x}(t)$ は t の 1 次式であって，その 1 次の項の係数が $\|\boldsymbol{f}(t_k, \boldsymbol{x}(t_k))\| \leq M$ を満たすから，

$$
\|\boldsymbol{x}(t) - \boldsymbol{x}(t')\| \leq M|t - t'| \quad (t, t' \in [t_0, t_0 + r']) \tag{3.8}
$$

が成り立つことに注意しよう. 特に，

$$
\|\boldsymbol{x}(t) - \boldsymbol{\alpha}\| \leq M|t - t_0| \leq Mr' \leq a \tag{3.9}
$$

である. 今，任意の $\epsilon > 0$ が与えられたとき，$\delta > 0$ を

$$
|t - t'| \leq \delta, \ \|\boldsymbol{x} - \boldsymbol{x}'\| \leq M\delta \implies \|\boldsymbol{f}(t, \boldsymbol{x}) - \boldsymbol{f}(t', \boldsymbol{x}')\| \leq \epsilon \tag{3.10}
$$

が成り立つように選ぶ.（$\boldsymbol{f}(t, \boldsymbol{x})$ は E で一様連続なので，実際これは可能である.）すると $t_k \leq t \leq t_{k+1}$ のとき，

$$\left\| \boldsymbol{x}(t) - \boldsymbol{\alpha} - \int_{t_0}^t \boldsymbol{f}(s, \boldsymbol{x}(s))\, ds \right\|$$

$$\leq \left\| \boldsymbol{x}(t) - \boldsymbol{x}(t_k) - \int_{t_k}^t \boldsymbol{f}(s, \boldsymbol{x}(s))\, ds \right\|$$

$$+ \left\| \boldsymbol{x}(t_k) - \boldsymbol{x}(t_{k-1}) - \int_{t_{k-1}}^{t_k} \boldsymbol{f}(s, \boldsymbol{x}(s))\, ds \right\|$$

$$+ \cdots$$

$$+ \left\| \boldsymbol{x}(t_1) - \boldsymbol{\alpha} - \int_{t_0}^{t_1} \boldsymbol{f}(s, \boldsymbol{x}(s))\, ds \right\|$$

$$= \left\| \boldsymbol{f}(t_k, \boldsymbol{x}(t_k))(t - t_k) - \int_{t_k}^t \boldsymbol{f}(s, \boldsymbol{x}(s))\, ds \right\|$$

$$+ \sum_{j=1}^k \left\| \boldsymbol{f}(t_{j-1}, \boldsymbol{x}(t_{j-1}))(t_j - t_{j-1}) - \int_{t_{j-1}}^{t_j} \boldsymbol{f}(s, \boldsymbol{x}(s))\, ds \right\|$$

$$= \left\| \int_{t_k}^t \{ \boldsymbol{f}(t_k, \boldsymbol{x}(t_k)) - \boldsymbol{f}(s, \boldsymbol{x}(s)) \}\, ds \right\|$$

$$+ \sum_{j=1}^k \left\| \int_{t_{j-1}}^{t_j} \{ \boldsymbol{f}(t_{j-1}, \boldsymbol{x}(t_{j-1})) - \boldsymbol{f}(s, \boldsymbol{x}(s)) \}\, ds \right\|$$

$$\leq \epsilon(t - t_k) + \sum_{j=1}^k \epsilon(t_j - t_{j-1})$$

$$= \epsilon(t - t_0). \tag{3.11}$$

（最後の不等式を示す際に，(3.8) と (3.10) を用いた．）そこで，

$$\epsilon_1 > \epsilon_2 > \cdots > \epsilon_m > \cdots, \quad \epsilon_m \to 0$$

となる単調減少数列 $\{\epsilon_m\}_{m=1,2,\dots}$ を取り，各 ϵ_m に対して上のようにして構成された $\boldsymbol{x}(t)$ を $\boldsymbol{x}^{(m)}(t)$ とおく．

　構成の仕方から，$m \to \infty$ のとき $\boldsymbol{x}^{(m)}(t)$ は次第に解に近づいていくように思われるかも知れない．残念ながらこの期待は一般には正しくないけれども，幸い $\{\boldsymbol{x}^{(m)}(t)\}_{m=1,2,\dots}$ から収束する部分列を選び出すことができる．それを示すには，次の有名な**アスコリ–アルツェラの定理**を用いる．

定理 3.4（**アスコリ–アルツェラの定理**）　有界閉区間 $I = [t_0, t_1]$ 上の関数列 $\{x_n(t)\}_{n=1,2,\dots}$ が次の 2 条件を満たすとする.

(1)（**一様有界性**）ある正定数 $M > 0$ が存在して,

$$|x_n(t)| \leq M$$

がすべての $n = 1, 2, \dots$ とすべての $t \in I$ に対して成立する.

(2)（**同等連続性**, あるいは**同程度連続性**）任意の $\epsilon > 0$ に対して, ある $\delta > 0$ が存在して,

$$|x_n(t) - x_n(t')| \leq \epsilon$$

がすべての $n = 1, 2, \dots$ と $|t - t'| < \delta$ を満たすすべての $t, t' \in I$ に対して成立する.

このとき, I において一様収束するような部分列 $\{x_{n_l}(t)\}_{l=1,2,\dots}$ を選び出すことができる.

アスコリ–アルツェラの定理の証明については, 例えば坂井[3]を参照.

上で構成した関数列 $\{\boldsymbol{x}^{(m)}(t)\}_{m=1,2,\dots}$ は, (3.9) と (3.8) により, 一様有界性と同等連続性を満たしている. 従って, アスコリ–アルツェラの定理を用いれば（正確には, $\boldsymbol{x}^{(m)}(t)$ の各成分に対して適用すれば）, $\{\boldsymbol{x}^{(m)}(t)\}_{m=1,2,\dots}$ から一様収束する部分列 $\{\boldsymbol{x}^{(m_l)}(t)\}_{l=1,2,\dots}$ を選び出すことができる. この $\boldsymbol{x}^{(m_l)}(t)$ の一様収束極限を $\boldsymbol{x}^{(\infty)}(t)$ と書くことにすると, $\boldsymbol{x}^{(\infty)}(t)$ は連続であって, (3.11) より

$$\left\| \boldsymbol{x}^{(m_l)}(t) - \boldsymbol{\alpha} - \int_{t_0}^t \boldsymbol{f}(s, \boldsymbol{x}^{(m_l)}(s))\, ds \right\| \leq \epsilon_{m_l}(t - t_0)$$

が成立する. この式で $l \to \infty$ とすれば,

$$\boldsymbol{x}^{(\infty)}(t) - \boldsymbol{\alpha} - \int_{t_0}^t \boldsymbol{f}(s, \boldsymbol{x}^{(\infty)}(s))\, ds = 0$$

が成り立ち, よって $\boldsymbol{x}^{(\infty)}(t)$ は積分方程式 (3.5) の解である. □

3.2　解の接続と比較定理

前節では，微分方程式の初期値問題の解の存在と一意性に関する基本定理を証明した．本節と次節では，解の基本的な性質について論じる．まず本節では，解がどこまで存在するか（接続できるか）という問題を考察する．

前節と同様に，1 階連立方程式の形で考えよう．

$$\begin{cases} \dfrac{d\boldsymbol{x}}{dt} = \boldsymbol{f}(t, \boldsymbol{x}), \\ \boldsymbol{x}(t_0) = \boldsymbol{\alpha}. \end{cases} \tag{3.12}$$

ただし，$\boldsymbol{f}(t, \boldsymbol{x})$ は $(t_0, \boldsymbol{\alpha})$ を含む領域 $D \subset \mathbb{R}^{m+1}$ でリプシッツ連続であると仮定する．まず，$(t_0, \boldsymbol{\alpha})$ を中心とする長方形領域 $E \subset D$ を一つ取る．定理 3.1 を用いれば，(3.12) の解が

$$|t - t_0| \leq r' = \min\left\{ r, \frac{a}{M} \right\}$$

（ここで r, a はそれぞれ長方形領域 E の横幅と縦幅，M は E における $\|\boldsymbol{f}(t, \boldsymbol{x})\|$ の最大値）においてただ一つ存在する．この解（$\boldsymbol{x}_0(t)$ と表す）の定義域を広げることを考える．

$t_1 = t_0 + r'$，$\boldsymbol{x}(t_1) = \boldsymbol{\alpha}_1$ とおく．$(t_1, \boldsymbol{\alpha}_1) \in E \subset D$ であるから，再び $(t_1, \boldsymbol{\alpha}_1)$ を中心とする D 内の長方形領域 $E_1 \subset D$ を取り，定理 3.1 を用いると，

$$\begin{cases} \dfrac{d\boldsymbol{x}_1}{dt} = \boldsymbol{f}(t, \boldsymbol{x}_1), \\ \boldsymbol{x}_1(t_1) = \boldsymbol{\alpha}_1 \end{cases}$$

を満たす解 $\boldsymbol{x}_1(t)$ が $t_1 - r_1' \leq t \leq t_1 + r_1'$ で存在する．すると，解の一意性より $t_1 - r_1' \leq t \leq t_1$ では

$$\boldsymbol{x}_0(t) \equiv \boldsymbol{x}_1(t)$$

が成り立つので，

$$\boldsymbol{x}(t) = \begin{cases} \boldsymbol{x}_0(t) & (t_0 - r' \leq t \leq t_0 + r' = t_1), \\ \boldsymbol{x}_1(t) & (t_1 - r_1' \leq t \leq t_1 + r_1') \end{cases}$$

は $t_0 - r' \leq t \leq t_1 + r_1'$ における (3.12) の解となる．こうして，最初の解 $\boldsymbol{x}_0(t)$ の定義域が $[t_0 - r', t_1 + r_1']$ にまで延長された．このとき $\boldsymbol{x}(t)$ を元の解 $\boldsymbol{x}_0(t)$ の**接続**（または，**延長**）という．

定理 3.5　$f(t, x)$ は領域 $D \ni (t_0, \alpha)$ でリプシッツ連続であると仮定するとき，微分方程式 (3.12) の解は，そのグラフが D の境界に達するまで左右両側に接続できる．

証明　左右どちらでも同様なので，右側への接続についてのみ考える．今，解 $x(t)$ について可能な限り右側への接続を行い，$x(t)$ の定義域が

$$[t_0, t_0 + r_1], \ [t_0, t_0 + r_2], \ \ldots, \quad \text{ただし } 0 < r_1 < r_2 < \cdots$$

と広がっていったとする．$T = \sup_j (t_0 + r_j)$ とおく．以下では，$t \to T$ のとき $x(t)$ のグラフが D 内のある有界閉集合 F に留まると仮定して矛盾を示す．

まず，$t_j \to T$ となる任意の数列 $\{t_j\}$ を取る．$(t_j, x(t_j)) \in F$ かつ F はコンパクトだから，ある部分列 $\{t_{j_k}\}$ を取ると，

$$(t_{j_k}, x(t_{j_k})) \longrightarrow (T, A) \in F$$

となる $A \in \mathbb{R}^m$ が存在する．このとき，$\lim_{t \to T} x(t) = A$ が成り立つことが次のようにしてわかる．

$\|f(t, x)\|$ の F 上での最大値を M とおく．任意の $\epsilon > 0$ に対して，$t \in (T - \frac{\epsilon}{M}, T)$ とすると，$t_{j_k} \in (T - \frac{\epsilon}{M}, T)$ かつ $\|x(t_{j_k}) - A\| < \epsilon$ を満たす t_{j_k} が取れるので，

$$\begin{aligned}
\|x(t) - A\| &\leq \|x(t) - x(t_{j_k})\| + \|x(t_{j_k}) - A\| \\
&= \left\| \int_{t_{j_k}}^t f(s, x(s)) \, ds \right\| + \|x(t_{j_k}) - A\| \\
&\leq M|t - t_{j_k}| + \|x(t_{j_k}) - A\| \\
&\leq \epsilon + \epsilon = 2\epsilon
\end{aligned}$$

が成り立つ．よって $\lim_{t \to T} x(t) = A$ である．

従って，$x(t)$ は閉区間 $[t_0, T]$ において連続となり，この区間で (3.12)（より正確には，積分方程式 (3.5)）の解となる．$(T, A) \in F \subset D$ であったから，そこで再び定理 3.1 を用いると，解 $x(t)$ は T よりさらに右側まで接続できることになるが，これは T の定め方に矛盾する．　　　　□

[例題 3.1] $D = \{(t, x) \in \mathbb{R}^2 \mid x > 0\}$ とし, D において微分方程式

$$\frac{dx}{dt} = \frac{t}{x}$$

を考える. この微分方程式の解がどこまで接続できるかを調べよ.

[解答] 上記の方程式は変数分離形だから容易に解けて, 一般解は

$$x(t) = \pm\sqrt{t^2 + c} \quad (c は任意定数)$$

で与えられる. この表示式より, 例えば $x(2) = 3$ を満たす解は $x(t) = \sqrt{t^2 + 5}$ となって, これは $\mathbb{R}$ 全体に接続できるが, $x(2) = 1$ を満たす解は $x(t) = \sqrt{t^2 - 3}$ となり, $t > \sqrt{3}$ までしか接続できないことがわかる (図 3.2 参照).

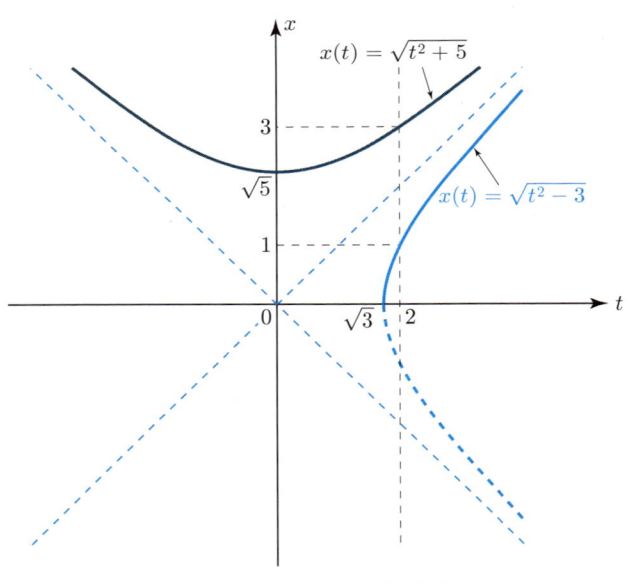

図 3.2 例題 3.1 の解曲線 □

[例題 3.2] $D = \mathbb{R}^2$ における微分方程式

$$\frac{dx}{dt} = x^2$$

の解がどこまで接続できるかを調べよ.

$\boxed{\text{解答}}$ 一般解は，c を任意定数として

$$x(t) = -\frac{1}{t+c}$$

である．これより，$x(0) = \alpha$ を満たす解は

$$x(t) = \begin{cases} -\dfrac{1}{t - \frac{1}{\alpha}} = \dfrac{\alpha}{1 - \alpha t} & (\alpha \neq 0 \text{ のとき}), \\ 0 & (\alpha = 0 \text{ のとき}) \end{cases}$$

となる．従って，$\alpha = 0$ の場合を除き，解は有限時間で（具体的には $t \to \frac{1}{\alpha}$ のとき）$|x(t)| \to \infty$ となる．（つまり，"解は**爆発**する"．図 **3.3** 参照.）

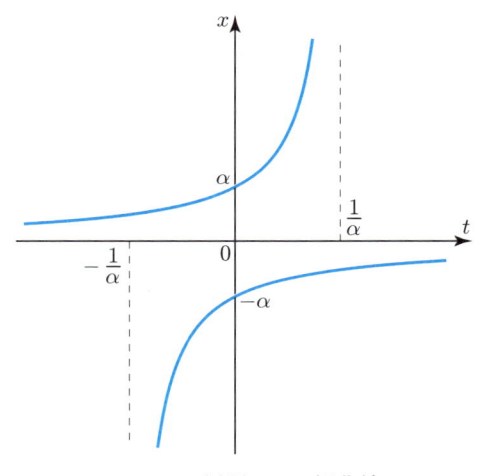

図 **3.3** 例題 3.2 の解曲線 $\qquad\Box$

解がどこまで接続できるのかを調べるのには，次の**比較定理**が有用である．

定理 3.6（**比較定理**） $\boldsymbol{f}(t, \boldsymbol{x})$ は領域 $D \ni (t_0, \boldsymbol{\alpha})$ で連続であって，さらに，ある $\mathbb{R}^2$ 上の連続関数 $F(t, X)$ に対して

$$\|\boldsymbol{f}(t, \boldsymbol{x})\| < F(t, \|\boldsymbol{x}\|) \tag{3.13}$$

が成り立つと仮定する．このとき，ある定数 A に対して

$$\|\boldsymbol{\alpha}\| \leq A \tag{3.14}$$

であるならば，二つの微分方程式

$$\begin{cases} \dfrac{d\boldsymbol{x}}{dt} = \boldsymbol{f}(t, \boldsymbol{x}), \\ \boldsymbol{x}(t_0) = \boldsymbol{\alpha}, \end{cases} \qquad \begin{cases} \dfrac{dX}{dt} = F(t, X), \\ X(t_0) = A \end{cases}$$

の解について，不等式 $\|\boldsymbol{x}(t)\| \le X(t)$ が $t \ge t_0$ において成立する．

注意 3.5　(i)　同様に，微分方程式

$$\begin{cases} \dfrac{dY}{dt} = -F(t, Y), \\ Y(t_0) = A \end{cases}$$

の解を $Y(t)$ とすれば，$\|\boldsymbol{x}(t)\| \le Y(t)$ が $t \le t_0$ において成立する．

(ii)　(3.13) の代わりに

$$\|\boldsymbol{f}(t, \boldsymbol{x})\| \le F(t, \|\boldsymbol{x}\|) \tag{3.13$'$}$$

を仮定しても定理の主張が成り立つ（章末の演習問題参照）．

証明　ある $T > t_0$ で $\|\boldsymbol{x}(T)\| > X(T)$ となったと仮定しよう．すると，$\|\boldsymbol{x}(s)\| \le X(s)$ が区間 $t_0 \le s \le t$ で成り立つような t の上限 ρ，すなわち

$$\rho = \sup\{\, t \ge t_0 \mid \|\boldsymbol{x}(s)\| \le X(s) \quad (t_0 \le s \le t) \,\}$$

が有限の値として定まる．このとき，ρ の定義と $\|\boldsymbol{x}(t)\|$ および $X(t)$ の連続性から，

$$\begin{cases} \|\boldsymbol{x}(\rho)\| = X(\rho), \\ \text{ある点列 } t_1 > t_2 > \cdots \searrow \rho \text{ が存在して，} \|\boldsymbol{x}(t_j)\| > X(t_j) \end{cases}$$

が成立する．従って，

$$\left\| \frac{\boldsymbol{x}(t_j) - \boldsymbol{x}(\rho)}{t_j - \rho} \right\| = \frac{\|\boldsymbol{x}(t_j) - \boldsymbol{x}(\rho)\|}{t_j - \rho}$$
$$\ge \frac{\|\boldsymbol{x}(t_j)\| - \|\boldsymbol{x}(\rho)\|}{t_j - \rho} > \frac{X(t_j) - X(\rho)}{t_j - \rho}.$$

$j \to \infty$ とすると，

$$\|\boldsymbol{f}(\rho, \boldsymbol{x}(\rho))\| = \|\boldsymbol{x}'(\rho)\| \ge X'(\rho) = F(\rho, X(\rho)) = F(\rho, \|\boldsymbol{x}(\rho)\|).$$

これは (3.13) に矛盾する．　　　　　　　　　　　　　　□

これらの定理を用いれば，線形常微分方程式については係数が連続な区間全体で解が存在することを主張する定理 2.1 を証明することができる．ここでは，連立方程式の形に書き直した次の定理（定理 2.6 に相当）を証明しよう．

定理 3.7 行列値関数 $A(t)$ およびベクトル値関数 $\boldsymbol{b}(t)$ はともに閉区間 $I = [\alpha, \beta]$ において連続とする．このとき，連立 1 階の線形常微分方程式

$$\begin{cases} \dfrac{d\boldsymbol{x}}{dt} = A(t)\boldsymbol{x} + \boldsymbol{b}(t), \\ \boldsymbol{x}(t_0) = \boldsymbol{c} \in \mathbb{R}^m \end{cases} \tag{3.15}$$

の解が I 全体でただ一つ存在する．

証明 $E = I \times \mathbb{R}^m$, $\boldsymbol{f}(t, \boldsymbol{x}) = A(t)\boldsymbol{x} + \boldsymbol{b}(t)$ とおくと，$\boldsymbol{f}(t, \boldsymbol{x})$ は E においてリプシッツ連続である．従って，解が I 全体で存在することを言えばよい．

$t_0 \leq t \leq \beta$ で考える．

$$K = \max_{\alpha \leq t \leq \beta} \|A(t)\|, \quad H = \max_{\alpha \leq t \leq \beta} \|\boldsymbol{b}(t)\|_\infty$$

とおき，$H < h$ を満たす h を取ると，

$$\|\boldsymbol{f}(t, \boldsymbol{x})\|_\infty \leq K\|\boldsymbol{x}\|_\infty + H < K\|\boldsymbol{x}\|_\infty + h$$

が成り立つ．そこで，次の微分方程式を考える．

$$\begin{cases} \dfrac{dX}{dt} = KX + h, \\ X(t_0) = \|\boldsymbol{c}\|_\infty. \end{cases}$$

この微分方程式の解は，

$$X(t) = \left(\frac{h}{K} + \|\boldsymbol{c}\|_\infty \right) e^{K(t-t_0)} - \frac{h}{K}$$

と具体的に求まる．従って，比較定理（定理 3.6）により (3.15) の解は（存在する限り）

$$I \times \left\{ \boldsymbol{x} \in \mathbb{R}^m \,\middle|\, \|\boldsymbol{x}\|_\infty \leq \left(\frac{h}{K} + \|\boldsymbol{c}\|_\infty \right) e^{K(\beta-t_0)} - \frac{h}{K} \right\}$$

の中に留まる．よって定理 3.5 より，解は $t = \beta$ まで接続される． $\square$

3.3 初期値やパラメータに関する
解の連続性と微分可能性

　本節では，微分方程式の解に関するもう一つの基本的な性質である初期値やパラメータに関する連続性と微分可能性について論じる.

　まずは，パラメータに関する連続性から始めよう．パラメータ $\boldsymbol{p} \in \mathbb{R}^d$ に依存する連立の常微分方程式

$$
\begin{cases}
\dfrac{d\boldsymbol{x}}{dt} = \boldsymbol{f}(t, \boldsymbol{x}, \boldsymbol{p}), \\
\boldsymbol{x}(t_0) = \boldsymbol{\alpha}
\end{cases}
\tag{3.16}
$$

を考える．$\boldsymbol{p}$ に関する連続性が問題だから，考えている点 $\boldsymbol{p}_0$ の近傍で考察すれば良い．このとき，次が成立する.

定理 3.8　$\boldsymbol{f}(t, \boldsymbol{x}, \boldsymbol{p})$ は

$$
E = \{\, (t, \boldsymbol{x}, \boldsymbol{p}) \in \mathbb{R} \times \mathbb{R}^m \times \mathbb{R}^d \mid |t - t_0| \le r,\ \|\boldsymbol{x} - \boldsymbol{\alpha}\| \le a,\ \|\boldsymbol{p} - \boldsymbol{p}_0\| \le q \,\}
$$

において連続で，さらにリプシッツ条件

$$
\|\boldsymbol{f}(t, \boldsymbol{x}, \boldsymbol{p}) - \boldsymbol{f}(t, \boldsymbol{y}, \boldsymbol{p})\| \le L\|\boldsymbol{x} - \boldsymbol{y}\|
$$

を満たすと仮定する（ただし L は $\boldsymbol{p}$ にも依らない定数）．このとき，(3.16) の解 $\boldsymbol{x}(t) = \boldsymbol{x}(t; \boldsymbol{p})$ は $\boldsymbol{p}$ に関して $\boldsymbol{p} = \boldsymbol{p}_0$ で連続である.

証明

$$
\omega(\boldsymbol{p}) = \max_{|t - t_0| \le r,\, \|\boldsymbol{x} - \boldsymbol{\alpha}\| \le a} \|\boldsymbol{f}(t, \boldsymbol{x}, \boldsymbol{p}) - \boldsymbol{f}(t, \boldsymbol{x}, \boldsymbol{p}_0)\|
$$

とおくと，$\boldsymbol{f}(t, \boldsymbol{x}, \boldsymbol{p})$ の E 上での一様連続性により，$\boldsymbol{p} \to \boldsymbol{p}_0$ のとき $\omega(\boldsymbol{p}) \to 0$ が成り立つことに注意する.

　さて，定理 3.1 の証明の際に見たように，(3.16) は積分方程式

$$
\boldsymbol{x}(t; \boldsymbol{p}) = \boldsymbol{\alpha} + \int_{t_0}^{t} \boldsymbol{f}(s, \boldsymbol{x}(s; \boldsymbol{p}), \boldsymbol{p})\, ds
$$

と同値である．従って，$t_0 \le t \le t_0 + r$ のとき，

$$
\boldsymbol{x}(t; \boldsymbol{p}) - \boldsymbol{x}(t; \boldsymbol{p}_0) = \int_{t_0}^{t} \{\boldsymbol{f}(s, \boldsymbol{x}(s; \boldsymbol{p}), \boldsymbol{p}) - \boldsymbol{f}(s, \boldsymbol{x}(s; \boldsymbol{p}_0), \boldsymbol{p}_0)\}\, ds
$$

$$= \int_{t_0}^t \big\{ \boldsymbol{f}(s, \boldsymbol{x}(s; \boldsymbol{p}), \boldsymbol{p}) - \boldsymbol{f}(s, \boldsymbol{x}(s; \boldsymbol{p}), \boldsymbol{p}_0) \big\} \, ds$$

$$+ \int_{t_0}^t \big\{ \boldsymbol{f}(s, \boldsymbol{x}(s; \boldsymbol{p}), \boldsymbol{p}_0) - \boldsymbol{f}(s, \boldsymbol{x}(s; \boldsymbol{p}_0), \boldsymbol{p}_0) \big\} \, ds$$

より，次の不等式が成り立つ．

$$\|\boldsymbol{x}(t; \boldsymbol{p}) - \boldsymbol{x}(t; \boldsymbol{p}_0)\| \leq \omega(\boldsymbol{p})(t - t_0) + L \int_{t_0}^t \|\boldsymbol{x}(s; \boldsymbol{p}) - \boldsymbol{x}(s; \boldsymbol{p}_0)\| \, ds.$$

すなわち，$\phi(t; \boldsymbol{p}) = \|\boldsymbol{x}(t; \boldsymbol{p}) - \boldsymbol{x}(t; \boldsymbol{p}_0)\|$ とおくと，

$$\phi(t; \boldsymbol{p}) \leq \omega(\boldsymbol{p})(t - t_0) + L \int_{t_0}^t \phi(s; \boldsymbol{p}) \, ds. \tag{3.17}$$

これより，定理 3.1 の一意性やグロンウォールの補題（補題 3.1）の証明と同様に，(3.17) の右辺を $\psi(t)$ とおけば，

$$\psi'(t) = \omega(\boldsymbol{p}) + L\phi(t; \boldsymbol{p}) \leq \omega(\boldsymbol{p}) + L\psi(t),$$

すなわち

$$\big\{ e^{-Lt} \psi(t) \big\}' \leq e^{-Lt} \omega(\boldsymbol{p})$$

が成り立つ．よって，この式を t_0 から t まで積分すれば，

$$\|\boldsymbol{x}(t; \boldsymbol{p}) - \boldsymbol{x}(t; \boldsymbol{p}_0)\| = \phi(t; \boldsymbol{p}) \leq \psi(t) \leq \frac{\omega(\boldsymbol{p})}{L} \big\{ e^{L(t - t_0)} - 1 \big\}$$

を得る．従って，$\boldsymbol{p} \to \boldsymbol{p}_0$ のとき $\omega(\boldsymbol{p}) \to 0$ だから，$\boldsymbol{x}(t; \boldsymbol{p}) \to \boldsymbol{x}(t; \boldsymbol{p}_0)$ が成立する． $\qquad\square$

　パラメータに関する微分可能性については，次が成立する．

定理 3.9　$\boldsymbol{f}(t, \boldsymbol{x}, \boldsymbol{p})$ は連続，かつ $(\boldsymbol{x}, \boldsymbol{p})$ について C^1 級であると仮定する．このとき，(3.16) の解 $\boldsymbol{x}(t; \boldsymbol{p})$ は $\boldsymbol{p}$ に関して C^1 級である．さらに，

$$\boldsymbol{y}^{(k)} = \frac{\partial \boldsymbol{x}}{\partial p_k}, \quad y_j^{(k)} = \frac{\partial x_j}{\partial p_k} \quad (1 \leq k \leq d,\ 1 \leq j \leq m)$$

とおくと，$\boldsymbol{y}^{(k)}$ は次の微分方程式を満たす．

$$\begin{cases} \dfrac{d}{dt} y_j^{(k)} = \displaystyle\sum_{l=1}^m \dfrac{\partial f_j}{\partial x_l}(t, \boldsymbol{x}(t; \boldsymbol{p}), \boldsymbol{p}) y_l^{(k)} + \dfrac{\partial f_j}{\partial p_k}(t, \boldsymbol{x}(t; \boldsymbol{p}), \boldsymbol{p}), \\ y_j^{(k)}(t_0) = 0. \end{cases} \tag{3.18}$$

(証明) 各 k について $\frac{\partial \boldsymbol{x}}{\partial p_k}(t; \boldsymbol{p})$ が $\boldsymbol{p} = \boldsymbol{p}_0$ で存在し, 連続であることを言えばよい. $\boldsymbol{p}_0 = (p_1^0, p_2^0, \ldots, p_d^0)$, $\boldsymbol{p} = (p_1^0, \ldots, p_{k-1}^0, p_k, p_{k+1}^0, \ldots, p_d^0)$ $(p_k \neq p_k^0)$ とし,

$$\phi_j(t, \boldsymbol{p}_0, \boldsymbol{p}) = \frac{x_j(t; \boldsymbol{p}) - x_j(t; \boldsymbol{p}_0)}{p_k - p_k^0}$$

とおくと,

$$\frac{d}{dt}\phi_j = \frac{1}{p_k - p_k^0}\big\{f_j(t, \boldsymbol{x}(t; \boldsymbol{p}), \boldsymbol{p}) - f_j(t, \boldsymbol{x}(t; \boldsymbol{p}_0), \boldsymbol{p}_0)\big\}.$$

ここで

$$X(t, \theta) = \theta\boldsymbol{x}(t; \boldsymbol{p}) + (1 - \theta)\boldsymbol{x}(t; \boldsymbol{p}_0),$$

$$\begin{aligned} P(\theta) &= \theta\boldsymbol{p} + (1 - \theta)\boldsymbol{p}_0 \\ &= (p_1^0, \ldots, p_{k-1}^0, \theta p_k + (1 - \theta)p_k^0, p_{k+1}^0, \ldots, p_d^0) \end{aligned}$$

とすると,

$$\begin{aligned} \frac{d}{dt}\phi_j &= \frac{1}{p_k - p_k^0}\, f_j(t, X(t, \theta), P(\theta))\Big|_{\theta=0}^{\theta=1} \\ &= \frac{1}{p_k - p_k^0}\int_0^1 \frac{d}{d\theta}\, f_j(t, X(t, \theta), P(\theta))\, d\theta \\ &= \frac{1}{p_k - p_k^0}\int_0^1 \bigg\{ \sum_{l=1}^m \frac{\partial f_j}{\partial x_l}(t, X(t; \theta), P(\theta))\big\{x_l(t; \boldsymbol{p}) - x_l(t; \boldsymbol{p}_0)\big\} \\ &\qquad\qquad + \frac{\partial f_j}{\partial p_k}(t, X(t; \theta), P(\theta))(p_k - p_k^0)\bigg\}\, d\theta. \end{aligned}$$

従って, $\boldsymbol{\phi} = (\phi_1, \phi_2, \ldots, \phi_m)$ は次を満たす.

$$\begin{cases} \dfrac{d}{dt}\phi_j = \displaystyle\sum_{l=1}^m a_{jl}(t, \boldsymbol{p}_0, \boldsymbol{p})\phi_l + b_j(t, \boldsymbol{p}_0, \boldsymbol{p}), \\ \phi_j(t_0, \boldsymbol{p}_0, \boldsymbol{p}) = 0, \end{cases}$$

ただし,

$$a_{jl} = \int_0^1 \frac{\partial f_j}{\partial x_l}(t, X(t; \theta), P(\theta))\, d\theta, \quad b_j = \int_0^1 \frac{\partial f_j}{\partial p_k}(t, X(t; \theta), P(\theta))\, d\theta.$$

仮定より a_{jl}, b_j は $(t, \boldsymbol{p}_0, \boldsymbol{p})$ について $\boldsymbol{p} = \boldsymbol{p}_0$ まで込めて連続であって, $\boldsymbol{p} = \boldsymbol{p}_0$ のとき

$$a_{jl}(t, \boldsymbol{p}_0, \boldsymbol{p}_0) = \frac{\partial f_j}{\partial x_l}(t, \boldsymbol{x}(t; \boldsymbol{p}_0), \boldsymbol{p}_0),$$

$$b_j(t, \boldsymbol{p}_0, \boldsymbol{p}_0) = \frac{\partial f_j}{\partial p_k}(t, \boldsymbol{x}(t; \boldsymbol{p}_0), \boldsymbol{p}_0)$$

を満たす．ゆえに，定理 3.8 より $\boldsymbol{\phi} = (\phi_1, \phi_2, \ldots, \phi_m)$ も $\boldsymbol{p} = \boldsymbol{p}_0$ まで込めて連続で，$\boldsymbol{p} \to \boldsymbol{p}_0$ のとき $\boldsymbol{\phi}(t, \boldsymbol{p}_0, \boldsymbol{p})$ は (3.18) の解（ただし，$\boldsymbol{p}$ を $\boldsymbol{p}_0$ で置き換える）に収束する．従って $\frac{\partial \boldsymbol{x}}{\partial p_k}(t; \boldsymbol{p}_0)$ が存在し，それは (3.18) を満たす．ここで定理 3.8 をもう一度用いれば，$\frac{\partial \boldsymbol{x}}{\partial p_k}$ が連続であることもわかる．　　　□

定理 3.9 を繰り返し用いれば（正確には，数学的帰納法により），任意の k（$1 \leq k \leq \infty$）に対して次が成立することもわかる．

定理 3.10　$1 \leq k \leq \infty$ とする．$\boldsymbol{f}(t, \boldsymbol{x}, \boldsymbol{p})$ が連続，かつ $(\boldsymbol{x}, \boldsymbol{p})$ について C^k 級ならば，(3.16) の解 $\boldsymbol{x}(t; \boldsymbol{p})$ は $\boldsymbol{p}$ に関して C^k 級である．

定理 3.8〜3.10 を用いて，最後に微分方程式の解の初期値に関する連続性と微分可能性を証明しておこう．

定理 3.11　$\boldsymbol{f}(t, \boldsymbol{x})$ は $\boldsymbol{x}$ についてリプシッツ連続であると仮定する．

$$\begin{cases} \dfrac{d\boldsymbol{x}}{dt} = \boldsymbol{f}(t, \boldsymbol{x}), \\ \boldsymbol{x}(t_0) = \boldsymbol{\alpha} \end{cases} \tag{3.19}$$

の解を $\boldsymbol{x}(t) = \boldsymbol{x}(t; t_0, \boldsymbol{\alpha})$ とおくとき，次が成立する．

(i)　$\boldsymbol{x}(t; t_0, \boldsymbol{\alpha})$ は $(t_0, \boldsymbol{\alpha})$ について連続．

(ii)　$\boldsymbol{f}(t, \boldsymbol{x})$ が $(t, \boldsymbol{x})$ について C^k 級（$1 \leq k \leq \infty$）ならば，$\boldsymbol{x}(t; t_0, \boldsymbol{\alpha})$ は $(t_0, \boldsymbol{\alpha})$ について C^k 級．

〔証明〕　$\boldsymbol{y} = \boldsymbol{x} - \boldsymbol{\alpha}, s = t - t_0$ とおくと，(3.19) は次と同値である．

$$\begin{cases} \dfrac{d\boldsymbol{y}}{ds} = \boldsymbol{f}(s + t_0, \boldsymbol{y} + \boldsymbol{\alpha}), \\ \boldsymbol{y}\Big|_{s=0} = \boldsymbol{0}. \end{cases} \tag{3.20}$$

今，$\boldsymbol{p} = (t_0, \boldsymbol{\alpha})$ をパラメータと考えて，$\boldsymbol{f}(s + t_0, \boldsymbol{y} + \boldsymbol{\alpha}) = \boldsymbol{g}(s, \boldsymbol{y}, \boldsymbol{p})$ とおくと，(3.20) は (3.16) の形である．従って，定理 3.8〜3.10 から定理 3.11 が従う．　　　□

演習 1　グロンウォールの補題（補題 3.1）を証明せよ.

演習 2　縮小写像の原理（定理 3.2）を証明せよ.

演習 3　(3.7) で定義される Φ が X における縮小写像となることを示せ.

演習 4　微分方程式の初期値問題

$$\frac{dx}{dt} = x^2 - 1, \quad x(0) = \alpha$$

について，解がどこまで接続できるかを調べよ.

演習 5　微分方程式

$$\frac{dx}{dt} = f(t, x), \quad x(0) = \alpha \tag{3.21}$$

を考える. ただし，α は正の定数，$f(t, x)$ は x に関してリプシッツ連続と仮定する.

   (i)　$0 < f(t, x) < g(x)$ かつ

$$\int_\alpha^\infty \frac{1}{g(x)}\, dx = +\infty$$

を満たす連続関数 $g(x)$ が存在するならば，(3.21) の解は $0 \le t < \infty$ まで接続できることを示せ.

   (ii)　$0 < h(x) < f(t, x)$ かつ

$$\int_\alpha^\infty \frac{1}{h(x)}\, dx < +\infty$$

を満たす連続関数 $h(x)$ が存在するならば，(3.21) の解は有限時間で爆発することを示せ.

演習 6　$\boldsymbol{f}(t, \boldsymbol{x})$, $F(t, X)$ はともにリプシッツ連続と仮定するとき，定理 3.6（比較定理）は

$$\|\boldsymbol{f}(t, \boldsymbol{x})\| \le F(t, \|\boldsymbol{x}\|) \tag{3.22}$$

という仮定の下でも成立することを示せ.（**ヒント**：$\epsilon > 0$ として,

$$\frac{dZ}{dt} = F(t, Z) + \epsilon, \quad Z(t_0) = A$$

の解を考えよ.）

第4章
複素変数の線形常微分方程式

この第4章から，本書の主要なテーマである複素変数の常微分方程式の理論を論じる．議論が煩雑になるのを避けるため，本書では主として，$\mathbb{C}$ の領域 Ω における（複素）正則関数 $p(z)$ と $q(z)$ を係数とする2階の線形常微分方程式

$$\frac{d^2u}{dz^2} + p(z)\frac{du}{dz} + q(z)u = 0 \tag{4.1}$$

を扱う．抽象論を避け，代わりに複素関数論の手法を援用することにより，(4.1) やその解の性質をできるだけ具体的な計算を通じて明らかにしていくことが目標である．その準備として，4.1 節では本書に必要となる複素解析の基礎理論を概説する．その後，4.2 節で係数が正則な点における解の構成を述べ，4.3 節〜4.5 節では特異点における微分方程式の解について論じる．

4.1 複素解析からの準備

まず本書で必要となる複素解析の基本定理を概説しよう．

複素解析では，$\mathbb{C}$ の領域 Ω の各点 $z = z_0$ において複素微分可能な関数を**正則関数**と呼ぶ．この定義によれば，正則関数とは単なる微分できる関数であるが，「複素変数の意味で微分可能である」という定義から実に多くの驚くべき性質が導かれる．本節では，その中で最も基本的ないくつかの性質を（証明の概略とともに）述べる．以下では，$f(z) = g(z) + ih(z)$ を複素変数 $z = x + iy$ の（複素数値の）関数とする．ここで $g(z), h(z)$ および x, y はそれぞれ $f(z)$ および z の実部と虚部を表し，i は虚数単位 $\sqrt{-1}$ である．

定理 4.1（コーシー–リーマンの関係式）　正則関数 $f(z)$ の実部 $g(z)$ と虚部 $h(z)$ は次を満たす．

$$\frac{\partial g}{\partial x} = \frac{\partial h}{\partial y}, \quad \frac{\partial g}{\partial y} = -\frac{\partial h}{\partial x}. \tag{4.2}$$

[証明] 仮定より，Ω の各点 $z = z_0 = x_0 + iy_0$ において極限値

$$\lim_{z \to z_0} \frac{f(z) - f(z_0)}{z - z_0}$$

が存在する．特に，$z = x + iy_0$ として x を x_0 に近づければ，

$$\lim_{z \to z_0} \frac{f(z) - f(z_0)}{z - z_0} = \lim_{x \to x_0} \frac{f(x + iy_0) - f(x_0 + iy_0)}{x - x_0} = \frac{\partial g}{\partial x}(z_0) + i \frac{\partial h}{\partial x}(z_0),$$

$z = x_0 + iy$ として y を y_0 に近づければ，

$$\lim_{z \to z_0} \frac{f(z) - f(z_0)}{z - z_0} = \lim_{y \to y_0} \frac{f(x_0 + iy) - f(x_0 + iy_0)}{i(y - y_0)} = -i \frac{\partial g}{\partial y}(z_0) + \frac{\partial h}{\partial y}(z_0).$$

この二つの式が等しいので，その実部と虚部を比較すれば (4.2) を得る． $\square$

定理 4.2（コーシーの積分定理） C を Ω 内の閉曲線とし，$f(z)$ は C が囲む領域 U において正則とする．このとき，次式が成立する．

$$\oint_C f(z)\,dz = 0. \tag{4.3}$$

[証明] まず積分 (4.3) を実部と虚部に分解する．

$$\oint_C f(z)\,dz = \int_C (g + ih)(dx + i\,dy)$$
$$= \int_C (g\,dx - h\,dy) + i \int_C (h\,dx + g\,dy).$$

C は U の境界なので，ここでストークスの定理を用いれば，

$$\oint_C f(z)\,dz = \int_U d(g\,dx - h\,dy) + i \int_U d(h\,dx + g\,dy)$$
$$= \int_U -\left(\frac{\partial g}{\partial y} + \frac{\partial h}{\partial x}\right) dxdy + i \int_U \left(-\frac{\partial h}{\partial y} + \frac{\partial g}{\partial x}\right) dxdy$$
$$= 0. \qquad \square$$

定理 4.3（コーシーの積分公式） $f(z)$ を Ω 上の正則関数，z を Ω の任意の点，$\delta > 0$ を十分小さな正の数とするとき，次式が成立する．

$$f(z) = \frac{1}{2\pi i} \int_{|\zeta - z| = \delta} \frac{f(\zeta)}{\zeta - z}\,d\zeta. \tag{4.4}$$

ただし，積分は正の向き（反時計まわり）に行うものとする．

証明 $f(\zeta) = f(z) + (\zeta - z)\phi(\zeta)$ とすると，仮定より $\phi(\zeta)$ は

$$\{\zeta \mid 0 < |\zeta - z| \leq \delta\}$$

において有界である．すると，(4.4) の右辺は

$$\frac{f(z)}{2\pi i} \int_{|\zeta-z|=\delta} \frac{1}{\zeta - z} \, d\zeta + \frac{1}{2\pi i} \int_{|\zeta-z|=\delta} \phi(\zeta) \, d\zeta$$

と表される．ここで，$\zeta = z + \delta e^{i\theta}$ $(0 \leq \theta \leq 2\pi)$ として線積分を実行すれば，

$$\int_{|\zeta-z|=\delta} \frac{1}{\zeta - z} \, d\zeta = \int_0^{2\pi} \frac{1}{\delta e^{i\theta}} i\delta e^{i\theta} \, d\theta = 2\pi i.$$

また，$\phi(\zeta)$ は有界なので $|\phi(\zeta)| \leq M$（M は正の定数）とすれば，

$$\left| \int_{|\zeta-z|=\delta} \phi(\zeta) \, d\zeta \right| \leq M \int_{|\zeta-z|=\delta} d|\zeta| = 2\pi\delta M \to 0 \quad (\delta \to 0).$$

従って，(4.4) の右辺は $f(z)$ に等しい． □

定理 4.4（**べき級数展開**） $f(z)$ を Ω 上の正則関数，z_0 を Ω の任意の点とするとき，z_0 を中心とする十分小さい半径 δ の円板 $\{z \mid |z - z_0| \leq \delta\}$ において $f(z)$ はべき級数

$$f(z) = \sum_{n=0}^{\infty} \frac{f^{(n)}(z_0)}{n!} (z - z_0)^n \tag{4.5}$$

に展開される．ただし，

$$f^{(n)}(z_0) = \frac{d^n f}{dz^n}(z_0) = \frac{n!}{2\pi i} \int_{|\zeta-z_0|=\delta} \frac{f(\zeta)}{(\zeta - z_0)^{n+1}} \, d\zeta \tag{4.6}$$

であり，(4.5) の右辺は $\{z \mid |z - z_0| \leq \delta\}$ において絶対一様収束する．

証明 z_0 を中心とする半径 2δ の円を C とすると，z は C の内部に含まれるので，コーシーの積分公式により

$$f(z) = \frac{1}{2\pi i} \int_C \frac{f(\zeta)}{\zeta - z} \, d\zeta$$

である．ここで

$$\frac{1}{\zeta - z} = \frac{1}{(\zeta - z_0)\left(1 - \frac{z - z_0}{\zeta - z_0}\right)} = \frac{1}{\zeta - z_0} \sum_{n=0}^{\infty} \left(\frac{z - z_0}{\zeta - z_0}\right)^n$$

と展開すれば，この右辺の無限級数は C 上で絶対一様収束するから，

$$f(z) = \sum_{n=0}^{\infty} \left\{ \frac{1}{2\pi i} \int_C \frac{f(\zeta)}{(\zeta - z_0)^{n+1}} \, d\zeta \right\} (z - z_0)^n = \sum_{n=0}^{\infty} \frac{f^{(n)}(z_0)}{n!} (z - z_0)^n$$

が成り立つ. □

　ここまでが正則関数のもつ最も基本的な性質である. 元々は単に 1 回だけ複素微分ができる関数として定義された正則関数が, 定理 4.4 が示すように, 結果として無限回微分ができて, しかもべき級数に展開されることがわかった訳である. もちろん, 無限回微分可能でべき級数に展開される関数は（複素微分可能なので）正則関数であり, 実際, 定理 4.1～4.4 で述べた性質はいずれも関数 $f(z)$ が正則関数であることを特徴づける条件となる. この意味では, 無限回微分可能でべき級数に展開される関数を正則関数と定義しても良く, 以下において正則関数の枠組で常微分方程式を論じる際にも, 正則関数とはこうしたべき級数で定義される関数であるという視点が重要となる.

　以下で必要となる正則関数の性質を少し付け加えておこう.

定理 4.5（**コーシーの評価式**）　$f(z)$ を Ω 上の正則関数, K を Ω のコンパクト集合とするとき, ある正の定数 A, C が存在して,

$$\left| f^{(n)}(z) \right| \leq AC^n n! \quad (n = 0, 1, 2, \ldots) \tag{4.7}$$

が任意の $z \in K$ で成立する.

証明　(4.6) により,（コンパクト集合 K に依存して定まる）十分小さい $\delta > 0$ に対して,

$$f^{(n)}(z) = \frac{n!}{2\pi i} \int_{|\zeta - z| = \delta} \frac{f(\zeta)}{(\zeta - z)^{n+1}} \, d\zeta \quad (z \in K)$$

が成り立つ. そこで, $\widetilde{K}$ を K からの距離が δ 以下の点からなる K を含むコンパクト集合として, $A = \sup_{\zeta \in \widetilde{K}} |f(\zeta)|$, $C = \frac{1}{\delta}$ とおけばよい. □

定理 4.6（**一致の定理 (I)**）　$f(z)$ を Ω 上の正則関数とする. Ω 内の 1 点 z_0 において

$$f(z_0) = f'(z_0) = \cdots = f^{(n)}(z_0) = \cdots = 0$$

が成り立つならば, Ω 全体で $f = 0$ となる.

証明 Ω の任意の点 $\widehat{z}$ を取り, $\widehat{z}$ と z_0 を Ω 内の曲線 L で結ぶ. さらに, L と Ω の境界との距離を超えない十分小さい正の数を d として, L 上に点列 $z_0, z_1, z_2, \ldots, z_N$ (ただし $z_N = \widehat{z}$) を

$$|z_j - z_{j-1}| \leq \frac{d}{2} \quad (j = 1, 2, \ldots, N)$$

が成り立つように選ぶ. すると, 定理 4.4 と仮定により, 円板 $\{z \mid |z - z_0| \leq d\}$ では恒等的に $f(z) = 0$ となる. これより, z_1 においても $f(z_1) = f'(z_1) = \cdots = f^{(n)}(z_1) = \cdots = 0$ が成り立つ. すると, 再び定理 4.4 により, 円板 $\{z \mid |z - z_1| \leq d\}$ で恒等的に $f(z) = 0$. 従って, z_2 においても $f(z_2) = f'(z_2) = \cdots = f^{(n)}(z_2) = \cdots = 0$. 以下, この議論を繰り返せば良い. □

定理 4.7 (**一致の定理 (II)**) $f(z)$ を Ω 上の正則関数とする. Ω 内の点 z_0 に収束する点列 $\{z_n\}_{n=1,2,\ldots}$ (ただし z_n はすべて異なる点とする) において $f(z_n) = 0 \ (n = 1, 2, \ldots)$ ならば, Ω 全体で $f = 0$ である.

証明 z_0 での $f(z)$ のべき級数展開を

$$f(z) = \sum_{n=0}^{\infty} a_n (z - z_0)^n, \quad a_n = \frac{f^{(n)}(z_0)}{n!}$$

とする. 仮定より $f(z_n) = 0$ なので, $f(z)$ の連続性から $f(z_0) = 0$, 従って $a_0 = 0$ となる. すると, z_0 の近傍で正則な関数 $f_1(z)$ を用いて, $f(z)$ は $f(z) = (z - z_0) f_1(z)$ と表されることになる. (実際,

$$f_1(z) = \sum_{n \geq 0} a_{n+1} (z - z_0)^n$$

とすれば良い.) 仮定より $f(z_n) = 0$ かつ $z_n \neq z_0$ であるから, $f_1(z_n) = 0$. 従って, 上の議論を $f_1(z)$ に対して適用すれば, $a_1 = f_1(z_0) = 0$ であることがわかる. 以下, この議論を繰り返せば, $a_0 = a_1 = a_2 = \cdots = 0$. よって, 先の定理 4.6 により $f(z) = 0$ が結論される. □

定理 4.8 (**広義一様収束列の正則性**) Ω における正則関数列 $\{f_n(z)\}_{n=1,2,\ldots}$ が $f(z)$ に Ω で広義一様収束するとする. (すなわち, Ω 内の任意のコンパクト集合上で一様収束するとする.) このとき, 極限関数 $f(z)$ も Ω で正則である.

$\boxed{\text{証明}}$　定理 4.3 により,

$$f_n(z) = \frac{1}{2\pi i} \int_{|\zeta - z| = \delta} \frac{f_n(\zeta)}{\zeta - z}\, d\zeta.$$

この両辺で $n \to \infty$ とすると, 積分路 $\{\zeta \mid |\zeta - z| = \delta\}$ の上で f_n は f に一様収束するので,

$$f(z) = \frac{1}{2\pi i} \int_{|\zeta - z| = \delta} \frac{f(\zeta)}{\zeta - z}\, d\zeta$$

が成り立つ. よって $f(z)$ は複素微分可能であり, 正則である.　□

正則関数のもつ重要な性質の最後として, 2.3 節で用いられた積分路の変形の議論において鍵となる（複素積分に関する）**留数定理**を証明しておこう. 積分路の変形の議論と留数定理は, この後の第 5 章と第 6 章でもしばしば用いられる.

定理 4.9（**留数定理**）　C を領域 Ω 内の閉曲線とし, $f(z)$ はいくつかの孤立特異点を除いて Ω で（一価）正則とする. ただし, C は正の向きに向きづけられているものとし, また C 上に $f(z)$ の特異点は存在しないと仮定する. このとき, C が囲む領域を U とすると,

$$\oint_C f(z)\, dz = 2\pi i \sum_{z_j \in U} \operatorname*{Res}_{z = z_j} f(z) \tag{4.8}$$

が成り立つ. ただし,

$$\operatorname*{Res}_{z = z_j} f(z)$$

は $z = z_j$ における $f(z)$ の留数であり, 右辺の和は U 内に含まれる $f(z)$ のすべての特異点 z_j にわたって取るものとする.

ここで留数の定義を思い出しておこう. 複素関数論でよく知られたように, $z = z_0$ が $f(z)$ の孤立特異点であって, かつ $z = z_0$ のまわりで $f(z)$ が一価な正則関数であるとすると, $f(z)$ は $z = z_0$ のまわりで "**ローラン展開**" と呼ばれる（一般に $z - z_0$ の負べきを含んだ）次の形の展開をもつ.

$$f(z) = \frac{f_{-\mu}}{(z - z_0)^\mu} + \frac{f_{-\mu+1}}{(z - z_0)^{\mu-1}} + \cdots + \frac{f_{-1}}{z - z_0} + f_0 + f_1(z - z_0) + \cdots.$$

$$\tag{4.9}$$

ただし，μ は関数 $f(z)$ から定まるある整数（または $\mu = \infty$）．ここで，$\mu \leq 0$ ならば $z = z_0$ は $f(z)$ の**正則点**，$\mu > 0$ ならば**極**，$\mu = \infty$ ならば z_0 は $f(z)$ の**本質的特異点**である．このとき，(4.9) の右辺の $\frac{1}{z-z_0}$ の係数である f_{-1} を $z = z_0$ における $f(z)$ の**留数**といい，本書では $\operatorname*{Res}_{z=z_0} f(z)$ という記号で表す．

定理 4.9 の証明 U に含まれる $f(z)$ の特異点 z_j に対して，z_j を中心とする十分小さい半径 δ_j の円を C_j とする．ただし，$C_j \subset U$ かつ C_j は正の向きに向きづけられているものとし，また C_j 上とその内部には z_j 以外に $f(z)$ の特異点は存在しないと仮定する．このとき，C_j と C を互いに交わらないような曲線 γ_j で結び，閉曲線 $\bigcup_j (\gamma_j^{-1} \cup C_j^{-1} \cup \gamma_j) \cup C$ にコーシーの積分定理を適用すれば，

$$\oint_C f(z)\,dz = \sum_j \oint_{C_j} f(z)\,dz \tag{4.10}$$

が成立することがわかる．（γ_j と γ_j^{-1} に沿う積分は，向きが逆なので互いに打ち消し合うことに注意．）(4.10) の右辺を計算しよう．整数 n に対して，曲線 C_j を $z = z_j + \delta_j e^{i\theta}$ $(0 \leq \theta \leq 2\pi)$ とパラメータ表示することにより，$(z - z_j)^n$ の C_j に沿う積分の値は

$$\oint_{C_j} (z - z_j)^n\,dz = i\delta_j^{n+1} \int_0^{2\pi} e^{i(n+1)\theta}\,d\theta = \begin{cases} 0 & (n \neq -1), \\ 2\pi i & (n = -1) \end{cases}$$

と計算できる．ローラン展開 (4.9) は C_j の上で一様収束するので，従って

$$\oint_C f(z)\,dz = \sum_j \oint_{C_j} f(z)\,dz = 2\pi i \sum_j \operatorname*{Res}_{z=z_j} f(z)$$

が成立する． $\square$

4.2 正則点におけるべき級数解

前節で概観した正則関数の理論を用いて，いよいよ本節から複素変数の 2 階線形常微分方程式 (4.1) を論じる．まず本節では，すべての係数が正則であるような点（**正則点**）で初期条件を与えた (4.1) の初期値問題を考察する．

本論を始める前に，2 階の線形方程式を論じる際にしばしば有用な次の命題を示しておこう．

命題 4.1　(4.1) において未知関数 $u(z)$ を $v(z) = \exp\{\frac{1}{2}\int p(z)\,dz\}u(z)$ と変換すると，新しい未知関数 $v(z)$ は次の微分方程式を満たす．

$$\frac{d^2 v}{dz^2} + \left[q(z) - \frac{1}{4}\{p(z)\}^2 - \frac{1}{2}p'(z)\right]v = 0. \tag{4.11}$$

証明　$r(z) = \frac{1}{2}\int p(z)\,dz$ とおくと，積の微分の公式により，

$$\frac{dv}{dz} = e^{r(z)}\frac{du}{dz} + \frac{1}{2}p(z)e^{r(z)}u.$$

もう 1 回微分すれば，

$$\frac{d^2 v}{dz^2} = e^{r(z)}\frac{d^2 u}{dz^2} + p(z)e^{r(z)}\frac{du}{dz} + \frac{1}{4}\{p(z)\}^2 e^{r(z)}u + \frac{1}{2}p'(z)e^{r(z)}u$$

$$= \left[-q(z) + \frac{1}{4}\{p(z)\}^2 + \frac{1}{2}p'(z)\right]v. \qquad\Box$$

この命題 4.1 により，2 階の線形方程式 (4.1) を論じる際には，1 階微分 $\frac{du}{dz}$ の項は現れないとしても一般性を失わないことがわかる．

そこで，1 階微分 $\frac{du}{dz}$ の項はないと仮定して，正則点における (4.1) の初期値問題を考えよう．簡単のために初期条件を与える正則点 z_0 を原点とすると，次の定理が成り立つ．

定理 4.10　$Q(z)$ は開円板 $\{z \mid |z| < r\}$ で正則とするとき，初期値問題

$$\begin{cases} \dfrac{d^2 u}{dz^2} - Q(z)u = 0, \\ u(0) = \alpha_0, \quad \dfrac{du}{dz}(0) = \alpha_1 \end{cases} \tag{4.12}$$

を満たす正則な解 $u(z)$ がただ一つ存在する．さらに，解 $u(z)$ は $\{z \mid |z| < r\}$ で正則となる．

注意 4.1　(4.12) のような線形方程式の場合，係数（今の場合 $Q(z)$）が正則な領域で解も正則となる．これに対して，非線形方程式の場合は事情が異なる．例えば，例題 3.2 で見たように（ただし，変数の記号を取り替えていることに注意），無限遠点を除いて全く特異点をもたない非線形微分方程式の初期値問題

$$\frac{du}{dz} = u^2, \quad u(0) = \alpha \neq 0$$

の解は $u(z) = \frac{\alpha}{1-\alpha z}$ で与えられ，方程式自身からは想像もできない $z = \frac{1}{\alpha}$ という（初期値に依存する）点に特異点をもつことがわかる．

以下，定理 4.10 を証明しよう．正則な解を求めたい訳だから，前節で述べたことから，解をべき級数の形で探すことは自然である．実際，定理 4.10 の証明は，まず（形式）べき級数の形で解を求めた上で，そのべき級数の収束性を証明するという方針でなされる．

$\boxed{\textbf{定理 4.10 の証明}}$ 係数 $Q(z)$ を $Q(z) = \sum_{n \geq 0} q_n z^n$ とべき級数展開した上で，

$$u(z) = \sum_{n \geq 0} u_n z^n$$

を微分方程式に代入すると，

$$\sum_{n=2}^{\infty} n(n-1)u_n z^{n-2} - \sum_{j=0}^{\infty} q_j z^j \sum_{k=0}^{\infty} u_k z^k$$

$$= \sum_{n=0}^{\infty} (n+2)(n+1)u_{n+2} z^n - \sum_{n=0}^{\infty} \left(\sum_{j+k=n} q_j u_k \right) z^n = 0.$$

従って，

$$(n+2)(n+1)u_{n+2} = \sum_{j+k=n} q_j u_k \quad (n = 0, 1, 2, \ldots). \tag{4.13}$$

この (4.13) は，初期条件から決まる $u_0 = \alpha_0$, $u_1 = \alpha_1$ から始めて，以下 $u_2, u_3, u_4, \ldots$ が順にただ一つ定まっていくことを意味する．つまり，(4.12) の正則な解は（存在するとすれば）ただ一つである．

後は，こうして定まる $u(z) = \sum_{n \geq 0} u_n z^n$ が $\{z \mid |z| < r\}$ で収束することを言えばよい．ここでは，いわゆる**優級数の方法**を用いて $u(z)$ が収束することを証明する．まず，$0 < \rho < r$ を満たす ρ を任意に一つ取って固定する．すると，$Q(z) = \sum q_n z^n$ は $\{z \mid |z| < r\}$ で正則なので，コーシーの評価式（定理 4.5）とその証明から，ある定数 C が存在して，

$$|q_n| \leq C\rho^{-n} \tag{4.14}$$

がすべての n に対して成り立つ．

ここで，優級数を扱う際に便利な記号を一つ導入しておこう．二つの（形式）べき級数

$$h(z) = \sum h_n z^n, \qquad H(z) = \sum H_n z^n \quad (\text{ただし } H_n \geq 0)$$

に対して，$|h_n| \leq H_n$ がすべての $n = 0, 1, 2, \ldots$ について成り立つとき，$H(z)$ は $h(z)$ の**優級数**であるといって $h(z) \ll H(z)$ という記号で表す．例えば，(4.14) は

$$Q(z) = \sum_{n=0}^{\infty} q_n z^n \ll \frac{C}{1 - \rho^{-1} z} = C \sum_{n=0}^{\infty} \rho^{-n} z^n \qquad (4.15)$$

と表される．

さて，微分方程式 (4.12) を 1 階連立方程式の形に書き直そう．

$$\frac{d}{dz} \begin{pmatrix} u \\ v \end{pmatrix} = \begin{pmatrix} 0 & 1 \\ Q(z) & 0 \end{pmatrix} \begin{pmatrix} u \\ v \end{pmatrix} = \begin{pmatrix} 0 \\ Q(z) \end{pmatrix} u + \begin{pmatrix} 1 \\ 0 \end{pmatrix} v. \qquad (4.16)$$

すると，漸化式 (4.13) も連立漸化式の形に書き直されて，

$$(n+1) \begin{pmatrix} u_{n+1} \\ v_{n+1} \end{pmatrix} = \begin{pmatrix} v_n \\ \displaystyle\sum_{j+k=n} q_j u_k \end{pmatrix} \quad (n = 0, 1, 2, \ldots) \qquad (4.17)$$

となる．ただし $u_0 = \alpha_0$, $v_0 = \alpha_1$ である．$u(z)$ が収束することを示すには，$u(z), v(z) \ll w(z) = \sum w_n z^n$ を満たす収束級数 $w(z) = \sum w_n z^n$ を見つければ良い．そのために，(4.15) と (4.16) を考慮して，次の単独の 1 階微分方程式を考える．

$$\begin{cases} \dfrac{d}{dz} w = \dfrac{C}{1 - \rho^{-1} z} w + w, \\ w(0) = w_0 := \max\{|u_0|, |v_0|\} = \max\{|\alpha_0|, |\alpha_1|\}. \end{cases} \qquad (4.18)$$

この (4.18) のべき級数解 $w(z) = \sum_n w_n z^n$ は，上記の w_0 から始めて，

$$(n+1) w_{n+1} = C \sum_{j+k=n} \rho^{-j} w_k + w_n \qquad (4.19)$$

という漸化式により順に定まる．この漸化式 (4.19) から，$|u_n|, |v_n| \leq w_n$ がすべての自然数 n に対して成立することが，帰納法により次のように確かめられる．まず $n = 0$ のときは，w_0 の定め方より成り立つ．そこで n まで成立すると仮定すると，(4.14), (4.17), および (4.19) により，

$$(n+1)|u_{n+1}| = |v_n| \leq w_n \leq (n+1) w_{n+1},$$

$$(n+1)|v_{n+1}| \leq \sum |q_j||u_k| \leq C \sum \rho^{-j} w_k \leq (n+1) w_{n+1}$$

となって $n+1$ のときも成立する. すなわち, $w(z) = \sum_n w_n z^n$ は $u(z)$ や $v(z)$ の優級数である. 従って, $w(z)$ が収束級数であることを言えばよい.

微分方程式 (4.18) の右辺を (優級数の意味で) さらに大きいもので取り替えた

$$\begin{cases} \dfrac{d}{dz} W = \dfrac{2C}{1 - \rho^{-1} z} W, \\ W(0) = w_0 \end{cases} \tag{4.20}$$

を考えると, これは変数分離形で簡単に解けて,

$$W(z) = w_0 \left(1 - \rho^{-1} z\right)^{-2\rho C}$$

が解となる. この表示から, $W(z)$ は $\{z \mid |z| < \rho\}$ で正則であり, 従ってそのべき級数は収束する. $W(z)$ は $w(z)$ や $u(z), v(z)$ の優級数なので, よって $u(z)$ も $\{z \mid |z| < \rho\}$ において収束する. ρ は $0 < \rho < r$ を満たす任意の実数だったから, これで $u(z)$ は $\{z \mid |z| < r\}$ における収束級数であることが証明された. □

この証明と同様な議論を用いることにより, 次の定理も示せる.

定理 4.11 $\boldsymbol{f}(z, \boldsymbol{u})$ は $\mathbb{C}^{n+1}$ 内の領域 D において正則とする. このとき, 任意の $(z_0, \boldsymbol{\alpha}) \in D$ に対して, 初期値問題

$$\begin{cases} \dfrac{d\boldsymbol{u}}{dz} = \boldsymbol{f}(z, \boldsymbol{u}), \\ \boldsymbol{u}(z_0) = \boldsymbol{\alpha} \end{cases} \tag{4.21}$$

を満たす正則な解 $\boldsymbol{u}(z)$ が, $z = z_0$ の近傍でただ一つ存在する.

注意 4.2 定理 4.10 と異なり, 定理 4.11 は非線形方程式を含むので, 解の正則な範囲は一般に方程式の右辺が正則な領域 D より小さくなる (注意 4.1 を参照).

定理 4.10 では, 初期条件を与えた点のまわりの円板上での微分方程式 (4.12) の解の存在を考察した. 次の段階として, この解が係数 $Q(z)$ の正則な領域全体にまで接続できるかどうかが問題となる. そのために, 正則関数の解析接続という概念を思い出そう.

定義 4.1　領域 Ω における正則関数 $f(z)$ に対して，より広い領域 $\widetilde{\Omega}$（$\supset \Omega$）とそこでの正則関数 $\widetilde{f}(z)$ が存在して，

$$\widetilde{f}\,\Big|_{\Omega} = f, \quad \text{すなわち} \quad \Omega \text{ の任意の点 } z \text{ に対して } \widetilde{f}(z) = f(z)$$

が成り立つとき，$\widetilde{f}(z)$ を $f(z)$ の **解析接続** という．

　解析接続は初学者には意外とわかりづらい考え方なので，いくつか例を用いて説明を補っておこう．

例 4.1　まず原点 $z = 0$ におけるべき級数

$$f(z) = 1 - z + z^2 - z^3 + \cdots$$
$$= \sum_{n=0}^{\infty} (-1)^n z^n$$

を考える．$f(z)$ は $\Omega = \{z \in \mathbb{C} \mid |z| < 1\}$ で正則である．実際には，等比級数の和の公式により，

$$f(z) = \frac{1}{1+z}$$

が成り立つ．この式の右辺は $z \neq -1$ で定義されているので，従って

$$\widetilde{f} = \frac{1}{1+z}, \quad \widetilde{\Omega} = \mathbb{C} \setminus \{-1\}$$

とおけば，$\widetilde{f}(z)$ が $f(z)$ の $\widetilde{\Omega}$ への解析接続を与える． □

　正則関数の場合，一致の定理により，より広い領域への解析接続は（存在するとすれば）ただ一つに定まる．次は，もう少し複雑な解析接続の例である．

例 4.2　次式で定義される z の関数をオイラーの **ガンマ関数** と呼ぶ．

$$\Gamma(z) = \int_0^\infty e^{-x} x^{z-1}\, dx. \tag{4.22}$$

ここで，(4.22) の右辺の積分が収束するための条件として，$\mathrm{Re}\, z > 0$ を仮定する．特に，その $z = 1$ での値 $\Gamma(1)$ は，

$$\Gamma(1) = \int_0^\infty e^{-x}\, dx = \left[-e^{-x}\right]_0^\infty = 1$$

である．また，部分積分を用いることにより，

$$\Gamma(z+1) = \int_0^\infty e^{-x} x^z \, dx$$
$$= \left[-e^{-x} x^z \right]_0^\infty + z \int_0^\infty e^{-x} x^{z-1} \, dx$$
$$= z\Gamma(z) \tag{4.23}$$

が成り立つ．この (4.23) を繰り返し用いれば，$n = 0, 1, 2, \ldots$ に対しては

$$\Gamma(n+1) = n!$$

となることがわかる．すなわち，ガンマ関数 $\Gamma(z)$ は自然数に対してのみ定義された階乗 $n!$ を連続な複素変数 z に拡張したものと考えられる．

さらに，ガンマ関数 $\Gamma(z)$ は，積分記号下で z に関して微分した

$$\int_0^\infty e^{-x} \frac{\partial}{\partial z} x^{z-1} \, dx = \int_0^\infty e^{-x} x^{z-1} \log x \, dx$$

が（$\mathrm{Re}\, z > 0$ で）収束するので，$\Omega = \{z \in \mathbb{C} \mid \mathrm{Re}\, z > 0\}$ における z の正則関数である．以下では，この $\Gamma(z)$ が，$\mathbb{C} \setminus \{0, -1, -2, \ldots\}$ に解析接続されることを二つの異なる方法で確かめる．

【第 1 の方法】 上で示した (4.23) を

$$\Gamma(z) = \frac{1}{z} \Gamma(z+1) \tag{4.24}$$

と書き換えてみる．この右辺は $\{z \mid \mathrm{Re}\, z > -1\} \setminus \{0\}$ で正則である．従って，$\{z \mid -1 < \mathrm{Re}\, z \le 0\} \setminus \{0\}$ のときの $\Gamma(z)$ の値を (4.24) の右辺で定義すれば，$\Gamma(z)$ も $\{z \mid \mathrm{Re}\, z > -1\} \setminus \{0\}$ で正則となる．すると，再び (4.24) を用いれば（これはつまり $\Gamma(z) = \frac{1}{z(z+1)} \Gamma(z+2)$ を用いていることと同等），$\Gamma(z)$ は $\{z \mid \mathrm{Re}\, z > -2\} \setminus \{0, -1\}$ で正則となる．以下，この議論を繰り返せば，$\Gamma(z)$ が $\mathbb{C} \setminus \{0, -1, -2, \ldots\}$ に解析接続されることがわかる．

【第 2 の方法】 第 2 の方法は，ガンマ関数の定義式 (4.22) を利用するものである．z が整数でない，すなわち $z \notin \mathbb{Z}$ と仮定すると，(4.22) の被積分関数 x^{z-1} は多価関数となり，原点 $x = 0$ のまわりを正の向きに一周すると，その分枝は

$$\left(e^{2\pi i} x \right)^{z-1} = e^{2\pi i z} x^{z-1}$$

に変化する．これに注意すると，$\mathrm{Re}\, z > 0$ のとき，次式が成り立つことがわ

かる.

$$\int_C e^{-x} x^{z-1}\, dx = \int_0^\infty e^{-x} x^{z-1}\, dx + e^{2\pi i z} \int_\infty^0 e^{-x} x^{z-1}\, dx$$

$$= (1 - e^{2\pi i z}) \int_0^\infty e^{-x} x^{z-1}\, dx$$

$$= (-2i) e^{\pi i z} \sin(\pi z) \int_0^\infty e^{-x} x^{z-1}\, dx.$$

ただし, C は $+\infty$ から実軸に沿って $x = \delta$ (δ は十分小さい正の数) まできて, 原点のまわりを負の向きに一周した後, 再び実軸に沿って $+\infty$ に戻る積分路である (図 4.1 参照). 従って, $\Gamma(z)$ は次のようにも表されることがわかる.

$$\Gamma(z) = \frac{i e^{-\pi i z}}{2 \sin(\pi z)} \int_C e^{-x} x^{z-1}\, dx. \tag{4.25}$$

この右辺の複素積分を $\widetilde{\Gamma}(z)$ で表すと, $\widetilde{\Gamma}(z)$ は $\mathbb{C} \setminus \mathbb{Z}$ で定義されており, $\Gamma(z)$ の $\mathbb{C} \setminus \mathbb{Z}$ への解析接続を与える.

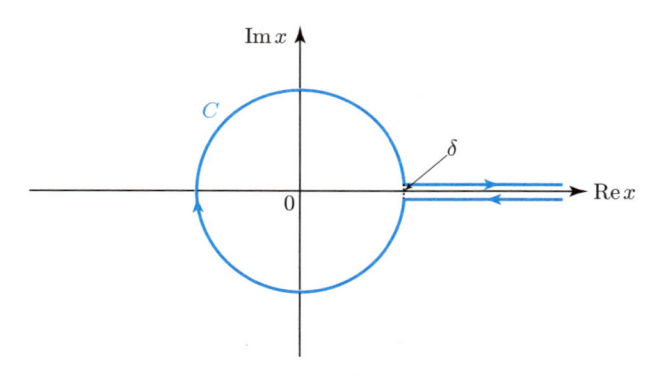

図 **4.1**　ガンマ関数を表す積分 (4.25) の積分路 C　　　□

上の例 4.2 で見たように, 正則関数の解析接続は, 通常

関数等式 (**第 1 の方法**の (4.24)),

あるいは

積分表示 (**第 2 の方法**の (4.25)),

を用いて議論されることが多い. この二つに加えて, 解析接続を論じる第 3 の方法が, 以下で扱う微分方程式を用いる方法である. 例えば, 既に 3.2 節で微分

方程式の解の接続について論じたが，一致の定理により，複素領域において正則関数の範囲で考える際には，微分方程式の解としての接続と解析接続とは同等である．特に，微分方程式 (4.12) の解の解析接続については，次が成り立つ．

命題 4.2 領域 Ω は 0 を含み，かつ連結であるとする．$Q(z)$ を Ω 上の正則関数とするとき，

$$
\begin{cases}
\dfrac{d^2u}{dz^2} - Q(z)u = 0, \\
u(0) = \alpha_0, \quad \dfrac{du}{dz}(0) = \alpha_1
\end{cases}
$$

の正則解 $u(z)$ は Ω 全体に解析接続できる．

証明 $\widehat{z}$ を Ω の任意の点とし，0 と $\widehat{z}$ を結ぶ Ω 内の連続曲線

$$
L : z = \varphi(t) \quad (t \in [0,1])
$$

を一つとる．L に沿って解 $u(z)$ が解析接続できることを示せばよい．

曲線 L に沿って，次の条件を満たす L 上の点列 $z_j = \varphi(t_j)$ $(0 = t_0 < t_1 < \cdots < t_{J-1} < t_J = 1$，特に $z_0 = 0, z_J = \widehat{z})$ と z_j を中心とする開円板の列 $B_j = \{z \mid |z - z_j| < r_j\}$ $(j = 0, 1, \ldots, J)$ をとる．

$$
B_j \subset \Omega \ (0 \le j \le J), \quad L \subset \bigcup_{j=0}^{J} B_j, \quad z_{j+1} \in B_j \ (0 \le j \le J-1).
$$

まず定理 4.10 より $u(z)$ は B_0 で正則である．今，$u(z)$ が $B_0 \cup B_1 \cup \cdots \cup B_j$ まで解析接続できたとしよう．すると $(\widetilde{\alpha}_0, \widetilde{\alpha}_1) = (u(z_{j+1}), u'(z_{j+1}))$ は確定する．そこで，再び定理 4.10 を用いれば，

$$
\widetilde{u}(z_{j+1}) = \widetilde{\alpha}_0, \quad \widetilde{u}'(z_{j+1}) = \widetilde{\alpha}_1
$$

を満たす正則解 $\widetilde{u}(z)$ が B_{j+1} で存在することがわかる．さらに，解の一意性より，$B_j \cap B_{j+1}$ では

$$
u(z) = \widetilde{u}(z)
$$

が成立する．よって $u(z)$ は B_{j+1} まで解析接続可能である．以下，この議論を B_J まで繰り返せば良い． $\square$

4.3　確定特異点と不確定特異点

前節では，正則点における 2 階線形常微分方程式

$$\frac{d^2u}{dz^2} + p(z)\frac{du}{dz} + q(z)u = 0 \tag{4.1}$$

の初期値問題の解について論じた．本節では，次に特異点での解がどうなるか
を考察する．

　簡単のため，$z = 0$ が (4.1) の**特異点**（つまり，いずれかまたはすべての係数
の特異点）であるとしよう．本書では，特異点としては最も基本的なものを考
えたいため，以下では常に次を仮定する．

仮定 4.1　　(4.1) の係数 $p(z), q(z)$ は，中心 $z = 0$ を除いたある半径 $\delta > 0$ の円
板 $\{z \mid 0 < |z| < \delta\}$ において一価な正則関数とする．

　4.1 節で説明したように，仮定 4.1 の下では，$p(z)$ は $z = 0$ のまわりでロー
ラン展開

$$p(z) = \frac{p_{-\mu}}{z^\mu} + \frac{p_{-\mu+1}}{z^{\mu-1}} + \cdots + \frac{p_{-1}}{z} + p_0 + p_1 z + \cdots \tag{4.26}$$

をもつ．（ここで μ は整数，または $\mu = \infty$．$q(z)$ についても同様．）この仮定 4.1
の下で，特異点 $z = 0$ のまわりでの微分方程式 (4.1) の解はどのような形にな
るだろうか？　まずはその準備として，1 階の線形方程式

$$\frac{du}{dz} + p(z)u = 0 \tag{4.27}$$

の場合を考える．1.3 節で論じたように，たとえ複素変数でも 1 階の線形方程
式は簡単に求積できて，解は次のようになる．

$$u(z) = C \exp\left\{-\int p(z)\,dz\right\} \quad （C は積分定数）. \tag{4.28}$$

ここで，二つの場合に分ける．

Case (A)　（$z = 0$ が $p(z)$ の 1 位の極，すなわち (4.26) で $\mu = 1$ のとき）

　このときは，

$$p(z) = \frac{\alpha}{z} + r(z) \quad （ただし r(z) は z = 0 で正則）$$

の形なので，これを (4.28) に代入して，

$$u(z) = C z^{-\alpha} \exp\left\{ -\int r(z)\, dz \right\}.$$

つまり，解は "(べき関数) × (正則関数)" の形となる.

Case (B) ($z = 0$ が $p(z)$ の 2 位以上の極，すなわち $\mu \geq 2$ のとき)

例えば $z = 0$ が $p(z)$ の 2 位の極としよう. すると

$$p(z) = \frac{\beta}{z^2} + \frac{\alpha}{z} + r(z) \quad （ただし r(z) は z = 0 で正則）$$

の形である. これを (4.28) に代入して，

$$u(z) = C e^{\frac{\beta}{z}} z^{-\alpha} \exp\left\{ -\int r(z)\, dz \right\}.$$

つまり，この場合の解は "($\frac{1}{z}$ の指数関数) × (べき関数) × (正則関数)" の形である.

このように，1 階の方程式 (4.27) の場合，係数の $p(z)$ が 1 位の極か 2 位以上の極かで解の形が変わってくる.

実は，この違いは一般の n 階の方程式でも普遍的に現れる. それを踏まえて，2 階の方程式 (4.1) の場合は，特異点を次の二つの種類に分類する.

定義 4.2 (i) $z = 0$ が $p(z)$ の高々 1 位の極であって，かつ $q(z)$ の高々 2 位の極であるとき，すなわち $zp(z)$, $z^2 q(z)$ がともに $z = 0$ で正則となるとき，$z = 0$ を (4.1) の**確定特異点**と呼ぶ.

(ii) 確定特異点以外の特異点を**不確定特異点**と呼ぶ.

以下に見るように，2 階（あるいはそれ以上）の方程式の場合，確定特異点と不確定特異点の間には決定的な違いがある. まず，確定特異点の場合を考えることにし，$z = 0$ を (4.1) の確定特異点としよう. このとき，

$$P(z) = zp(z), \quad Q(z) = z^2 q(z)$$

とおくと，定義から $P(z)$ と $Q(z)$ は $z = 0$ で正則であり，しかも (4.1) を次の形に書き直すことができる.

$$z^2 \frac{d^2 u}{dz^2} + P(z) z \frac{du}{dz} + Q(z) u = 0. \tag{4.29}$$

この形の方程式の中で最も簡単なものは，$p(z) = \frac{\alpha}{z}$, $q(z) = \frac{\beta}{z^2}$ のとき，すなわち

$$P(z) = \alpha, \quad Q(z) = \beta$$

がともに定数の次のような場合である．

$$z^2 \frac{d^2 u}{dz^2} + \alpha z \frac{du}{dz} + \beta u = 0.$$

この方程式の解はべき関数の形ですぐに求まる．実際，$u(z) = z^\rho$ として方程式に代入すると，

$$\{\rho(\rho - 1) + \alpha\rho + \beta\}z^\rho = 0.$$

従って，$\rho(\rho - 1) + \alpha\rho + \beta = 0$ の二つの解を $\rho = \rho_j$ $(j = 1, 2)$ とすると，$u(z) = z^{\rho_j}$ が上記の微分方程式の解となる．

定義 4.3　$z = 0$ が (4.1) の確定特異点であるとき，

$$\rho(\rho - 1) + P(0)\rho + Q(0) = 0 \tag{4.30}$$

を $z = 0$ における (4.1) の**特性方程式**，その二つの解 ρ_1, ρ_2 を**特性指数**と呼ぶ．

注意 4.3　m 階方程式

$$u^{(m)} + p_1(z)u^{(m-1)} + \cdots + p_m(z)u = 0$$

の場合は，

$$P_k(z) = z^k p_k(z) \text{ が } z = 0 \text{ で正則 } (k = 1, 2, \ldots, m)$$

が成り立つとき $z = 0$ を確定特異点と呼ぶ．また，この場合の特性方程式は次で与えられる．

$$\rho(\rho - 1) \cdots (\rho - m + 1)$$
$$+ P_1(0)\rho(\rho - 1) \cdots (\rho - m + 2) + \cdots + P_{m-1}(0)\rho + P_m(0) = 0.$$

定義 4.3 の特性指数を用いれば，1 階方程式の場合と同様に，2 階方程式 (4.1) は確定特異点において "(べき関数) × (正則関数)" の形をした解をもつことがわかる．次節でそれを示すことにしよう．

4.4 確定特異点における解の構成

本節の目標は，次の定理を証明することである．

定理 4.12 $z = 0$ を微分方程式 (4.1) の確定特異点，ρ_j $(j = 1, 2)$ を $z = 0$ での特性指数とする．このとき，$z = 0$ の近傍で次の形の一次独立な解が存在する．

Case (A) ($\rho_1 - \rho_2$ が整数でないとき)

$$u^{(j)}(z) = z^{\rho_j} \sum_{n=0}^{\infty} u_n^{(j)} z^n \quad (j = 1, 2). \tag{4.31}$$

Case (B) ($\rho_1 - \rho_2$ が整数のとき，$0 \leq \rho_1 - \rho_2 \in \{0, 1, 2, \ldots\}$ として)

$$\begin{cases} u^{(1)}(z) = z^{\rho_1} \sum_{n=0}^{\infty} u_n^{(1)} z^n, \\ u^{(2)}(z) = z^{\rho_2} \sum_{n=0}^{\infty} u_n^{(2)} z^n + \log z \cdot z^{\rho_1} \sum_{n=0}^{\infty} v_n z^n. \end{cases} \tag{4.32}$$

ただし，$\sum u_n^{(j)} z^n, \sum v_n z^n$ は収束べき級数であり，$z = 0$ で正則である．

以下では，少し長くなるが，いわゆる**フロベニウスの方法**を利用して定理 4.12 を証明する．

証明 上の形の解が一次独立なことは命題 2.2 からわかる（$e^t = z$ と考えればよい）ので，上のような形の解が存在することを示せばよい．

まず，(4.1) を (4.29) の形に書き直す．確定特異点の仮定から $P(z), Q(z)$ はともに $z = 0$ で正則なので，

$$P(z) = \sum_{n=0}^{\infty} p_n z^n, \quad Q(z) = \sum_{n=0}^{\infty} q_n z^n$$

とべき級数に展開する．その上で，正則点における解を構成したときと同様に，解 $u(z)$ をべき級数の形で構成しよう．ただし，前節で考えた 1 階方程式の場合を参考にして，べき関数を含んだ形のべき級数，すなわち

$$u(z) = z^{\rho} \sum_{n=0}^{\infty} u_n z^n = \sum_{n=0}^{\infty} u_n z^{\rho+n}$$

の形を仮定して，これを微分方程式 (4.29) に代入する．

$$\sum_n (\rho + n)(\rho + n - 1)u_n z^{\rho+n}$$
$$+ \sum_j p_j z^j \sum_k (\rho + k)u_k z^{\rho+k} + \sum_j q_j z^j \sum_k u_k z^{\rho+k} = 0.$$

これを書き直せば，

$$\sum_n (\rho + n)(\rho + n - 1)u_n z^{\rho+n}$$
$$+ \sum_n \left\{ \sum_{j+k=n} p_j(\rho + k)u_k \right\} z^{\rho+n} + \sum_n \left(\sum_{j+k=n} q_j u_k \right) z^{\rho+n} = 0.$$

各 $z^{\rho+n}$ の係数が 0 になれば良いので，

$$(\rho + n)(\rho + n - 1)u_n + \sum_{j+k=n} p_j(\rho + k)u_k + \sum_{j+k=n} q_j u_k = 0$$
$$(n = 0, 1, 2, \ldots). \tag{4.33}$$

例えば，$n = 0, 1$ のときは，

$$n = 0 : \rho(\rho - 1)u_0 + \rho p_0 u_0 + q_0 u_0 = 0,$$
$$n = 1 : (\rho + 1)\rho u_1 + \{(\rho + 1)p_0 u_1 + \rho p_1 u_0\} + (q_0 u_1 + q_1 u_0) = 0.$$

ここで，$f(\rho) = \rho(\rho - 1) + p_0\rho + q_0$ とおくと，$n = 0, 1$ のときの式は

$$f(\rho)u_0 = 0,$$
$$f(\rho + 1)u_1 + (p_1\rho + q_1)u_0 = 0,$$

n が一般の場合の式 (4.33) は，

$$f(\rho + n)u_n + \sum_{k=0}^{n-1} (\rho + k)p_{n-k}u_k + \sum_{k=0}^{n-1} q_{n-k}u_k = 0 \tag{4.34}$$

と表せることに注意しよう．(4.34) は $\{u_n\}_{n=0,1,2,\ldots}$ に対する漸化式となり，特にその形から次が成立することがわかる．

- $\rho_1 - \rho_2$ が整数でないとき（**Case (A)**），$\rho = \rho_1$ または ρ_2，$u_0 = 1$ として，u_n $(n = 1, 2, \ldots)$ が (4.34) から順に定まる．

- $\rho_1 - \rho_2 \in \{0, 1, 2, \ldots\}$ のとき（**Case (B)**）も，$\rho = \rho_1$ については同様．

しかし，$\rho_1 = \rho_2$（重解）の場合のもう一つの解や，$\rho_1 - \rho_2 \in \{1, 2, \ldots\}$ かつ $\rho = \rho_2$ の場合の解は，これだけでは構成できない．（後者の場合，途中で $f(\rho_1) = 0$ での割り算が出てくるので，それ以降の u_n を (4.34) で決めることができない．）こうした残ったもう一つの解を構成する方法が，"フロベニウスの方法" である．

注意 **4.4** フロベニウスの方法の基本的な考え方を説明するために，ここではもう少し簡単で，よく似た類の問題が存在する定数係数の線形微分方程式の解の構成について再考する．

2 階の定数係数の線形常微分方程式

$$\frac{d^2 u}{dx^2} + a \frac{du}{dx} + bu = 0 \tag{4.35}$$

（a, b は複素数の定数）の解については 2.2 節で論じた．2.2 節の結果によれば，特性方程式 $\lambda^2 + a\lambda + b = 0$ の二つの解を λ_1, λ_2 とすると，

- $\lambda_1 \neq \lambda_2$ のときは $e^{\lambda_1 x}, e^{\lambda_2 x}$ が (4.35) の解，
- $\lambda_1 = \lambda_2$ のときは $e^{\lambda_1 x}, xe^{\lambda_1 x}$ が (4.35) の解

となる．このうち，$\lambda_1 = \lambda_2$ のときの $xe^{\lambda_1 x}$ という解をいかに見つけるかがフロベニウスの方法と密接に関連する．この解の一つの見つけ方として，次のように考える．λ_1 が特性方程式の重解のとき，λ をパラメータとして，

$$\left(\frac{d^2}{dx^2} + a \frac{d}{dx} + b \right) e^{\lambda x} = (\lambda^2 + a\lambda + b)e^{\lambda x} = (\lambda - \lambda_1)^2 e^{\lambda x}$$

が成り立つ．この式の右辺は $\lambda = \lambda_1$ で 2 位の零点をもつことに注意しよう．単純に上式に $\lambda = \lambda_1$ を代入すれば $e^{\lambda_1 x}$ という解が得られるが，今の場合 $\lambda = \lambda_1$ は 2 位の零点なので，さらに上式の両辺を λ で微分してから $\lambda = \lambda_1$ を代入すると，

$$\left(\frac{d^2}{dx^2} + a \frac{d}{dx} + b \right) \left(\frac{\partial}{\partial \lambda} e^{\lambda x} \right) \bigg|_{\lambda = \lambda_1} = \left\{ 2(\lambda - \lambda_1)e^{\lambda x} + x(\lambda - \lambda_1)^2 e^{\lambda x} \right\} \bigg|_{\lambda = \lambda_1} = 0.$$

これより

$$\left(\frac{d^2}{dx^2} + a \frac{d}{dx} + b \right) \left(xe^{\lambda_1 x} \right) = 0$$

という式が従い，その結果 $xe^{\lambda_1 x}$ という解が得られる．フロベニウスの方法では，この考え方を利用する．

フロベニウスの方法を用いて，残ったもう一つの解を構成しよう．$\rho_1 - \rho_2 = 0$（重解）のときと $\rho_1 - \rho_2$ が 1 以上の整数のときに分けて論じる．

(i) $\rho_1 - \rho_2 = 0$ のとき まず，$\rho_1 - \rho_2 = 0$ のときを考察する．（$\rho = \rho_2$ とは仮定せずに）ρ をパラメータと考え，$u_0(\rho) = 1$ から始めて，$u_1(\rho), u_2(\rho), \ldots$ を (4.34)（ただし $n \geq 1$）を用いて定める．すると，各 $u_n = u_n(\rho)$ はパラメータ ρ の関数となり，さらに次が成り立つ．

- $u_n(\rho)$ は $\rho = \rho_2$ で正則．
- 微分方程式 (4.29) に現れた微分作用素を L とする．すなわち，

$$L = L\left(z, \frac{d}{dz}\right) = z^2 \frac{d^2}{dz^2} + P(z)z\frac{d}{dz} + Q(z)$$

と定義すると，

$$L\left(z, \frac{d}{dz}\right)\left\{\sum_n u_n(\rho)z^{\rho+n}\right\} = f(\rho)z^\rho \tag{4.36}$$

であり，この右辺は $\rho = \rho_2$ で 2 位の零点をもつ．

そこで，注意 4.4 と同様に，(4.36) の両辺を ρ で微分し，そして $\rho = \rho_2$ とおくと，

$$L\left(z, \frac{d}{dz}\right)\left\{\frac{\partial}{\partial\rho}\sum_n u_n(\rho)z^{\rho+n}\right\}\Bigg|_{\rho=\rho_2} = 0,$$

すなわち，

$$z^{\rho_2}\sum_n u_n'(\rho_2)z^n + \log z \cdot z^{\rho_2}\sum_n u_n(\rho_2)z^n$$

が求める微分方程式 (4.29) の解である．

(ii) $\rho_1 - \rho_2 = m \in \{1, 2, \ldots\}$ のとき この場合も，先の場合と同様に ρ をパラメータと考え，$u_1(\rho), u_2(\rho), \ldots$ をやはり (4.34)（ただし $n \geq 1$）を用いて定める．ただし，初項 $u_0(\rho)$ は後で決める．このとき，$u_n(\rho)$ は次のような形をした ρ の関数になる．

$$u_1(\rho) = \frac{(\rho \text{ の } 1 \text{ 次式}) \times u_0(\rho)}{f(\rho+1)},$$

一般に

$$u_n(\rho) = \frac{(\rho \text{ の多項式}) \times u_0(\rho)}{f(\rho+1)\cdots f(\rho+n)}.$$

そこで $u_0(\rho) = f(\rho+m)$ とおくと，先の場合と同様に次が成り立つ.

- $u_n(\rho)$ は $\rho = \rho_2$ で正則. 特に，$u_0(\rho_2) = \cdots = u_{m-1}(\rho_2) = 0$.

- $L\left(z, \dfrac{d}{dz}\right)\left\{\displaystyle\sum_n u_n(\rho)z^{\rho+n}\right\} = f(\rho)u_0(\rho)z^\rho = f(\rho)f(\rho+m)z^\rho$ で

  あり，この右辺は $\rho = \rho_2$ で 2 位の零点をもつ.

あとは，先の場合と同様に ρ で微分して $\rho = \rho_2$ とおく.

$$L\left(z, \frac{d}{dz}\right)\left\{\frac{\partial}{\partial\rho}\sum_n u_n(\rho)z^{\rho+n}\right\}\Bigg|_{\rho=\rho_2} = 0,$$

すなわち，次式が $L\left(z, \frac{d}{dz}\right)u = 0$ の解である.

$$z^{\rho_2}\sum_n u_n'(\rho_2)z^n + \log z \cdot z^{\rho_2}\sum_n u_n(\rho_2)z^n$$
$$= z^{\rho_2}\sum_{n=0}^{\infty} u_n'(\rho_2)z^n + \log z \cdot z^{\rho_1}\sum_{n=m}^{\infty} u_n(\rho_2)z^{n-m}.$$

こうして残ったもう一つの解も構成することができた. 最後に，こうして得られたべき級数の形の解が収束することを示そう.

いずれの解も，漸化式 (4.34) を用いて $u_n(\rho)$ を定めているので，(4.34) によって定めた $u_n(\rho)$ に対して次を証明すればよい.

$$\sum_{n=0}^{\infty} u_n(\rho)z^n \text{ が } K_\delta \times \{|z| \le r\} \text{ において絶対一様収束する.}$$

（ただし

$$K_\delta = \{\rho \mid |\rho - \rho_j| \le \delta\},$$

また $\delta, r > 0$ は十分小さい正の数.）以下の議論では，正定数を $C_1, C_2, \ldots, r_1$, $r_2, \ldots$ で表す. まず，コーシーの評価式（定理 4.5）により，$P(z)$ と $Q(z)$ のべき級数展開の係数である p_n と q_n は

$$|p_n|, |q_n| \le C_1 r_1^n$$

を満たす. 従って，漸化式 (4.34) により，次が成り立つ.

$$|u_n(\rho)| \leq \frac{1}{|f(\rho+n)|} \sum_{k=0}^{n-1} \big\{ (|\rho|+k)|p_{n-k}| + |q_{n-k}| \big\} |u_k(\rho)|$$

$$\leq \frac{C_1}{|f(\rho+n)|} \sum_{k=0}^{n-1} r_1^{n-k} \big(|\rho|+k+1 \big) |u_k(\rho)|.$$

ここで $f(\rho)$ は ρ の 2 次式なので,

$$|f(\rho+n)| \geq C_2 n^2$$

が, ある番号 N より大きいすべての $n \geq N$ に対して成立する. 従って,

$$\frac{|\rho|+k+1}{|f(\rho+n)|} \leq \frac{|\rho|+n}{C_2 n^2} \leq C_3.$$

よって, $C = C_1 C_3$ とおけば,

$$r_1^{-n}|u_n(\rho)| \leq C \sum_{k=0}^{n-1} r_1^{-k} |u_k(\rho)|,$$

すなわち, $a_n = \sup_{\rho \in K_\delta} r_1^{-n} |u_n(\rho)|$ とおくと,

$$a_n \leq C \sum_{k=0}^{n-1} a_k \quad (n \geq N). \tag{4.37}$$

ここで, 次が成り立つ.

補題 4.1　数列 $\{a_n\}_{n=1,2,\ldots}$ (ただし $a_n > 0$) が (4.37) を満たすとき, ある正の定数 $\widehat{C}, \widehat{r} > 0$ が存在して,

$$a_n \leq \widehat{C} \widehat{r}^{\,n}$$

がすべての $n = 1, 2, \ldots$ に対して成り立つ.

この補題 4.1 を用いれば,

$$\sup_{\rho \in K_\delta} |u_n(\rho)| \leq \widehat{C}(r_1 \widehat{r})^n$$

であることがわかる. よって, $r r_1 \widehat{r} < 1$ ならば,

$$\sum_{n=0}^{\infty} \sup_{\rho \in K_\delta, |z| \leq r} |u_n(\rho)| |z|^n \leq \widehat{C} \sum_{n=0}^{\infty} (r r_1 \widehat{r})^n < +\infty.$$

これで定理 4.12 の証明が完成した.　　　　　　　　　　　　□

例 4.3（**ガウスの超幾何微分方程式**）　1.2 節の例 1.7 に出てきた方程式

$$(1-s^2)\frac{d^2G}{ds^2} - 2s\frac{dG}{ds} + \left(\lambda - \frac{n^2}{1-s^2}\right)G = 0$$

は，変数変換

$$t = \frac{s+1}{2}, \quad G = \left\{t(1-t)\right\}^{-\frac{n}{2}} u$$

によって

$$t(1-t)\frac{d^2u}{dt^2} - (n-1)(1-2t)\frac{du}{dt} + (n-n^2+\lambda)u = 0$$

に変換される．この方程式をもう少し一般化した形の方程式

$$z(1-z)\frac{d^2u}{dz^2} + \{\gamma - (\alpha+\beta+1)z\}\frac{du}{dz} - \alpha\beta u = 0 \tag{4.38}$$

が，有名な**ガウスの超幾何微分方程式**である．ここで，$\alpha, \beta, \gamma \in \mathbb{C}$ はパラメータである．

　ガウスの超幾何微分方程式 (4.38) は 3 点 $z = 0, 1, \infty$ に特異点をもっており，それらはすべて確定特異点である．例えば $z = 0$ では，(4.38) を

$$z^2\frac{d^2u}{dz^2} + \frac{\gamma - (\alpha+\beta+1)z}{1-z}z\frac{du}{dz} - \frac{\alpha\beta z}{1-z}u = 0$$

と変形してみればわかるように，特性方程式が

$$\rho(\rho-1) + \gamma\rho + 0 = 0$$

となって，特性指数は 0 と $1-\gamma$ である．$z = 1$ が確定特異点であることも，同様にして容易に確かめられる．一方，$z = \infty$ が確定特異点であることをみるには，$z = \frac{1}{\zeta}$ という変数変換を行う．

注意 4.5　一般に，$z = \infty$ が確定特異点とは，$z = \frac{1}{\zeta}$ と変数変換した上で $\zeta = 0$ が確定特異点であるときにいう．

　実際に $z = \frac{1}{\zeta}$ という変数変換を行えば，1 階微分や 2 階微分は

$$\frac{d}{dz} = -\zeta^2\frac{d}{d\zeta}, \quad \frac{d^2}{dz^2} = 2\zeta^3\frac{d}{d\zeta} + \zeta^4\frac{d^2}{d\zeta^2}$$

と変換されるので，方程式 (4.38) は

$$\left\{\frac{1}{\zeta}\left(1 - \frac{1}{\zeta}\right)\left(2\zeta^3\frac{d}{d\zeta} + \zeta^4\frac{d^2}{d\zeta^2}\right)\right.$$

$$+\left(\gamma-\frac{\alpha+\beta+1}{\zeta}\right)\left(-\zeta^2\frac{d}{d\zeta}\right)-\alpha\beta\Big\}u=0$$

$$\implies\left[(1-\zeta)\zeta^2\frac{d^2}{d\zeta^2}+\{(\gamma-2)\zeta+(1-\alpha-\beta)\}\zeta\frac{d}{d\zeta}+\alpha\beta\right]u=0$$

$$\implies\left\{\zeta^2\frac{d^2}{d\zeta^2}+\frac{(\gamma-2)\zeta+(1-\alpha-\beta)}{1-\zeta}\zeta\frac{d}{d\zeta}+\frac{\alpha\beta}{1-\zeta}\right\}u=0$$

の形となる. 従って $\zeta=0$ は確かに確定特異点であり, そこでの特性方程式は,

$$\rho(\rho-1)+(1-\alpha-\beta)\rho+\alpha\beta=(\rho-\alpha)(\rho-\beta)=0$$

で与えられる. よって $z=\infty$ での特性指数は α,β である.

　ガウスの超幾何微分方程式 (4.38) の $z=0$ での特性指数の一つが 0 だったから, 定理 4.12 により, (4.38) は $z=0$ で正則な解をもっている. その正則な解を求めよう. $u=\sum\limits_{n=0}^{\infty}u_nz^n$ を (4.38) に代入すると,

$$\sum n(n-1)u_nz^{n-1}-\sum n(n-1)u_nz^n$$

$$+\gamma\sum nu_nz^{n-1}-(\alpha+\beta+1)\sum nu_nz^n-\alpha\beta\sum u_nz^n=0$$

$$\implies\sum\{(n+1)n+\gamma(n+1)\}u_{n+1}z^n$$

$$-\sum\{n^2+(\alpha+\beta)n+\alpha\beta\}u_nz^n=0$$

$$\implies(n+1)(n+\gamma)u_{n+1}=(n+\alpha)(n+\beta)u_n$$

$$\implies u_{n+1}=\frac{(n+\alpha)(n+\beta)}{(n+\gamma)(n+1)}u_n.$$

従って, (u_0 は任意に決められるので $u_0=1$ として,)

$$u=1+\frac{\alpha\beta}{\gamma}z+\frac{\alpha(\alpha+1)\beta(\beta+1)}{\gamma(\gamma+1)\cdot1\cdot2}z^2+\cdots=\sum_{n=0}^{\infty}\frac{(\alpha)_n(\beta)_n}{(\gamma)_n}\frac{z^n}{n!}\quad(4.39)$$

が得られる. ただし,

$$(\alpha)_n=\alpha(\alpha+1)\cdots(\alpha+n-1)$$

とおいた. こうして得られた (4.38) の $z=0$ での正則解 (4.39) を $F(\alpha,\beta,\gamma;z)$ という記号で表し, ガウスの**超幾何関数**（または**超幾何級数**）と呼ぶ.　　　□

4.5 不確定特異点における形式解

前節では，フロベニウスの方法を用いて，確定特異点のまわりでの解を構成した．確定特異点のまわりでは，

$$\text{“(べき関数)} \times \text{(正則関数)”}$$

の形の解が存在する．これに対して，不確定特異点のまわりの解には指数関数の項が現れる．本節では，不確定特異点のまわりの解を構成しよう．

2 階の線形常微分方程式

$$\frac{d^2 u}{dz^2} + p(z)\frac{du}{dz} + q(z)u = 0 \tag{4.1}$$

において，本節では $z = 0$ が不確定特異点である場合を考える．命題 4.1 で見たように，未知関数を

$$v(z) = \exp\left\{\frac{1}{2}\int p(z)\,dz\right\} u(z)$$

で変換すると，$v(z)$ は 1 階微分の項をもたない微分方程式

$$\frac{d^2 v}{dz^2} + \left[q(z) - \frac{1}{4}\{p(z)\}^2 - \frac{1}{2}p'(z)\right] v = 0$$

を満たす．そこで，簡単のために以下では，

$$\frac{d^2 u}{dz^2} - Q(z)u = 0 \tag{4.40}$$

という形の方程式を考察しよう．

定理 4.13 $z = 0$ が微分方程式 (4.40) の不確定特異点とする．すなわち，$Q(z)$ は $z = 0$ に 3 位以上の極をもつと仮定する．このとき，$z = 0$ の近傍で次の形の（形式）解が存在する．

$$u^{(j)} = e^{R_j(z)} z^{\nu_j} \sum_{n=0}^{\infty} u_n^{(j)} z^n \quad (j = 1, 2),$$

または

$$u^{(j)} = e^{R_j(z)} z^{\nu_j} \sum_{n=0}^{\infty} u_{\frac{n}{2}}^{(j)} z^{\frac{n}{2}} \quad (j = 1, 2).$$

ただし，$R_j(z)$（$j = 1, 2$）は $\frac{1}{z}$（または $\frac{1}{z^{\frac{1}{2}}}$）の多項式である．

(証明)　まず，$Q(z)$ をローラン展開する．

$$Q(z) = \frac{1}{z^{\mu}}(q_0 + q_1 z + q_2 z^2 + \cdots) \quad (\mu \geq 3, \ q_0 \neq 0).$$

記号が複雑になることを避けるため，ここでは $\mu = 2m$（偶数）のときのみ考えることにしよう．$u(z) = \exp\{\int w(z)\,dz\}$ とおくと，命題 1.2 で見たように，$w(z)$ は次のリッカチ方程式の解となる．

$$\frac{dw}{dz} + w^2 - Q(z) = 0. \tag{4.41}$$

そこで，

$$w = \frac{1}{z^m}(w_0 + w_1 z + \cdots) = \sum_{j=0}^{\infty} w_j z^{-m+j}$$

とおくと，

$$\{(-m)w_0 z^{-m-1} + (-m+1)w_1 z^{-m} + \cdots\}$$
$$+ \frac{1}{z^{2m}}\{w_0^2 + 2w_0 w_1 z + (2w_0 w_2 + w_1^2)z^2 + \cdots\}$$
$$- \frac{1}{z^{2m}}(q_0 + q_1 z + q_2 z^2 + \cdots) = 0.$$

いつものように係数を比較すると，z^{-2m} の項の比較から，

$$w_0^2 - q_0 = 0, \quad \text{すなわち} \quad w_0 = \pm\sqrt{q_0},$$

z^{-2m+1} の項の比較から，

$$\begin{cases} 2w_0 w_1 + (-2)w_0 - q_1 = 0 & (m = 2 \ \text{のとき}), \\ 2w_0 w_1 - q_1 = 0 & (m \geq 3 \ \text{のとき}), \end{cases}$$

さらに，以下漸化式が順に求まって，$w_1, w_2, \ldots$ が帰納的に定まっていく．従って，

$$u = \exp\left\{\int\left(\frac{w_0}{z^m} + \frac{w_1}{z^{m-1}} + \cdots + \frac{w_{m-2}}{z^2}\right.\right.$$
$$\left.\left. + \frac{w_{m-1}}{z} + w_m + w_{m+1}z + \cdots\right)dz\right\}.$$

ここで，

$$R(z) = \int\left(\frac{w_0}{z^m} + \frac{w_1}{z^{m-1}} + \cdots + \frac{w_{m-2}}{z^2}\right)dz,$$

$$\nu = w_{m-1},$$

$$\sum_n u_n z^n = \exp\left\{\int (w_m + w_{m+1}z + \cdots)\, dz\right\}$$

とおけば，

$$u(z) = e^{R(z)} z^\nu \sum_{n=0}^{\infty} u_n z^n$$

が (4.40) の解となることがわかる．よって定理 4.13 が示された． □

注意 4.6 ここでは μ が偶数の場合のみを考察した．μ が偶数のときは，z の整数べきの展開のみを考えれば十分である．これに対して μ が奇数のときは，同様な方法で解を構成すると，$z^{\frac{1}{2}}$ という半整数のべきに関する展開が必要になる．

構成方法が多少異なり，$\exp\{R_j(z)\}$ のような指数関数の項が必要になるけれども，このように不確定特異点においても確定特異点とほぼ同じような形の解が構成できる．しかし，次の具体例からわかるように，不確定特異点の場合はこうして構成した解が一般には収束しない．

例 4.4 （クンマーの合流型超幾何微分方程式） 既に 1.2 節の例 1.7 に出てきたが，$\alpha, \gamma \in \mathbb{C}$ をパラメータとして含む次の方程式は**クンマーの合流型超幾何微分方程式**と呼ばれる．

$$\frac{d^2 u}{dz^2} + \left(\frac{\gamma}{z} - 1\right)\frac{du}{dz} - \frac{\alpha}{z}u = 0. \tag{4.42}$$

クンマーの方程式 (4.42) は $z = 0, \infty$ を特異点にもつ．そのうち，$z = 0$ は確定特異点であり，そこでの特性指数は 0 と $1 - \gamma$ である．一方，$z = \infty$ は (4.42) の不確定特異点である．実際，$z = \frac{1}{\zeta}$ と変数変換してみれば，(4.42) は次の形になる．

$$\frac{d^2 u}{d\zeta^2} + \left(\frac{1}{\zeta^2} + \frac{2 - \gamma}{\zeta}\right)\frac{du}{d\zeta} - \frac{\alpha}{\zeta^3}u = 0. \tag{4.43}$$

以下では，定理 4.13 の証明に倣って，$\zeta = 0$ での (4.43) の解，すなわち $z = \infty$ での (4.42) の解を具体的に求めてみよう．

(4.43) の係数関数を

$$p(\zeta) = \frac{1}{\zeta^2} + \frac{2 - \gamma}{\zeta}, \quad q(\zeta) = -\frac{\alpha}{\zeta^3}$$

とし,

$$u(\zeta) = \exp\left\{-\frac{1}{2}\int p(\zeta)\,d\zeta\right\} v(\zeta) = e^{\frac{1}{2\zeta}}\zeta^{-1+\frac{\gamma}{2}}v(\zeta)$$

とおくと, 命題 4.1 により, $v(\zeta)$ が満たす微分方程式は,

$$0 = \frac{d^2v}{d\zeta^2} + \left(q - \frac{1}{4}p^2 - \frac{1}{2}\frac{dp}{d\zeta}\right)v$$
$$= \frac{d^2v}{d\zeta^2} + \left\{-\frac{1}{4\zeta^4} + \left(\frac{\gamma}{2} - \alpha\right)\frac{1}{\zeta^3} + \left(-\frac{\gamma^2}{4} + \frac{\gamma}{2}\right)\frac{1}{\zeta^2}\right\}v$$

となる. 次に,

$$v(\zeta) = \exp\left\{\int w(\zeta)\,d\zeta\right\}$$

とすれば,

$$\frac{dw}{d\zeta} + w^2 + \left\{-\frac{1}{4\zeta^4} + \left(\frac{\gamma}{2} - \alpha\right)\frac{1}{\zeta^3} + \left(-\frac{\gamma^2}{4} + \frac{\gamma}{2}\right)\frac{1}{\zeta^2}\right\} = 0.$$

そこで,

$$w = \frac{w_0}{\zeta^2} + \frac{w_1}{\zeta} + \cdots$$

と展開すると,

$$w_0^2 - \frac{1}{4} = 0, \quad 2w_0w_1 - 2w_0 + \frac{\gamma}{2} - \alpha = 0$$
$$\implies \quad w_0 = \pm\frac{1}{2}, \quad w_1 = 1 \pm \left(\alpha - \frac{\gamma}{2}\right)$$
$$\implies \quad v(\zeta) = e^{\mp\frac{1}{2\zeta}}\zeta^{1\pm(\alpha-\frac{\gamma}{2})}\{1 + O(\zeta)\}$$

が得られる. 従って, (4.42) の $z = \infty$ での解は,

$$\begin{cases} u^{(1)} = \zeta^{\alpha}\{1 + O(\zeta)\} = z^{-\alpha}\left\{1 + O\left(\frac{1}{z}\right)\right\}, \\[2mm] u^{(2)} = e^{\frac{1}{\zeta}}\zeta^{\gamma-\alpha}\{1 + O(\zeta)\} = e^z z^{\alpha-\gamma}\left\{1 + O\left(\frac{1}{z}\right)\right\} \end{cases}$$

の形であることがわかる.

$u^{(1)}$ のさらに詳しい形を求めるには, この結果を踏まえて,

$$u^{(1)} = z^{-\alpha}\sum u_n z^{-n} = \sum u_n z^{-(\alpha+n)} \quad (\text{ただし } u_0 = 1)$$

という展開を直接 (4.42) に代入する.

$$\sum (\alpha + n)(\alpha + n + 1)u_n z^{-(\alpha+n+2)} - \left(\frac{\gamma}{z} - 1\right) \sum (\alpha + n)u_n z^{-(\alpha+n+1)}$$

$$- \alpha \sum u_n z^{-(\alpha+n+1)} = 0$$

$$\implies \quad \sum (\alpha + n)(\alpha + n + 1 - \gamma)u_n z^{-(\alpha+n+2)} + \sum n u_n z^{-(\alpha+n+1)} = 0$$

$$\implies \quad (\alpha + n)(\alpha + n + 1 - \gamma)u_n + (n+1)u_{n+1} = 0$$

$$\implies \quad u_{n+1} = -\frac{(\alpha + n)(\alpha + 1 - \gamma + n)}{n+1} u_n.$$

よって,

$$u^{(1)} = z^{-\alpha} \sum_{n=0}^{\infty} (-1)^n \frac{(\alpha)_n (\alpha + 1 - \gamma)_n}{n!} z^{-n}. \tag{4.44}$$

(ただし $(\alpha)_n = \alpha(\alpha + 1) \cdots (\alpha + n - 1)$.) 同様に計算すれば,

$$u^{(2)} = e^z z^{\alpha - \gamma} \sum_{n=0}^{\infty} \frac{(1 - \alpha)_n (\gamma - \alpha)_n}{n!} z^{-n}. \tag{4.45}$$

ここで $n \to \infty$ のとき $(\alpha)_n$ はほぼ $n!$ なので,これらの解 $u^{(1)}, u^{(2)}$ は発散級数である.つまり,クンマーの微分方程式の不確定特異点 $z = \infty$ のまわりでの級数解は収束しない. $\square$

上で求めたクンマーの微分方程式の $z = \infty$ における解 $u^{(1)}, u^{(2)}$ のように,一般には収束しない級数解を微分方程式の**形式解**と呼ぶ.クンマーの方程式の解 $u^{(1)}, u^{(2)}$ が示すように,不確定特異点での解は一般には形式解であり,その性質は確定特異点での解と決定的に異なっている.

続く第5章と第6章では,ガウスやクンマーといった具体的な微分方程式の例を用いて,ここで構成した確定特異点や不確定特異点のまわりでの(形式)解の性質を調べていく.

演習 1　微分方程式

$$\frac{d^2u}{dz^2} - z^2u = 0, \quad u(0) = 1, \quad \frac{du}{dz}(0) = 0$$

の解をべき級数展開を用いて求めよ.

演習 2　原点 $z = 0$ におけるべき級数

$$f(z) = z - \frac{z^2}{2} + \frac{z^3}{3} - \frac{z^4}{4} + \cdots = \sum_{n=0}^{\infty} \frac{(-1)^n}{n+1} z^{n+1}$$

は, 多価な正則関数として $\widetilde{\Omega} = \mathbb{C} \setminus \{-1\}$ にまで解析接続されることを示せ.

演習 3　**ベッセルの微分方程式**

$$\frac{d^2u}{dz^2} + \frac{1}{z}\frac{du}{dz} + \left(1 - \frac{\nu^2}{z^2}\right)u = 0 \tag{4.46}$$

(ただし ν はパラメータ) について, $z = 0$ が確定特異点であることを確かめよ. また, そこでの特性指数を求めよ.

演習 4　補題 4.1 を証明せよ.

演習 5　クンマーの微分方程式の, $z = \infty$ での $u^{(1)}$ でない方の形式解を

$$u^{(2)} = e^z z^{\alpha - \gamma} \sum_{n=0}^{\infty} u_n z^{-n} \quad (ただし, u_0 = 1 とする)$$

とおく. $u^{(1)}$ の具体形 (4.44) を求めた計算と同様にして, u_n $(n = 1, 2, \ldots)$ を求めよ.

演習 6　ベッセルの微分方程式 (4.46) について, $z = \infty$ が不確定特異点であることを確かめよ. また, $z = \infty$ での (形式) 解を

$$u^{(j)} = e^{R_j(z)} z^{\mu_j} \left\{1 + O\left(\frac{1}{z}\right)\right\} \quad (j = 1, 2)$$

とおくとき, $R_j(z)$ と μ_j を求めよ.

第5章
解の大域的性質と複素積分

第4章では，正則関数 $p(z), q(z)$ を係数とする2階線形常微分方程式

$$\frac{d^2 u}{dz^2} + p(z)\frac{du}{dz} + q(z)u = 0 \tag{5.1}$$

に対して，べき級数展開の方法を用いて正則点，確定特異点，不確定特異点のまわりで解（ただし，不確定特異点では形式解）を構成した．命題4.2で示したように，正則点での解は，微分方程式の特異点を除いて，領域 Ω の至るところに解析接続できる．確定特異点で構成された解についても，確定特異点のごく近くの点で正則であるから，やはり命題4.2が適用できて，特異点以外に解析接続することが可能である．すると，微分方程式 (5.1) の解に関して次に考察すべきは，この解の解析接続がどうなるかという問題である．本章では，ガウスの超幾何微分方程式を主な題材として，この問題を考える．

5.1 モノドロミー

まず，解の解析接続を記述する "モノドロミー" を定義しよう．

以下，$p(z), q(z)$ を連結な領域 Ω 上の正則関数とし，2階の微分方程式 (5.1) を考える．今，Ω 内に基準となる点（基点）z_0，および z_0 のまわりでの (5.1) の一次独立な解の組（基本解系）(u_1, u_2) を一つ取って固定する．さらに，C を，z_0 を始点（かつ終点）とする Ω 内の閉曲線としよう（図 5.1 参照）．すると，命題4.2により，(u_1, u_2) は C に沿って解析接続できる．C は閉曲線だから，解析接続によって再び z_0 のまわりでの（一次独立な）解 $(\tilde{u}_1, \tilde{u}_2)$ が得られる．

第4章で見たように，例えば確定特異点において解はべき関数（または対数関数）と正則関数の積として表されるので，確定特異点のまわりで解を解析接続すると一般に多価関数になる．（不確定特異点のまわりではより複雑な挙動を

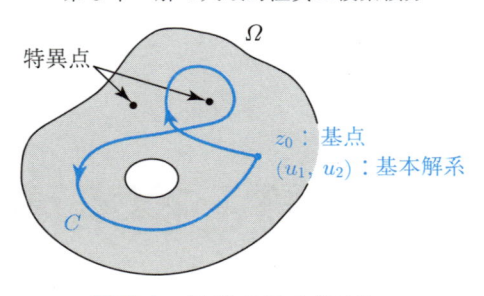

図 **5.1**　(5.1) のモノドロミー

示すと考えられる.）従って，いくつかの特異点をまわりながら閉曲線 C に沿って解析接続した結果 $(\tilde{u}_1, \tilde{u}_2)$ は，元の (u_1, u_2) とは異なった解になる．ところが，元の解 (u_1, u_2) は基本解系だったから，$(\tilde{u}_1, \tilde{u}_2)$ はその線形結合の形に表すことができる．つまり，ある（閉曲線 C によって定まる）2×2 の複素行列

$$A_C = \begin{pmatrix} a & b \\ c & d \end{pmatrix}$$

を用いて，

$$(u_1, u_2) \xrightarrow[\text{AC along } C]{} (\tilde{u}_1, \tilde{u}_2) = (u_1, u_2)A_C \qquad (5.2)$$

となる（ここで "AC along C" は C に沿う解析接続（analytic continuation）を表す）．一般に解析接続は曲線を連続的に変形しても不変なので，行列 A_C は C を連続変形しても変わらないことに注意しよう．これを踏まえると，次のようにモノドロミーが定義される．

定義 5.1　z_0 を基点とする Ω 内の閉曲線の全体を

$$\pi_1(\Omega, z_0) = \{\, C \mid C \text{ は } z_0 \text{ を基点とする } \Omega \text{ 内の閉曲線} \,\}$$

で表す（正確には，連続変形で移り合う閉曲線を同一視する）．このとき，写像

$$\pi_1(\Omega, z_0) \ni C \quad \longmapsto \quad A_C \in M(2, \mathbb{C}) \qquad (5.3)$$

（ただし，$M(2, \mathbb{C})$ は 2×2 複素行列全体の集合を表す）を，微分方程式 (5.1) の**モノドロミー**という．また，行列 A_C を閉曲線 C に沿う**モノドロミー行列**と呼ぶ.

$\pi_1(\Omega, z_0)$ は Ω の**基本群**と呼ばれ，領域 Ω の位相幾何学的な性質を表す集合である．モノドロミーは，微分方程式の解が多価関数としてどのように解析接続されるかを表す写像であり，解の大域的性質を表現している．

以下，モノドロミーの基本的な性質を述べよう．

命題 5.1 C_1, C_2 を，z_0 を基点とする二つの閉曲線，$C_1 \cdot C_2$ を，C_2 と C_1 を（C_2 の終点 $= C_1$ の始点として，この順で）つないだ閉曲線とするとき，次式が成り立つ．

$$A_{C_1 \cdot C_2} = A_{C_1} A_{C_2}. \tag{5.4}$$

注意 5.1 $C_1 \cdot C_2$ を二つの閉曲線の "積（合成）" と考えることにより，$\pi_1(\Omega, z_0)$ は（非可換な）群となる．命題 5.1 は，モノドロミーが $\pi_1(\Omega, z_0)$ から $M(2, \mathbb{C})$ への（群としての）準同型写像であることを意味している．

証明 (u_1, u_2) を閉曲線 C_2 に沿って解析接続した結果は，(5.2) により，$(u_1, u_2) A_{C_2}$ と表される．さらに，これを C_1 に沿って解析接続すると，再び (5.2) により，$(u_1, u_2) A_{C_1} A_{C_2}$ となる．一方，この解析接続を $C_1 \cdot C_2$ に沿う解析接続と考えれば，その結果は $(u_1, u_2) A_{C_1 \cdot C_2}$ で表される．この二つの表示を比べれば，(5.4) を得る． $\square$

命題 5.2 (i) 任意の閉曲線 C に対して，モノドロミー行列 A_C は正則行列である．つまり，$\det A_C \neq 0$．

(ii) 特に微分方程式 (5.1) が 1 階項を含まない場合，つまり $p(z) = 0$ のとき，$\det A_C = 1$ である．

証明 まず (i) を示そう．閉曲線 C に対して，その向きを逆にしたものを C^{-1} で表す．すると，(u_1, u_2) を閉曲線 $C^{-1} \cdot C$ に沿って解析接続した結果は，元の (u_1, u_2) に一致する．つまり，$A_{C^{-1} \cdot C}$ は単位行列である．従って，命題 5.1 により，

$$A_{C^{-1}} A_C = A_{C^{-1} \cdot C} = \begin{pmatrix} 1 & 0 \\ 0 & 1 \end{pmatrix}.$$

よって $\det A_C \neq 0$ となり，A_C が正則行列であることがわかる．

次に (ii) を示す．解析接続の一般的な性質「微分の解析接続は，解析接続の微分と等しい」により，C に沿う (u_1, u_2) の解析接続が $(u_1, u_2)A_C$ で表されるとすると，その微分 (u_1', u_2') の解析接続も同じ行列 A_C を用いて $(u_1', u_2')A_C$ と表される．この二つの解析接続の式を上下に並べれば，

$$\begin{pmatrix} u_1 & u_2 \\ u_1' & u_2' \end{pmatrix} \xrightarrow[\text{AC along } C]{} \begin{pmatrix} u_1 & u_2 \\ u_1' & u_2' \end{pmatrix} A_C.$$

従って，その行列式を考えれば，

$$\det \begin{pmatrix} u_1 & u_2 \\ u_1' & u_2' \end{pmatrix} \xrightarrow[\text{AC along } C]{} \det \begin{pmatrix} u_1 & u_2 \\ u_1' & u_2' \end{pmatrix} \det A_C \qquad (5.5)$$

を得る．ところで，(5.5) の左辺は第 2 章で定義した (u_1, u_2) のロンスキアンである．系 2.1 で示したように，微分方程式 (5.1) が 1 階項を含まないとき，ロンスキアンは定数である．この定数を α と書くことにすると，定数 α の解析接続はもちろん α なので，(5.5) より $\alpha = \alpha \det A_C$ が成り立つ．定理 2.3 より $\alpha \neq 0$ であるから，従って $\det A_C = 1$ である．　　　　□

命題 5.3　$(\widehat{u}_1, \widehat{u}_2)$ を z_0 のまわりでの別の基本解系とし，$(\widehat{u}_1, \widehat{u}_2)$ を用いて定義されるモノドロミー行列を $\widehat{A}_C$ で表すとき，ある正則行列 T が存在して，

$$\widehat{A}_C = T^{-1} A_C T$$

がすべての閉曲線 C に対して成り立つ．

証明　(u_1, u_2) と $(\widehat{u}_1, \widehat{u}_2)$ はともに一次独立であるから，ある正則行列 T が存在して $(\widehat{u}_1, \widehat{u}_2) = (u_1, u_2)T$ となる．この正則行列 T を用いると，$(\widehat{u}_1, \widehat{u}_2) = (u_1, u_2)T$ の閉曲線 C に沿う解析接続は，

$$(u_1, u_2)T \xrightarrow[\text{AC along } C]{} (u_1, u_2)A_C T = (\widehat{u}_1, \widehat{u}_2)T^{-1} A_C T$$

と表される．従って，$\widehat{A}_C = T^{-1} A_C T$ である．　　　　□

例 5.1　モノドロミーが比較的簡単に計算できる例として，次の微分方程式を考えよう．

$$\frac{d^2 u}{dz^2} - \frac{c}{z^2} u = 0 \quad (c \text{ は複素定数}). \qquad (5.6)$$

つまり，$p(z) = 0$, $q(z) = -\frac{c}{z^2}$ の場合である．(5.6) は $z = 0, \infty$ を除いて正則なので，従って領域 $\mathbb{C}^\times = \mathbb{C} \setminus \{0\}$ において解の解析接続を考えることができる．基点を $z_0 = 1$, z_0 から出る閉曲線 C として単位円（ただし向きは正の向き，つまり反時計まわり）を取り，(5.6) の閉曲線 C に沿うモノドロミー行列 A_C を求めよう．

方程式 (5.6) の場合，解が具体的に求まり，$u_j = z^{\rho_j}$ $(j = 1, 2)$ で与えられる．ただし，ρ_j は (5.6) の確定特異点 $z = 0$ における特性指数，つまり 2 次方程式 $\rho(\rho - 1) - c = 0$ の二つの解である．ここで場合分けを行う．

(I) $c \neq -\frac{1}{4}$, **つまり** $\rho(\rho - 1) - c = 0$ **が重解をもたないとき.** このときは z^{ρ_1} と z^{ρ_2} が一次独立な解になるので，C に沿うモノドロミーは，

(z^{ρ_1}, z^{ρ_2})

$$\xrightarrow[\text{AC along } C]{} (e^{2\pi i \rho_1} z^{\rho_1}, e^{2\pi i \rho_2} z^{\rho_2}) = (z^{\rho_1}, z^{\rho_2}) \begin{pmatrix} e^{2\pi i \rho_1} & 0 \\ 0 & e^{2\pi i \rho_2} \end{pmatrix}.$$

従って，

$$A_C = \begin{pmatrix} e^{2\pi i \rho_1} & 0 \\ 0 & e^{2\pi i \rho_2} \end{pmatrix}.$$

(II) $c = -\frac{1}{4}$ **のとき.** このときは $\sqrt{z}$ と $\sqrt{z} \log z$ が一次独立な解になる．従って，

$(\sqrt{z}, \sqrt{z} \log z)$

$$\xrightarrow[\text{AC along } C]{} (-\sqrt{z}, -\sqrt{z}(\log z + 2\pi i)) = (\sqrt{z}, \sqrt{z} \log z) \begin{pmatrix} -1 & -2\pi i \\ 0 & -1 \end{pmatrix}.$$

すなわち，この場合は

$$A_C = \begin{pmatrix} -1 & -2\pi i \\ 0 & -1 \end{pmatrix}. \qquad \square$$

モノドロミーは微分方程式の解の大域的性質を表現する重要なものであるが，残念ながらそれを具体的に計算することは一般には非常に難しい．次節と次々節では，第 4 章に出てきたガウスの超幾何微分方程式について，積分表示式をはじめとする解のいろいろな性質を調べることによりモノドロミーを具体的に計算してみる．

5.2 ガウスの超幾何関数とオイラー積分表示式

第4章で定義した**ガウスの超幾何微分方程式**

$$L\left(z, \frac{d}{dz}\right) u = \left[z(1-z)\frac{d^2}{dz^2} + \{\gamma - (\alpha + \beta + 1)z\}\frac{d}{dz} - \alpha\beta\right] u = 0 \tag{5.7}$$

$(\alpha, \beta, \gamma \in \mathbb{C}$ はパラメータ) は，1.2 節の水素原子のエネルギー準位の計算にも出てきたように，数学や数理物理のいろいろな場面に顔を出す重要な微分方程式である．本章の残りの部分では，超幾何微分方程式の解の基本的な性質を少し詳しく論じる．

まず，超幾何微分方程式 (5.7) の大域的な構造をまとめておこう．4.4 節，例 4.3 で述べたように，(5.7) は 3 点 $z = 0, 1, \infty$ に特異点をもち，それらはすべて確定特異点である．無限遠点 $z = \infty$ も含めたリーマン球面上で考えたとき，特異点がすべて確定特異点であるような微分方程式は一般に**フックス型方程式**と呼ばれる．ガウスの超幾何微分方程式は，フックス型方程式の最も典型的な例である．この三つの確定特異点のうち，例えば $z = 0$ での (5.7) の特性指数は，例 4.3 で計算したように 0 と $1 - \gamma$ である．同様に $z = 1$ での特性指数は 0 と $\gamma - \alpha - \beta$，$z = \infty$ での特性指数は α と β である（後者については，既に例 4.3 で $z = \frac{1}{\zeta}$ という変数変換を用いて計算した）．これらの特異点とそこでの特性指数のデータをまとめて，

$$\left\{\begin{array}{ccccc} 0 & 1 & \infty & & \\ 0 & 0 & \alpha & ; & z \\ 1-\gamma & \gamma-\alpha-\beta & \beta & & \end{array}\right\}$$

という図式（**リーマン図式**と呼ばれる）で表すことがよくある．リーマン図式では，上段が確定特異点の位置，下 2 段がそれぞれの確定特異点での特性指数，そして右側は独立変数を示している．

以下では，議論を簡単にするために，確定特異点での解に対数関数が現れるような例外的な場合を避け，(5.7) のパラメータは一般的な位置にある（差やそれ自身が整数になったりはしない）ことを仮定する．このとき，例 4.3 で示したように，$z = 0$ での特性指数 0 に対応する (5.7) の解は，ガウスの**超幾何関数**

$$F(\alpha, \beta, \gamma; z) = 1 + \frac{\alpha\beta}{\gamma} z + \frac{\alpha(\alpha+1)\beta(\beta+1)}{\gamma(\gamma+1) \cdot 1 \cdot 2} z^2 + \cdots$$

$$= \sum_{n=0}^{\infty} \frac{(\alpha)_n (\beta)_n}{(\gamma)_n} \frac{z^n}{n!} \tag{5.8}$$

（ただし $(\alpha)_n = \alpha(\alpha+1) \cdots (\alpha+n-1)$）で与えられる．同様な計算により，$z = 0$ での特性指数 $1 - \gamma$ に対応する解は，

$$z^{1-\gamma} F(\alpha - \gamma + 1, \beta - \gamma + 1, 2 - \gamma; z)$$

となることも確かめられる．従って，

$$\begin{cases} \varphi_1(z) = F(\alpha, \beta, \gamma; z), \\ \varphi_2(z) = z^{1-\gamma} F(\alpha - \gamma + 1, \beta - \gamma + 1, 2 - \gamma; z) \end{cases} \tag{5.9}$$

は (5.7) の確定特異点 $z = 0$ での一つの基本解系となる．

次に，$z = 1$ での (5.7) の基本解系を求めよう．そのために，(5.7) で $\tilde{z} = 1 - z$ という変数変換を行うと，

$$\left[\tilde{z}(1 - \tilde{z}) \frac{d^2}{d\tilde{z}^2} + \left\{ (\alpha + \beta - \gamma + 1) - (\alpha + \beta + 1)\tilde{z} \right\} \frac{d}{d\tilde{z}} - \alpha\beta \right] u = 0$$

が得られる．これは，$\tilde{\alpha} = \alpha, \tilde{\beta} = \beta, \tilde{\gamma} = \alpha + \beta - \gamma + 1$ として，$(\tilde{\alpha}, \tilde{\beta}, \tilde{\gamma})$ をパラメータにもつ変数 $\tilde{z}$ に関する超幾何微分方程式である．従って，この微分方程式の $\tilde{z} = 0$（つまり $z = 1$）での解を考えることにより，元の方程式 (5.7) の確定特異点 $z = 1$ での基本解系として

$$\begin{cases} \psi_1(z) = F(\alpha, \beta, \alpha + \beta - \gamma + 1; 1 - z), \\ \psi_2(z) = (1 - z)^{\gamma - \alpha - \beta} F(\gamma - \alpha, \gamma - \beta, \gamma - \alpha - \beta + 1; 1 - z) \end{cases} \tag{5.10}$$

を得る．最後に，第4章，例 4.3 での計算を利用すれば，

$$\begin{cases} \phi_1(z) = z^{-\alpha} F\left(\alpha, \alpha - \gamma + 1, \alpha - \beta + 1; \frac{1}{z} \right), \\ \phi_2(z) = z^{-\beta} F\left(\beta, \beta - \gamma + 1, \beta - \alpha + 1; \frac{1}{z} \right) \end{cases} \tag{5.11}$$

がもう一つの確定特異点 $z = \infty$ での基本解系となることも確かめられる．

こうして，いずれも超幾何関数 $F(\alpha, \beta, \gamma; z)$ を用いて表される (5.7) の三つの確定特異点 $z = 0, 1, \infty$ での基本解系 (5.9)～(5.11) が得られた．超幾何微分方程式 (5.7) はリーマン球面から三つの特異点を除いた領域，すなわち $\mathbb{C} \setminus \{0, 1\}$

で正則だから，その上でモノドロミーが定義される．従って，(5.7) のモノド
ロミーを計算するためには，超幾何関数 $F(\alpha, \beta, \gamma; z)$ の性質を調べればよい．
次の定理は，この超幾何関数がある種の複素積分の形で表現できることを主張
する．

定理 5.1（オイラーの積分表示式）　(i)　$F(\alpha, \beta, \gamma; z)$ は次のような複素積分表
示をもつ．

$$F(\alpha, \beta, \gamma; z) = \frac{\Gamma(\gamma)}{\Gamma(\alpha)\Gamma(\gamma - \alpha)} \int_0^1 x^{\alpha-1}(1-x)^{\gamma-\alpha-1}(1-zx)^{-\beta}\, dx.$$

$$(5.12)$$

ただし，右辺に現れる $\Gamma(t)$ は，4.2 節で論じたオイラーの**ガンマ関数**である．

(ii)　$X(z, x) = x^{\alpha-1}(1-x)^{\gamma-\alpha-1}(1-zx)^{-\beta}$ とおき，p, q を $0, 1, \frac{1}{z}, \infty$
のうちのいずれかの点とする．このとき，

$$\int_p^q X(z, x)\, dx$$

はすべて超幾何微分方程式 (5.7) の解となる．

注意 5.2　積分表示式 (5.12) の右辺の積分が収束するためには，

$$\mathrm{Re}\,\alpha > 0, \quad \mathrm{Re}(\gamma - \alpha) > 0$$

といった収束条件が満たされる必要がある．積分を (4.25) に類似した複素周回積分の
形に書き直すことで収束条件が成り立たない場合も論じることは可能であるが，議論
を簡単にするため，本書ではそうした周回積分表示には立ち入らない．以下では，特
に断らない限り，パラメータ (α, β, γ) はこうした収束条件が成り立つように選ばれて
いるものと仮定する．

　超幾何関数 $F(\alpha, \beta, \gamma; z)$ は一般には指数関数や三角関数といったよく知られ
た初等関数では表されないけれども，次節で見るように，定理 5.1 の積分表示
式を利用することでその大域的な性質を調べることが可能になる．その意味で，
ある関数を積分の形に表すことは（たとえ積分が具体的には実行できないとし
ても），その関数の性質を調べる上で非常に貴重な情報をもたらしてくれる．や
はり積分というのは，解析学において実に役に立つ重要な方法である．

　以下，定理 5.1 を証明しよう．

(証明) 最初に (ii) を示す. $\partial_z = \frac{d}{dz}$, $\delta_z = z\frac{d}{dz}$ とおく.

$$\delta_z^2 = \left(z\frac{d}{dz}\right)\left(z\frac{d}{dz}\right) = z^2\frac{d^2}{dz^2} + z\frac{d}{dz}$$

に注意すれば, 超幾何微分方程式 (5.7) の左辺に現れた微分作用素 $L(z, \partial_z)$ は, ∂_z と δ_z を用いて, 次のように表されることがわかる.

$$L(z, \partial_z) = z\frac{d^2}{dz^2} - z^2\frac{d^2}{dz^2} + \gamma\frac{d}{dz} - (\alpha + \beta + 1)z\frac{d}{dz} - \alpha\beta$$

$$= \delta_z\partial_z - (\delta_z^2 - \delta_z) + \gamma\partial_z - (\alpha + \beta + 1)\delta_z - \alpha\beta$$

$$= (\delta_z + \gamma)\partial_z - (\delta_z + \alpha)(\delta_z + \beta).$$

この $L(z, \partial_z)$ の表示を用いて, $L(z, \partial_z)\{\int X(z, x)\, dx\}$ を計算しよう.

まず, $u(x) = x^{\alpha-1}(1-x)^{\gamma-\alpha-1}$ とし, $X(z, x) = u(x)(1-zx)^{-\beta}$ と書くことにすれば, (適切な収束条件の下では微分と積分の順序交換ができるので) 次式が成り立つ.

$$\partial_z \int u(x)(1-zx)^{-\beta}\, dx = \beta \int xu(x)(1-zx)^{-\beta-1}\, dx,$$

$$(\delta_z + \gamma)\partial_z \int u(x)(1-zx)^{-\beta}\, dx$$

$$= \beta \int xu(x)\delta_z(1-zx)^{-\beta-1}\, dx + \beta\gamma \int xu(x)(1-zx)^{-\beta-1}\, dx. \quad (5.13)$$

ここで, $f(zx)$ という形をした 2 変数関数の場合 (つまり, 積 zx の関数になっている場合) には,

$$\delta_z f(zx) = z\{f'(zx)x\} = zxf'(zx), \quad \delta_x f(zx) = x\{f'(zx)z\} = zxf'(zx)$$

となるので, $\delta_z f(zx) = \delta_x f(zx)$ が成り立つ. 従って, (5.13) の右辺は

$$\beta \int xu(x)\delta_x(1-zx)^{-\beta-1}\, dx + \beta\gamma \int xu(x)(1-zx)^{-\beta-1}\, dx \quad (5.14)$$

と書ける. この式の第 1 項に部分積分を用いれば, (5.14) は,

$$-\beta \int \partial_x\{x^2 u(x)\}(1-zx)^{-\beta-1}\, dx + \beta\gamma \int xu(x)(1-zx)^{-\beta-1}\, dx$$

$$= -\beta \int x^2\partial_x u(1-zx)^{-\beta-1}\, dx + \beta(\gamma - 2)\int xu(x)(1-zx)^{-\beta-1}\, dx$$

$$(5.15)$$

に等しい．次に，

$$(\delta_z + \beta) \int u(x)(1 - zx)^{-\beta} \, dx = \int u(x)(\delta_z + \beta)(1 - zx)^{-\beta} \, dx$$

$$= \beta \int u(x)(1 - zx)^{-\beta-1} \, dx.$$

この式にもう一度 $(\delta_z + \alpha)$ を作用させると，

$$(\delta_z + \alpha)(\delta_z + \beta) \int u(x)(1 - zx)^{-\beta} \, dx$$

$$= \beta \int u(x)(\delta_z + \alpha)(1 - zx)^{-\beta-1} \, dx$$

$$= \beta \int u(x)(\delta_x + \alpha)(1 - zx)^{-\beta-1} \, dx$$

$$= -\beta \int \partial_x\{xu(x)\}(1 - zx)^{-\beta-1} \, dx + \alpha\beta \int u(x)(1 - zx)^{-\beta-1} \, dx$$

$$= -\beta \int x\partial_x u(1 - zx)^{-\beta-1} \, dx + \beta(\alpha - 1) \int u(x)(1 - zx)^{-\beta-1} \, dx.$$

$$(5.16)$$

従って，(5.15) と (5.16) を合わせて次式を得る．

$$L(z, \partial_z) \int X(z, x) \, dx$$

$$= \beta \int \Big[-x^2\partial_x u + x\partial_x u + \{(\gamma - 2)x + 1 - \alpha\}u \Big](1 - zx)^{-\beta-1} \, dx.$$

$$(5.17)$$

さらに，上式の被積分関数のうち，[ ] で括られた部分は

$$(x - x^2)\left\{ \partial_x u + \frac{(\gamma - 2)x + 1 - \alpha}{x(1 - x)} u \right\}$$

$$= (x - x^2)\left\{ \partial_x u + \left(\frac{\gamma - \alpha - 1}{1 - x} - \frac{\alpha - 1}{x} \right) u \right\}$$

と変形される．ここで $u(x) = x^{\alpha-1}(1 - x)^{\gamma-\alpha-1}$ であったことを思い出すと，この式が 0 であることがわかる．よって，次式が成立する．

$$L(z, \partial_z) \int X(z, x) \, dx = 0.$$

注意 5.3 この (ii) の証明では部分積分を用いている．部分積分を用いる際には積分端点を代入した項が現れるが，注意 5.2 でも述べたように，適切な収束条件をパラメータに課すことにより，ここではこうした積分端点を代入した項は現れないと仮定している．さらに，p や q が $\frac{1}{z}$ のときは，微分する際に

$$\partial_z \int^{\frac{1}{z}} X(z,x)\,dx = X(z,x)\Big|_{x=\frac{1}{z}}\left(-\frac{1}{z^2}\right) + \int^{\frac{1}{z}} \partial_z X(z,x)\,dx$$

といった余分の項が現れることにも注意．今の場合，$\mathrm{Re}\,\beta$ に適切な収束条件を課すことによって，こうした余分の項も 0 であると仮定している．

次に (i) を示す．超幾何級数が収束するような z の範囲，つまり $|z| < 1$ で (i) を示せば十分である．そのために，

$$f(z) = \int_0^1 x^{\alpha-1}(1-x)^{\gamma-\alpha-1}(1-zx)^{-\beta}\,dx$$

の $z = 0$ でのテイラー展開を考える．（一般）二項展開

$$(1-zx)^{-\beta} = 1 + (-\beta)(-zx) + \frac{(-\beta)(-\beta-1)}{2!}(-zx)^2 + \cdots$$

$$= \sum_{n=0}^{\infty} \frac{(\beta)_n}{n!}(zx)^n$$

を上式の右辺に代入すれば，$|z| < 1$ より二項展開は $|x| \leq 1$ で絶対一様収束するので積分と無限和の順序が交換できて，

$$f(z) = \int_0^1 x^{\alpha-1}(1-x)^{\gamma-\alpha-1}\sum_n \frac{(\beta)_n}{n!}(zx)^n\,dx$$

$$= \sum_{n=0}^{\infty} \frac{(\beta)_n}{n!}\int_0^1 x^{\alpha+n-1}(1-x)^{\gamma-\alpha-1}\,dx \cdot z^n$$

が得られる．ここで，オイラーのベータ関数 $B(p,q)$ の定義と，ベータ関数とガンマ関数の間に成り立つ有名な関係式を思い出そう．

補題 5.1 $\mathrm{Re}\,p > 0, \mathrm{Re}\,q > 0$ を満たす複素定数 $p, q \in \mathbb{C}$ に対して，

$$B(p,q) = \int_0^1 x^{p-1}(1-x)^{q-1}\,dx$$

とおくとき，次式が成り立つ．

$$B(p,q) = \frac{\Gamma(p)\Gamma(q)}{\Gamma(p+q)}. \tag{5.18}$$

(5.18) の証明は章末の演習問題として，この補題 5.1 を用いることにより，

$$f(z) = \sum_n \frac{(\beta)_n}{n!} \frac{\Gamma(\alpha+n)\Gamma(\gamma-\alpha)}{\Gamma(\gamma+n)} z^n$$

$$= \frac{\Gamma(\gamma-\alpha)\Gamma(\alpha)}{\Gamma(\gamma)} \sum_n \frac{(\beta)_n}{n!} \frac{\Gamma(\alpha+n)}{\Gamma(\alpha)} \frac{\Gamma(\gamma)}{\Gamma(\gamma+n)} z^n$$

$$= \frac{\Gamma(\gamma-\alpha)\Gamma(\alpha)}{\Gamma(\gamma)} \sum_n \frac{(\beta)_n}{n!} \frac{(\alpha)_n}{(\gamma)_n} z^n$$

$$= \frac{\Gamma(\gamma-\alpha)\Gamma(\alpha)}{\Gamma(\gamma)} F(\alpha,\beta,\gamma;z).$$

よって定理 5.1 は証明された. □

定理 5.1 により，$p=0$, $q=1$, つまり積分路として区間 $[0,1]$ を取ったとき，オイラーの積分表示式は超幾何関数（の定数倍）を与える. では，区間 $[0,1]$ 以外の他の積分路を選んだ場合，オイラーの積分表示式として (5.7) のどのような解が現れるだろうか？　例えば（被積分関数の特異点の位置関係をはっきりさせるために）z は $\frac{1}{2}$ に近く，かつ $\mathrm{Im}\, z > 0$ であるとして，

$$\int_0^{-\infty} X(z,x)\, dx \quad \text{（ただし，積分路は負の実軸）} \tag{5.19}$$

を考えよう.

$$1 - z = w$$

とおくと，

$$1 - zx = 1 - (1-w)x$$
$$= 1 - x + wx$$
$$= (1-x)\left(1 - \frac{x}{x-1}w\right)$$

と式変形できる. 従って，

$$\int_0^{-\infty} X(z,x)\, dx = \int_0^{-\infty} x^{\alpha-1}(1-x)^{\gamma-\alpha-1}(1-x)^{-\beta}\left(1 - \frac{x}{x-1}w\right)^{-\beta} dx.$$

ここで，積分変数の変換

$$y = \frac{x}{x-1}$$

を行う．$x = 0, -\infty$ はそれぞれ $y = 0, 1$ に対応し，

$$x = \frac{y}{y-1},$$

$$1 - x = \frac{1}{1-y},$$

$$dx = -\frac{1}{(1-y)^2}\,dy$$

であるので，上の積分は次のように書き直せる．

$$\int_0^1 \left(\frac{y}{y-1}\right)^{\alpha-1} \left(\frac{1}{1-y}\right)^{\gamma-\alpha-\beta-1} (1-wy)^{-\beta} \left\{-\frac{1}{(1-y)^2}\right\}\,dy.$$

この積分は

$$\int_0^1 y^{\alpha-1}(1-y)^{\beta-\gamma}(1-wy)^{-\beta}\,dy$$

の定数倍に等しい．よって，定理 5.1, (i) により，C_1 を定数として

$$\int_0^{-\infty} X(z,x)\,dx = C_1\,F(\alpha,\beta,\alpha+\beta-\gamma+1;1-z) \tag{5.20}$$

が成り立つ．すなわち，積分 (5.19) は，微分方程式 (5.7) の $z = 1$ における基本解系の一つである $\psi_1(z)$（の定数倍）である．

同様にして，

$$\int_1^{\frac{1}{z}} X(z,x)\,dx = C_2\,(1-z)^{\gamma-\alpha-\beta} F(\gamma-\alpha,\gamma-\beta,\gamma-\alpha-\beta+1;1-z),$$

$$\tag{5.21}$$

$$\int_{\frac{1}{z}}^{\infty} X(z,x)\,dx = C_3\,z^{1-\gamma} F(\alpha-\gamma+1,\beta-\gamma+1,2-\gamma;z) \tag{5.22}$$

（C_2, C_3 は定数）が成立することも確かめられる．（章末の演習問題を参照．）

注意 **5.4** (5.20), (5.21), (5.22) に現れた定数 C_1, C_2, C_3 を具体的に求めるには，多価関数であるオイラー積分表示式の被積分関数 $X(z,x)$ の分枝を決める必要がある．これについては，次節でより詳しく論じる．

5.3　超幾何微分方程式のモノドロミーと接続問題

　定理 5.1 で示したオイラーの積分表示式は非常に強力で，これを用いれば超
幾何微分方程式の解の大域的性質をいろいろと調べることができる．本節では，
高野[5]の議論に倣い，この積分表示式を利用して超幾何微分方程式 (5.7) のモ
ノドロミーを計算する．

　前節で見たように，超幾何微分方程式は $z = 0, 1, \infty$ の 3 点に確定特異点を
もち，リーマン球面からそれらを除いた領域 $\Omega = \mathbb{C} \setminus \{0, 1\}$ で正則である．こ
の領域から基点 z_0 とそのまわりでの (5.7) の基本解系 (u_1, u_2) を一つ取って
固定する（図 5.2 参照）．このとき，z_0 を始点とする Ω 内の閉曲線 C に沿う
(u_1, u_2) の解析接続

$$(u_1, u_2) \xrightarrow[\text{AC along } C]{} (u_1, u_2) A_C$$

を考えることにより，モノドロミー行列 A_C が定義される．このモノドロミー
行列 A_C を具体的に計算することが問題である．

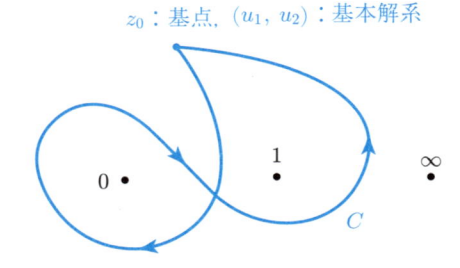

図 **5.2**　超幾何微分方程式 (5.7) のモノドロミー

　モノドロミー行列の計算を始める前に，いくつか必要な準備をする．

1°)　基点 z_0 は $\frac{1}{2}$ に近く，かつ $\operatorname{Im} z_0 > 0$ となるように選んでおく．また，z_0 を
始点とし，各特異点のまわりを一周して z_0 に戻る閉曲線 C_0, C_1, C_∞ を図 5.3
のように選ぶ．すると，C_0, C_1, C_∞ をこの順につないだ閉曲線 $C_\infty \cdot C_1 \cdot C_0$ の
外側には（リーマン球面上で考えて）一つも特異点が存在しないので，$C_\infty \cdot C_1 \cdot C_0$
は z_0 を基点とする自明な閉曲線（ずっと z_0 に留まる閉曲線，記号では 1 と表
す）に連続的に変形できる．つまり，$C_\infty \cdot C_1 \cdot C_0 = 1$ が成り立つ．従って

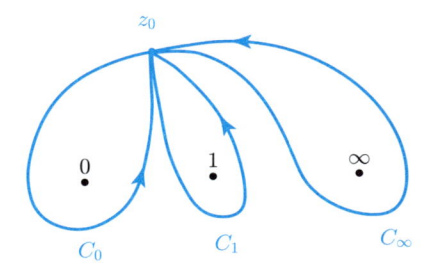

図 5.3　特異点のまわりを一周する閉曲線 C_0, C_1, C_∞

$$C_\infty = C_0^{-1} \cdot C_1^{-1}$$

である．言い換えれば，z_0 を基点とする Ω の閉曲線の全体（基本群 $\pi_1(\Omega, z_0)$）は C_0 と C_1 で生成される．よって，モノドロミー行列としては A_{C_0} と A_{C_1} のみ計算できれば十分である．

$2°$)　次に，z_0 のまわりの一次独立な解の組 (u_1, u_2) としては，次を採用する．ここで $X(z, x)$ は定理 5.1 で定めたものとする．

$$u_1 = \int_0^1 X(z, x) \, dx,$$
$$u_2 = \int_1^{\frac{1}{z}} X(z, x) \, dx.$$

（図 5.4 参照．前節の最後で述べたことを踏まえれば，超幾何関数 $F(\alpha, \beta, \gamma; z)$ と $z = 1$ での基本解系の一つである $(1-z)^{\gamma-\alpha-\beta} F(\gamma-\alpha, \gamma-\beta, \gamma-\alpha-\beta+1; 1-z)$ を一次独立な解の組として採用することと同等である．）

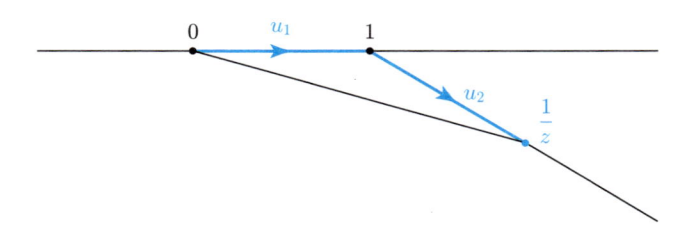

図 5.4　基点のまわりの基本解系を定義する積分路

3°) 注意 5.4 でも述べたが, $X(z,x)$ は多価関数なので, その分枝を決めておく必要がある. まず, z は z_0 の近くにあるもの (従って $\mathrm{Im}\, z > 0$) とする. 次に, ($X(z,x)$ の分枝を定めるために) $X(z,x)$ の各特異点 $0, 1, \frac{1}{z}$ から図 5.5 のようにカット Π_0, Π_1, Π_2 を無限遠点に向けて入れる. そして, $D = \mathbb{C} \backslash (\Pi_0 \cup \Pi_1 \cup \Pi_2)$ で一価になるように $X(z,x)$ の分枝を定める. 具体的には, $0 < x < 1, \mathrm{Im}\, z > 0$ のとき,

$$\arg x = 0, \quad \arg(1-x) = 0, \quad -\pi < \arg(1-zx) < 0$$

となるように $X(z,x)$ の分枝を決める. こうして分枝を定めた $X(z,x)$ を以下では $X_0(z,x)$ と書く.

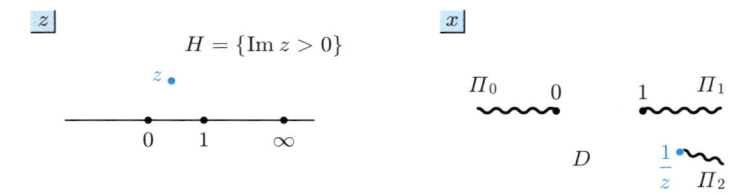

図 **5.5** z が動く範囲と $X(z,x)$ の分枝を定めるためのカット

注意 5.5 このように $X_0(z,x)$ の分枝を定めると, 例えば z を固定したまま x をカット Π_0 の上側から下側に動かしたとき,

- $\arg(1-x)$：ほぼ変化なし
- $\arg(1-zx) = \arg z + \arg(\frac{1}{z} - x)$：ほぼ変化なし
- $\arg x$：分枝が変わってほぼ 2π 増加

となるので, $X_0(z,x)$ は $e^{2\pi i(\alpha-1)} X_0(z,x)$ に変化する. 同様に, z を固定したまま x をカット Π_2 の下側から上側に動かしたときは,

- $\arg x, \arg(1-x)$：ほぼ変化なし
- $\arg(1-zx) = \arg z + \arg(\frac{1}{z} - x)$：ほぼ 2π 増加

となるので, $X_0(z,x)$ は $e^{-2\pi i\beta} X_0(z,x)$ に変化する. 以下では, 分枝がどのように変化するかというこの種の計算を頻繁に用いる.

以上の準備の下に, オイラーの積分表示式を用いてモノドロミー行列 A_{C_0}, A_{C_1} を計算しよう.

(I) C_0 に沿う解析接続

(I-a) u_1 の C_0 に沿う解析接続

まず最初に，u_1 の C_0 に沿う解析接続を計算する．z が C_0 に沿って $z = 0$ のまわりを一周すると，図 **5.6** のように $X(z, x)$ の特異点 $\frac{1}{z}$ が原点のまわりを時計まわりに一周する．一方，u_1 の積分路は 0 と 1 を結ぶ線分なので，z が C_0 に沿って動いても変化しない．しかも，$X_0(z, x)$ の分枝は，$\arg x$ と $\arg(1 - x)$ が変化せず，また

$$\arg(1 - zx) = \arg z + \arg\left(\frac{1}{z} - x\right)$$

も，$\arg z$ が 2π 増加する一方で $\arg(\frac{1}{z} - x)$ は 2π 減少し，差し引きでは変化しない．従って，積分路も被積分関数の分枝も変化しないので，結局 u_1 自身も変化しない．

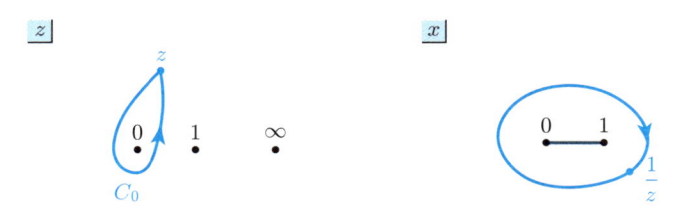

図 **5.6** z が C_0 上を動くときの $\frac{1}{z}$ および u_1 の積分路の変化

(I-b) u_2 の C_0 に沿う解析接続

次に u_2 の場合は，積分路が 1 と $\frac{1}{z}$ を結ぶ線分なので，$\frac{1}{z}$ が原点のまわりを一周するにつれて積分路も変形される．ただ，その変形の際に特異点を素通りする訳にはいかないため，$\frac{1}{z}$ が一周した後の積分路は（コーシーの積分定理に基づいて積分路を変形すれば）図 **5.7** のようになる．つまり，一周した後の積分路は，図 **5.7** に示されているように $\gamma_{1,0}, \gamma_{0,1}, \gamma_{1,\frac{1}{z}}$ という三つの部分からなる．

ここで，変形された積分路の各部分 $\gamma_{1,0}, \gamma_{0,1}, \gamma_{1,\frac{1}{z}}$ 上で被積分関数 $X(z, x)$ の分枝がどうなっているかを調べよう．まず $\gamma_{1,0}$ 上では，上で説明した (I-a) と同様にして，$X(z, x)$ の分枝は不変で $X_0(z, x)$ に等しいことがわかる．従って，

$$\int_{\gamma_{1,0}} X(z, x)\, dx = -\int_0^1 X_0(z, x)\, dx = -u_1.$$

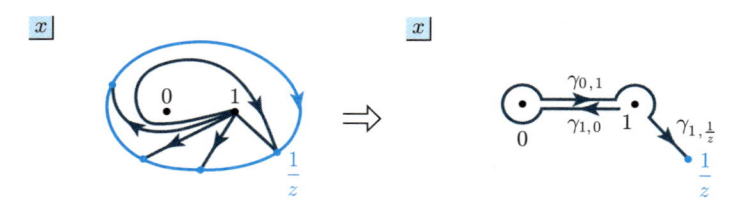

図 **5.7** z が C_0 上を動くときの u_2 の積分路の変化

次に，$\gamma_{0,1}$ 上での $X(z,x)$ の分枝は，$x=0$ を時計まわりに一周する際に $\arg x$ が 2π 減少するので，$X_0(z,x)$ から

$$e^{-2\pi i(\alpha-1)}X_0(z,x) = e^{-2\pi i\alpha}X_0(z,x)$$

に変化する．従って，

$$\int_{\gamma_{0,1}} X(z,x)\,dx = e^{-2\pi i\alpha}\int_0^1 X_0(z,x)\,dx = e^{-2\pi i\alpha}u_1.$$

最後に，$\gamma_{1,\frac{1}{z}}$ 上での $X(z,x)$ の分枝は，上記に加えてさらに $x=1$ をまわる際に $\arg(1-x)$ が 2π 減少するので，

$$e^{-2\pi i(\gamma-\alpha-1)}e^{-2\pi i\alpha}X_0(z,x) = e^{-2\pi i\gamma}X_0(z,x)$$

となる．従って，

$$\int_{\gamma_{1,\frac{1}{z}}} X(z,x)\,dx = e^{-2\pi i\gamma}\int_1^{\frac{1}{z}} X_0(z,x)\,dx = e^{-2\pi i\gamma}u_2.$$

以上より，z が C_0 に沿って $z=0$ のまわりを一周した結果，u_2 は次に変化する．

$$(-1+e^{-2\pi i\alpha})u_1 + e^{-2\pi i\gamma}u_2.$$

(I-a) と (I-b) をまとめると，C_0 に沿う解析接続の結果は次のように表される．

$$(u_1, u_2) \xrightarrow[\text{AC along } C_0]{} (u_1, (-1+e^{-2\pi i\alpha})u_1 + e^{-2\pi i\gamma}u_2)$$

$$= (u_1, u_2)\begin{pmatrix} 1 & -1+e^{-2\pi i\alpha} \\ 0 & e^{-2\pi i\gamma} \end{pmatrix}. \qquad (5.23)$$

(II) C_1 に沿う解析接続

(II-a) u_1 の C_1 に沿う解析接続

今度は，z を C_1 に沿って動かす．すると，図 5.8 のように特異点 $\frac{1}{z}$ が $x = 1$ のまわりを反時計まわりに一周する．このとき，u_1 がどう変化するかを調べよう．

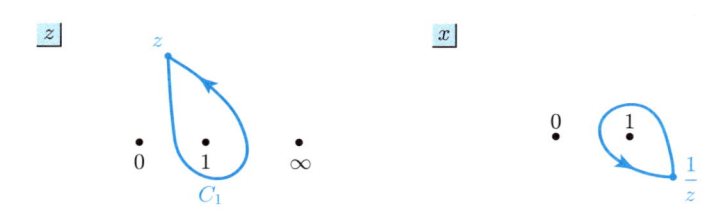

図 5.8 z が C_1 上を動くときの $\frac{1}{z}$ の変化

u_1 の積分路は 0 と 1 を結ぶ線分なので，図 5.8 の $\frac{1}{z}$ の動きにつれて，u_1 の積分路は図 5.9 の左図のように変形される．その結果，最終的な積分路は図 5.9 の右図のようになる．つまり，z が C_1 に沿って動いた後の u_1 の積分路は，$\gamma_{0,1}, \gamma_{1,\frac{1}{z}}, \gamma_{\frac{1}{z},1}$ という三つの部分からなる．

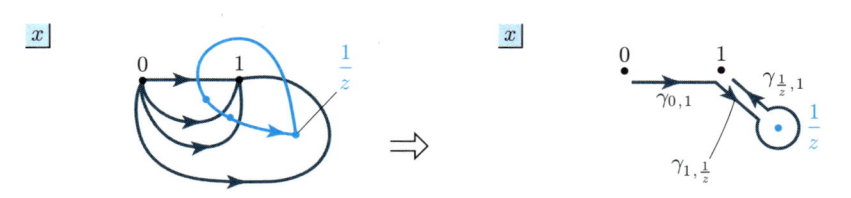

図 5.9 z が C_1 上を動くときの u_1 の積分路の変化

ここで，まず積分路の始点 $x = 0$ の近くでの $X(z,x)$ の分枝を考えると，明らかに $\arg x$ と $\arg(1-x)$ は不変であり，さらに $\arg(1-zx) = \arg z + \arg(\frac{1}{z} - x)$ も不変であることがわかる．これより，$\gamma_{0,1}$ 上での $X(z,x)$ の分枝は不変となるから，

$$\int_{\gamma_{0,1}} X(z,x)\,dx = \int_0^1 X_0(z,x)\,dx = u_1.$$

また，$\gamma_{1,\frac{1}{z}}$ 上での $X(z,x)$ の分枝も不変であるから，

$$\int_{\gamma_{1,\frac{1}{z}}} X(z,x)\,dx = \int_{1}^{\frac{1}{z}} X_0(z,x)\,dx = u_2.$$

最後に，$\gamma_{\frac{1}{z},1}$ 上での $X(z,x)$ の分枝は，$\arg(1-zx) = \arg z + \arg(\frac{1}{z}-x)$ が 2π 増加するので，$e^{-2\pi i\beta}X_0(z,x)$ となる．従って，

$$\int_{\gamma_{\frac{1}{z},1}} X(z,x)\,dx = e^{-2\pi i\beta}\int_{\frac{1}{z}}^{1} X_0(z,x)\,dx = -e^{-2\pi i\beta}u_2.$$

以上より，z が C_1 に沿って動くとき，u_1 は次に変化する．

$$u_1 + u_2 - e^{-2\pi i\beta}u_2 = u_1 + \left(1 - e^{-2\pi i\beta}\right)u_2.$$

(II-b)　u_2 の C_1 に沿う解析接続

z を C_1 に沿って動かすとき，u_2 の積分路（1 と $\frac{1}{z}$ を結ぶ線分）は図 5.10 の左図のように変形され，最終的には図 5.10 の右図のようになる．つまり，結果として u_2 の積分路は元のままである．

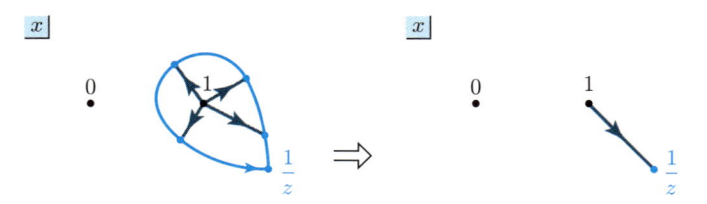

図 5.10　z が C_1 上を動くときの u_2 の積分路の変化

積分路の始点 $x=1$ の近くでの $X(z,x)$ の分枝を調べよう．まず，$\arg x$ は不変である．それに対して，$\arg(1-x)$ は 2π 増加する．さらに，$\arg z$ は不変，$\arg(\frac{1}{z}-x)$ は 2π 増加するので，$\arg(1-zx) = \arg z + \arg(\frac{1}{z}-x)$ も 2π 増加する．これより，u_2 の積分路上での $X(z,x)$ の分枝は，

$$e^{2\pi i(\gamma-\alpha-1)}e^{-2\pi i\beta}X_0(z,x) = e^{2\pi i(\gamma-\alpha-\beta)}X_0(z,x)$$

となる．

従って，z が C_1 に沿って動くとき，u_2 は次に変化する．

$$e^{2\pi i(\gamma-\alpha-\beta)}u_2.$$

(II-a) と (II-b) の結果は，次のようにまとめられる.

$$(u_1, u_2) \xrightarrow[\text{AC along } C_1]{} (u_1 + (1 - e^{-2\pi i\beta})u_2, e^{2\pi i(\gamma-\alpha-\beta)}u_2)$$

$$= (u_1, u_2) \begin{pmatrix} 1 & 0 \\ 1 - e^{-2\pi i\beta} & e^{2\pi i(\gamma-\alpha-\beta)} \end{pmatrix}.$$

$$(5.24)$$

(5.23) と (5.24) より，モノドロミー行列 A_{C_0} と A_{C_1} は次式であることが結論される.

$$A_{C_0} = \begin{pmatrix} 1 & -1 + e^{-2\pi i\alpha} \\ 0 & e^{-2\pi i\gamma} \end{pmatrix}, \tag{5.25}$$

$$A_{C_1} = \begin{pmatrix} 1 & 0 \\ 1 - e^{-2\pi i\beta} & e^{2\pi i(\gamma-\alpha-\beta)} \end{pmatrix}. \tag{5.26}$$

オイラーの積分表示式を利用すれば，こうしてモノドロミー行列を具体的に計算することができる．なお，モノドロミー行列を計算するには，他にもいろいろな方法がある．ここでは，モノドロミー行列を計算するもう一つの典型的な方法として，二つの特異点間のいわゆる接続問題を解くという方法も紹介しておこう.

前節では，(5.9) で与えられる確定特異点 $z = 0$ における基本解系 $(\varphi_1(z), \varphi_2(z))$ を考察した．この基本解系 $(\varphi_1(z), \varphi_2(z))$ は，いずれも $z = 0$ におけるべき関数と正則関数の積の形をしているので，その C_0 に沿う解析接続を計算するのは易しい．一方，(5.10) で与えられる $z = 1$ における基本解系 $(\psi_1(z), \psi_2(z))$ については，C_1 に沿う解析接続が簡単に計算できる．そこで，もし二つの基本解系 $(\varphi_1(z), \varphi_2(z))$ と $(\psi_1(z), \psi_2(z))$ の間に成り立つ線形関係式を具体的に求めることができれば，C_0 と C_1 の両方について解析接続が簡単に計算できることになる．$((\varphi_1(z), \varphi_2(z))$ と $(\psi_1(z), \psi_2(z))$ はともに一次独立な解の組なので，その間に線形関係式が存在することは線形代数の議論より明らかなことに注意.）こうした一つの微分方程式の（例えば，異なる特異点における）二つの基本解系の間に成り立つ線形関係式を求める問題を，一般に**接続問題**という．以下では，$z = 0$ における $(\varphi_1(z), \varphi_2(z))$ と $z = 1$ における $(\psi_1(z), \psi_2(z))$ の間の接続問題を考えよう.

次の定理が成り立つ.

定理 5.2　超幾何微分方程式 (5.7) の二つの確定特異点 $z = 0$ と $z = 1$ での基本解系として (5.9) と (5.10) を考える．すなわち,

$$\begin{cases} \varphi_1(z) = F(\alpha, \beta, \gamma; z), \\ \varphi_2(z) = z^{1-\gamma} F(\alpha - \gamma + 1, \beta - \gamma + 1, 2 - \gamma; z), \end{cases} \tag{5.9}$$

$$\begin{cases} \psi_1(z) = F(\alpha, \beta, \alpha + \beta - \gamma + 1; 1 - z), \\ \psi_2(z) = (1 - z)^{\gamma - \alpha - \beta} F(\gamma - \alpha, \gamma - \beta, \gamma - \alpha - \beta + 1; 1 - z). \end{cases} \tag{5.10}$$

この二つの基本解系の間の線形関係式を

$$\varphi_1(z) = p\psi_1(z) + q\psi_2(z), \tag{5.27}$$

$$\varphi_2(z) = r\psi_1(z) + s\psi_2(z) \tag{5.28}$$

とする．このとき，この線形関係式の係数 p, q, r, s は次で与えられる.

$$\begin{aligned} p &= \frac{\Gamma(\gamma)\Gamma(\gamma - \alpha - \beta)}{\Gamma(\gamma - \alpha)\Gamma(\gamma - \beta)}, \\ q &= \frac{\Gamma(\gamma)\Gamma(\alpha + \beta - \gamma)}{\Gamma(\alpha)\Gamma(\beta)}, \\ r &= \frac{\Gamma(2 - \gamma)\Gamma(\gamma - \alpha - \beta)}{\Gamma(1 - \alpha)\Gamma(1 - \beta)}, \\ s &= \frac{\Gamma(2 - \gamma)\Gamma(\alpha + \beta - \gamma)}{\Gamma(\alpha - \gamma + 1)\Gamma(\beta - \gamma + 1)}. \end{aligned} \tag{5.29}$$

つまり，この定理 5.2 が，$z = 0$ における $(\varphi_1(z), \varphi_2(z))$ と $z = 1$ における $(\psi_1(z), \psi_2(z))$ の間の接続問題に対する解答を与えている訳である.

(5.29) の p, q, r, s を用いて定数行列 M を

$$M = \begin{pmatrix} p & r \\ q & s \end{pmatrix}$$

とおくと,

$$(\varphi_1(z), \varphi_2(z)) = (\psi_1(z), \psi_2(z))M$$

が成り立つ．従って，上で述べたことから，(φ_1, φ_2) を基本解系として採用した場合の C_0 と C_1 に沿う解析接続は,

$$(\varphi_1, \varphi_2) \xrightarrow[\text{AC along } C_0]{} (\varphi_1, \varphi_2) \begin{pmatrix} 1 & 0 \\ 0 & e^{2\pi i(1-\gamma)} \end{pmatrix},$$

$$(\varphi_1, \varphi_2) = (\psi_1, \psi_2)\, M$$

$$\xrightarrow[\text{AC along } C_1]{} (\psi_1, \psi_2) \begin{pmatrix} 1 & 0 \\ 0 & e^{2\pi i(\gamma-\alpha-\beta)} \end{pmatrix} M$$

$$= (\varphi_1, \varphi_2)\, M^{-1} \begin{pmatrix} 1 & 0 \\ 0 & e^{2\pi i(\gamma-\alpha-\beta)} \end{pmatrix} M$$

となる. すなわち, (φ_1, φ_2) を基本解系として採用した場合のモノドロミー行列 A_{C_0} と A_{C_1} は, それぞれ

$$\begin{pmatrix} 1 & 0 \\ 0 & e^{2\pi i(1-\gamma)} \end{pmatrix}, \quad M^{-1} \begin{pmatrix} 1 & 0 \\ 0 & e^{2\pi i(\gamma-\alpha-\beta)} \end{pmatrix} M$$

である. こうして, 接続問題の解である定理 5.2 を用いるという方法でもモノドロミー行列が求まった.

定理 5.2 の証明 接続問題を解く方法もいくつか知られており, 例えば高野[5]では超幾何級数に複素解析的な方法（アーベルの定理）を用いることにより公式 (5.29) を証明している. ここでは, オイラーの積分表示式とコーシーの積分定理を利用して定理 5.2 を証明する.

オイラーの積分表示式を用いて定理 5.2 を証明するために, まず関係式 (5.20), (5.21), (5.22) の定数 C_1, C_2, C_3 を決定しよう. 最初に (5.21) を考える. 分枝を定めるため, z は $\frac{1}{2}$ に近く, かつ $\operatorname{Im} z > 0$ と仮定する. 章末の演習問題（演習 4）にあるように, (5.21) を示す際には,

$$1 - z = w$$

とおいた上で積分変数の変換

$$y = \frac{x-1}{xw} = \frac{x-1}{x}\frac{1}{1-z} \tag{5.30}$$

を用いる. この変数変換 (5.30) によって, $x = 1$ と $x = \frac{1}{z}$ を結ぶ積分路は $y = 0$ と $y = 1$ を結ぶ積分路にうつされる.（ただし, $x = 1$ と $x = \frac{1}{z}$ を結ぶ線分が $y = 0$ と $y = 1$ を結ぶ線分にうつる訳ではない. ここでは適切に積分路を変形することで, 新しい変数 y に関する積分路は区間 $[0,1]$ であるとしてお

く.）また，

$$x = \frac{1}{1 - wy}, \quad 1 - x = -\frac{wy}{1 - wy}, \quad 1 - zx = \frac{w(1 - y)}{1 - wy} \tag{5.31}$$

および

$$dx = \frac{w}{(1 - wy)^2} \, dy$$

である．ここで，上記の z に対する仮定から $w \sim \frac{1}{2}, \arg w < 0$ であり，さらに x が積分路上で始点の $x = 1$ の十分近くにあるとすると，

$$\arg x < 0, \quad 0 < \arg(1 - x) < \pi, \quad \arg(1 - zx) < 0$$

および

$$\arg y = \arg(1 - y) = 0, \quad \arg(1 - wy) > 0$$

が成り立つ．これより，(5.31) の第 2 式は，より正確には

$$1 - x = e^{\pi i} \frac{wy}{1 - wy}$$

であることがわかる．以上を用いて，$X(z, x)$ の分枝を $X_0(z, x)$ により定めた上で積分 $\int_1^{\frac{1}{z}} X_0(z, x) \, dx$ を書き直すと，

$$\int_1^{\frac{1}{z}} X_0(z, x) \, dx$$
$$= \int_0^1 \left(\frac{1}{1 - wy} \right)^{\alpha - 1} \left(e^{\pi i} \frac{wy}{1 - wy} \right)^{\gamma - \alpha - 1} \left\{ \frac{w(1 - y)}{1 - wy} \right\}^{-\beta} \frac{w}{(1 - wy)^2} \, dy$$
$$= e^{\pi i (\gamma - \alpha - 1)} w^{\gamma - \alpha - \beta} \int_0^1 y^{\gamma - \alpha - 1} (1 - y)^{-\beta} (1 - wy)^{-\gamma + \beta} \, dy. \tag{5.32}$$

この最右辺の積分は $F(\gamma - \alpha, \gamma - \beta, \gamma - \alpha - \beta + 1; w)$ の定数倍であるが，定数は定理 5.1, (i) により求まる．その結果，次式が得られる．

$$\int_1^{\frac{1}{z}} X_0(z, x) \, dx$$
$$= e^{\pi i (\gamma - \alpha - 1)} \frac{\Gamma(\gamma - \alpha) \Gamma(1 - \beta)}{\Gamma(\gamma - \alpha - \beta + 1)}$$
$$\times (1 - z)^{\gamma - \alpha - \beta} F(\gamma - \alpha, \gamma - \beta, \gamma - \alpha - \beta + 1; 1 - z). \tag{5.33}$$

残った (5.20), (5.22) についても同様に考えれば良い．ただし，(5.20), (5.22) の

場合は，$X_0(z,x)$ の分枝を定める際に入れたカット Π_0, Π_2 と積分路が重なることに注意する必要がある．ここでは，(5.20) については積分路をカット Π_0 の上側，(5.22) については積分路をカット Π_2 の右側に取ることにすれば，上と同様な考察（注意 5.5 も参照）によって次式を得る．

$$\int_{0,(\text{上})}^{-\infty} X_0(z,x)\,dx = e^{\pi i \alpha}\,\frac{\Gamma(\alpha)\Gamma(\beta-\gamma+1)}{\Gamma(\alpha+\beta-\gamma+1)}\,F(\alpha,\beta,\alpha+\beta-\gamma+1;1-z),$$

$$\tag{5.34}$$

$$\int_{\frac{1}{z},(\text{右})}^{\infty} X_0(z,x)\,dx = e^{\pi i (\gamma-\alpha+\beta-1)}\,\frac{\Gamma(\beta-\gamma+1)\Gamma(1-\beta)}{\Gamma(2-\gamma)}$$

$$\times\, z^{1-\gamma} F(\alpha-\gamma+1,\beta-\gamma+1,2-\gamma;z). \tag{5.35}$$

（積分路をカットのどちら側に取っているかを明示するために，(5.34) と (5.35) では積分記号の下に "(上)"，"(右)" を明記した．）

関係式 (5.20)〜(5.22) の定数を具体的に求めて書き下したのが (5.33)〜(5.35) である．こうして求めた (5.33)〜(5.35) とコーシーの積分定理を利用すれば，定理 5.2 は次のようにして証明される．

まず，線形関係式 (5.27) の係数 p, q を求めよう．(5.27) は三つの解 $\varphi_1(z)$，$\psi_1(z)$，$\psi_2(z)$ の間の線形関係式であり，それぞれの解は $X_0(z,x)$ の積分区間 $[0,1], [0,-\infty], [1,\frac{1}{z}]$ に対応するオイラー積分（の定数倍）として表されている．そこで，図 5.11 に示したような閉曲線 $C = C_1 \cup C_2 \cup \cdots \cup C_6$ に対してコーシーの積分定理（定理 4.2）を適用する．（なお，コーシーの積分定理を適用するにあたって無限遠点 ∞ の位置関係をよりはっきりさせるために，図 5.11 では無限遠点 ∞ を有限の位置にあるように図示していることに注意．それに伴い，図 5.11 ではカット Π_0, Π_1, Π_2 の位置も図 5.5 からはかなり変形されている．）ここで多価関数である被積分関数 $X(z,x)$ の分枝を，点 $x=1$ の近傍の線分 C_1 上で $X_0(z,x)$ として定める．すると，($x=\infty$ の近傍に達するまではカットを横切らないので）C_2, C_3 上での分枝は同じく $X_0(z,x)$（(5.34) や (5.35) で用いたカットの上側を表す "(上)" という記法をこの場合にも援用すれば，C_3 上では，正確には $X_0(z,x)$ のカット Π_0 の下側での分枝 $X_{0,(\text{下})}(z,x)$）である．一方，C_6 上での分枝は，C_1 から辿ると $\frac{1}{z}$ からのびるカット Π_2 を横切ることになるので，$e^{-2\pi i \beta} X_0(z,x)$ となる．さらに，C_5, C_4 上での分枝は

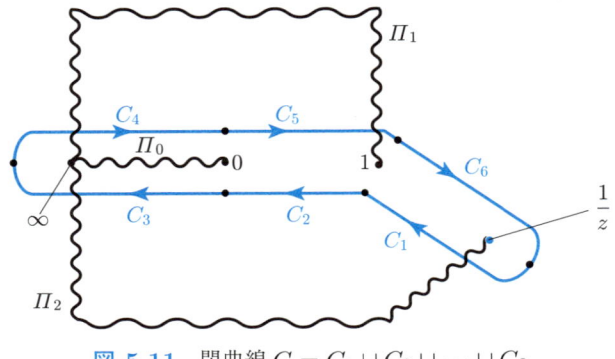

図 5.11　閉曲線 $C = C_1 \cup C_2 \cup \cdots \cup C_6$

（カット Π_1 を横切った結果として）$e^{2\pi i(\gamma-\alpha-\beta)}X_0(z,x)$（$C_4$ では，正確には $e^{2\pi i(\gamma-\alpha-\beta)}X_{0,(上)}(z,x)$）である．これを踏まえると，閉曲線 C の外側には $X(z,x)$ の特異点が全くないので，コーシーの積分定理により

$$0 = \int_C X(z,x)\,dx = \sum_{j=1}^{6} \int_{C_j} X(z,x)\,dx$$

$$= -e^{2\pi i(\gamma-\alpha-\beta)} \int_0^{-\infty} X_{0,(上)}\,dx + \int_0^{-\infty} X_{0,(下)}\,dx$$

$$+ (e^{2\pi i(\gamma-\alpha-\beta)} - 1) \int_0^1 X_0\,dx + (e^{-2\pi i\beta} - 1) \int_1^{\frac{1}{z}} X_0\,dx \quad (5.36)$$

が得られる．さらに，$X_{0,(上)}(z,x)$ と $X_{0,(下)}(z,x)$ に関しては，その間にカット Π_0 が存在するので，$X_{0,(下)}(z,x) = e^{-2\pi i\alpha}X_{0,(上)}(z,x)$ という関係式が成り立つ．これを (5.36) に代入し，(5.12), (5.33), (5.34) を用いれば，

$$0 = \{e^{-2\pi i\alpha} - e^{2\pi i(\gamma-\alpha-\beta)}\}e^{\pi i\alpha} \frac{\Gamma(\alpha)\Gamma(\beta-\gamma+1)}{\Gamma(\alpha+\beta-\gamma+1)} \psi_1$$

$$+ \{e^{2\pi i(\gamma-\alpha-\beta)} - 1\}\frac{\Gamma(\alpha)\Gamma(\gamma-\alpha)}{\Gamma(\gamma)} \varphi_1$$

$$+ (e^{-2\pi i\beta} - 1)e^{\pi i(\gamma-\alpha-1)}\frac{\Gamma(\gamma-\alpha)\Gamma(1-\beta)}{\Gamma(\gamma-\alpha-\beta+1)} \psi_2$$

を得る．すなわち，

$$\varphi_1 = \frac{e^{2\pi i(\gamma-\beta)} - 1}{e^{2\pi i(\gamma-\alpha-\beta)} - 1} e^{-\pi i\alpha} \frac{\Gamma(\gamma)\Gamma(\beta-\gamma+1)}{\Gamma(\gamma-\alpha)\Gamma(\alpha+\beta-\gamma+1)} \psi_1$$

$$+ \frac{e^{-2\pi i\beta} - 1}{e^{2\pi i(\gamma-\alpha-\beta)} - 1} e^{\pi i(\gamma-\alpha)} \frac{\Gamma(\gamma)\Gamma(1-\beta)}{\Gamma(\alpha)\Gamma(\gamma-\alpha-\beta+1)} \psi_2. \quad (5.37)$$

さて，(5.37) の右辺の $\psi_1 = \psi_1(z)$ の係数のうち，指数関数で表されている部分については，

$$\frac{e^{\pi i(\gamma-\beta)} - e^{-\pi i(\gamma-\beta)}}{e^{\pi i(\gamma-\alpha-\beta)} - e^{-\pi i(\gamma-\alpha-\beta)}} = \frac{\sin\{\pi(\gamma-\beta)\}}{\sin\{\pi(\gamma-\alpha-\beta)\}}$$

と変形できる．ここで，ガンマ関数に関するよく知られた公式

補題 5.2

$$\Gamma(z)\Gamma(1-z) = \frac{\pi}{\sin(\pi z)}$$

（森口–宇田川–一松[6]参照）を用いれば，(5.37) の右辺の $\psi_1 = \psi_1(z)$ の係数は

$$\frac{\Gamma(\gamma-\alpha-\beta)\Gamma(\alpha+\beta-\gamma+1)}{\Gamma(\gamma-\beta)\Gamma(\beta-\gamma+1)} \frac{\Gamma(\gamma)\Gamma(\beta-\gamma+1)}{\Gamma(\gamma-\alpha)\Gamma(\alpha+\beta-\gamma+1)}$$
$$= \frac{\Gamma(\gamma)\Gamma(\gamma-\alpha-\beta)}{\Gamma(\gamma-\alpha)\Gamma(\gamma-\beta)}$$

となることがわかる．同様にして，(5.37) の右辺の $\psi_2 = \psi_2(z)$ の係数は

$$\frac{\Gamma(\gamma)\Gamma(\alpha+\beta-\gamma)}{\Gamma(\alpha)\Gamma(\beta)}$$

となる．こうして，線形関係式 (5.27) の係数 p, q が (5.29) で与えられることが示された．

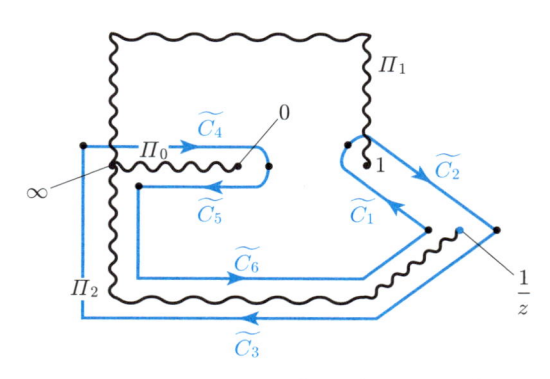

図 **5.12** 閉曲線 $\widetilde{C} = \widetilde{C_1} \cup \widetilde{C_2} \cup \cdots \cup \widetilde{C_6}$

もう一方の線形関係式 (5.28) についても，**図 5.12** の閉曲線 $\widetilde{C} = \widetilde{C_1} \cup \widetilde{C_2} \cup \cdots \cup \widetilde{C_6}$ に対してコーシーの積分定理を適用すれば同様にして証明できる（計算の詳細は省略する）．　　　　　　　　　　　　　　　□

少し長くなった本章の締めくくりとして，1.2 節で解答を保留していた以下の問題に対して，接続問題（定理 5.2）を用いた解法を与えておこう．

既に例 4.3 で説明したように，1.2 節の例 1.7 に出てきた方程式

$$(1 - s^2)\frac{d^2 G}{ds^2} - 2s\frac{dG}{ds} + \left(\lambda - \frac{n^2}{1 - s^2}\right) G = 0 \qquad (1.47)$$

は，変数変換

$$t = \frac{s + 1}{2}, \quad G = \left\{ t(1 - t) \right\}^{-\frac{n}{2}} u \qquad (5.38)$$

によってガウスの超幾何微分方程式

$$t(1 - t)\frac{d^2 u}{dt^2} - (n - 1)(1 - 2t)\frac{du}{dt} + (n - n^2 + \lambda)u = 0 \qquad (5.39)$$

に変換される．ただし，パラメータ α, β, γ は

$$\alpha + \beta = 1 - 2n, \quad \alpha\beta = n^2 - n - \lambda, \quad \gamma = 1 - n \qquad (5.40)$$

を満たすように選ばれているものとする．1.2 節では，方程式 (1.47) が $s = \pm 1$ の両方で有界な解をもつという要請から，λ が

$$\lambda = l(l + 1) \quad (l = 0, 1, 2, \ldots, l \geq n) \qquad (1.48)$$

と決定されることを（証明抜きで）述べた．以下，定理 5.2 を用いてこの事実を確かめよう．

変数変換 (5.38) によって $s = \pm 1$ は $t = 0, 1$ にうつされる．方程式 (5.39) の $t = 0$ での特性指数は 0 と $1 - \gamma$，つまり 0 と n であり，未知関数の方は $G = \{t(1 - t)\}^{-\frac{n}{2}} u$ によって変換されるから，方程式 (5.39) の $t = 0$ における特性指数 $1 - \gamma = n$ に対応する解 $\varphi_2(z) = O(t^n)$ が，方程式 (1.47) の $s = -1$ において有界な解に対応することになる．同様に，(5.39) の $t = 1$ における特性指数 $\gamma - \alpha - \beta = n$ に対応する解 $\psi_2(z) = O((t - 1)^n)$ が，(1.47) の $s = 1$ において有界な解に対応する．従って，微分方程式 (5.39) の $t = 0$ における解 $\varphi_2(z)$ が $t = 1$ での解 $\psi_2(z)$（正確には，その定数倍）となる条件を求めれば良い．定理 5.2 を用いれば，この条件がいつ成り立つかは簡単にわかる．実際，

関係式 (5.28) を見れば，この条件は $r = 0$ で与えられる．すなわち，(5.29) により，

$$\frac{\Gamma(2-\gamma)\Gamma(\gamma-\alpha-\beta)}{\Gamma(1-\alpha)\Gamma(1-\beta)} = \frac{\Gamma(n+1)\Gamma(n)}{\Gamma(1-\alpha)\Gamma(1-\beta)} = 0$$

が求める条件である．

ここで，ガンマ関数 $\Gamma(z)$ は決して 0 にならないことを思い出そう．従って，上記の条件が成り立つのは，$1-\alpha$ か $1-\beta$ が $\Gamma(z)$ の極（つまり，$\frac{1}{\Gamma(z)}$ の零点）である $\{0, -1, -2, \ldots\}$（つまり，0 以下の整数）のいずれかに一致する場合だけである．(5.40) より，

$$1-\alpha,\, 1-\beta = \frac{1}{2} + n \pm \sqrt{\lambda + \frac{1}{4}}$$

となるから，よって求める条件は，

$$\frac{1}{2} + n - \sqrt{\lambda + \frac{1}{4}} = -\widetilde{l}$$

（ただし $\widetilde{l}$ は 0 以上の整数），すなわち，

$$\sqrt{\lambda + \frac{1}{4}} = \frac{1}{2} + n + \widetilde{l}$$

となる．この式を 2 乗すれば，

$$\lambda = (n+\widetilde{l})^2 + (n+\widetilde{l}) = (n+\widetilde{l})(n+\widetilde{l}+1).$$

$l = n + \widetilde{l}$ と書けば，この式は求める条件 (1.48) に他ならない．こうして，超幾何微分方程式 (5.39) に対する接続問題を解くことによって条件 (1.48) が得られた．

演　習　問　題

演習 1　ガウスの超幾何微分方程式 (5.7) の $z=0$ におけるもう一つの解が,

$$z^{1-\gamma}F(\alpha-\gamma+1,\beta-\gamma+1,2-\gamma;z)$$

で与えられることを示せ.

演習 2　同様に，ガウスの超幾何微分方程式 (5.7) の $z=\infty$ における基本解系が (5.11) で与えられることを示せ.

演習 3　補題 5.1 に出てきた関係式 (5.18) を証明せよ.（**ヒント**：難しい場合は，微積分の教科書（例えば笠原[4]など）を参照.）

演習 4　オイラーの積分表示式に関する等式 (5.21) を示せ.（**ヒント**：(5.20) の証明と同様に，まずは $1-z=w$ とおき，次に

$$y=\frac{x-1}{wx}=\frac{x-1}{x}\frac{1}{1-z}$$

で積分変数を変換する.）

演習 5　前問と同様に，等式 (5.22) を示せ.（**ヒント**：

$$y=\frac{1}{zx}$$

で積分変数を変換する.）

第6章

複素積分とストークス現象

　第5章で見たように，超幾何関数に対するオイラーの積分表示式は非常に強力で，それを利用することによって超幾何微分方程式のモノドロミーや接続問題といった解の大域的な性質を明示的に解析することができた．この積分表示の方法は，ガウスの超幾何微分方程式のような確定特異点型（フックス型）の微分方程式のみならず，不確定特異点をもつような方程式に対しても威力を発揮する．本書の最終章となるこの第6章では，いくつかの代表的な方程式を題材に，不確定特異点をもつ微分方程式の解の大域的な性質や漸近解析的な性質を，積分表示の方法を用いて解析する方法について解説する．

6.1　漸近展開とストークス現象

　4.5節で見たように，不確定特異点のまわりで構成した解は一般に収束しない発散級数解，つまり形式解である．こうした形式解はどのように考えれば良いのだろうか？　本節では，1.2節で解答を保留していたもう一つの問題に対する考察を通じて，この疑問に対する答えを探っていくことにしよう．その際のキーワードが，本節のタイトルにもなっている "**漸近展開**" と "**ストークス現象**" である．

　1.2節の最後の部分では，微分方程式

$$\frac{d^2u}{dt^2} + \left\{ \frac{2(l+1)}{t} - 1 \right\} \frac{du}{dt} - \frac{l+1-\sigma}{t} u = 0 \tag{1.50}$$

が $t = 0$ で有界かつ無限遠点で高々多項式程度の増大度であるような解をもつための条件を問題としていた．上記の方程式は，第4章の例4.4で扱った**クンマーの合流型超幾何微分方程式**

$$\frac{d^2u}{dz^2} + \left(\frac{\gamma}{z} - 1\right) \frac{du}{dz} - \frac{\alpha}{z} u = 0 \tag{4.42}$$

で $z = t, \alpha = l+1-\sigma, \gamma = 2(l+1)$ としたものに他ならない．そこで，以下ではまずクンマーの合流型超幾何微分方程式 (4.42) が $z = 0$ で有界かつ $z = \infty$ で高々多項式程度の増大度となる解をもつ条件を考察する．

例 4.4 で見たように，微分方程式 (4.42) の特異点は $z = 0$ と $z = \infty$ であり，そのうち $z = 0$ が確定特異点，$z = \infty$ が不確定特異点である．さらに，確定特異点 $z = 0$ での特性指数は 0 と $1 - \gamma$ である．従って，今 $\mathrm{Re}\,\gamma > 1$ と仮定すれば（$\gamma = 2(l+1)$ のときは確かに成り立つことに注意），$z = 0$ で有界な (4.42) の解は特性指数 0 に対応する解である．それを考慮して，まずは原点におけるクンマーの合流型超幾何微分方程式 (4.42) の特性指数 0 に対応する解，すなわち正則な解を求めよう．方程式 (4.42) を $z^2 u'' + (\gamma - z)zu' - \alpha z u = 0$ と書き直した上で，$u = \sum\limits_{n=0}^{\infty} u_n z^n$（ただし $u_0 = 1$）を代入すれば，

$$\sum n(n-1)u_n z^n + \gamma \sum n u_n z^n - \sum n u_n z^{n+1} - \alpha \sum u_n z^{n+1} = 0$$
$$\implies \sum \{n(n-1) + n\gamma\} u_n z^n - \sum (n+\alpha)u_n z^{n+1} = 0$$
$$\implies (n+1)(n+\gamma)u_{n+1} = (n+\alpha)u_n$$
$$\implies u_{n+1} = \frac{(n+\alpha)}{(n+1)(n+\gamma)}\, u_n.$$

従って，求める解は

$$u = 1 + \frac{\alpha}{\gamma} z + \frac{\alpha(\alpha+1)}{\gamma(\gamma+1) \cdot 1 \cdot 2} z^2 + \cdots = \sum_{n=0}^{\infty} \frac{(\alpha)_n}{(\gamma)_n} \frac{z^n}{n!} \qquad (6.1)$$

となる．こうして得られた (4.42) の $z = 0$ での正則解 (6.1) を $F(\alpha, \gamma; z)$ で表し，**合流型超幾何関数**（または**合流型超幾何級数**）と呼ぶ．なお，ガウスの超幾何級数の収束半径が 1 であるのに対して，(6.1) の収束半径は ∞ である．

注意 6.1　クンマーの微分方程式 (4.42) において，$u = z^{1-\gamma}v$ によって未知関数（従属変数）を u から v に変換すれば，新しい未知関数 v は

$$\frac{d^2 v}{dz^2} + \left(\frac{2-\gamma}{z} - 1\right)\frac{dv}{dz} - \frac{\alpha-\gamma+1}{z} v = 0$$

を満たすことが確かめられる．この微分方程式は，パラメータを $\widetilde{\alpha} = \alpha-\gamma+1, \widetilde{\gamma} = 2-\gamma$ とするクンマーの微分方程式なので，$z = 0$ で正則な解 $F(\alpha-\gamma+1, 2-\gamma; z)$ をもつ．従って，元の微分方程式 (4.42) の $z = 0$ における特性指数 $1-\gamma$ に対応する解は $z^{1-\gamma}F(\alpha-\gamma+1, 2-\gamma; z)$ で与えられる．

ガウスの超幾何関数に関するオイラーの積分表示式（定理 5.1）に対応して，合流型超幾何関数についても次の類似の定理が成立する．

定理 6.1 (i) $F(\alpha, \gamma; z)$ は次のような複素積分表示をもつ．

$$F(\alpha, \gamma; z) = \frac{\Gamma(\gamma)}{\Gamma(\alpha)\Gamma(\gamma - \alpha)} \int_0^1 e^{zx} x^{\alpha-1} (1-x)^{\gamma-\alpha-1} \, dx. \qquad (6.2)$$

(ii) p, q を $0, 1, \infty$ のうちのいずれかの点とし，積分

$$\int_p^q e^{zx} x^{\alpha-1} (1-x)^{\gamma-\alpha-1} \, dx$$

が収束するように積分路，およびパラメータが選ばれているとする．このとき，上記の積分は合流型超幾何微分方程式 (4.42) の解となる．

証明 定理 5.1 と同様に，最初に (ii) を示す．

$$F(z) = \int_p^q e^{zx} x^{\alpha-1} (1-x)^{\gamma-\alpha-1} \, dx$$

とおくと，（適切な収束条件の下で）

$$F'(z) = \int_p^q e^{zx} x^{\alpha} (1-x)^{\gamma-\alpha-1} \, dx,$$

$$F''(z) = \int_p^q e^{zx} x^{\alpha+1} (1-x)^{\gamma-\alpha-1} \, dx$$

である．そこで，(4.42) を $zu'' - zu' = \alpha u - \gamma u'$ と書き直せば，

$$zF'' - zF' = \int_p^q z e^{zx} (x-1) x^{\alpha} (1-x)^{\gamma-\alpha-1} \, dx$$

$$= -\int_p^q z e^{zx} x^{\alpha} (1-x)^{\gamma-\alpha} \, dx.$$

ここで，$z e^{zx} = \frac{\partial}{\partial x}(e^{zx})$ であるから，x について部分積分すると，

$$zF'' - zF' = \int_p^q e^{zx} \frac{\partial}{\partial x} \{ x^{\alpha} (1-x)^{\gamma-\alpha} \} \, dx$$

$$= \int_p^q e^{zx} \{ \alpha x^{\alpha-1} (1-x)^{\gamma-\alpha} - (\gamma - \alpha) x^{\alpha} (1-x)^{\gamma-\alpha-1} \} \, dx$$

$$= \alpha \int_p^q e^{zx} x^{\alpha-1} (1-x)^{\gamma-\alpha-1} \, dx - \gamma \int_p^q e^{zx} x^{\alpha} (1-x)^{\gamma-\alpha-1} \, dx$$

$$= \alpha F - \gamma F'.$$

従って $F(z)$ は微分方程式 (4.42) の解である.

次に, R を任意の正の数として, $|z| \leq R$ で (i) を示す. 指数関数のテイラー展開

$$e^{zx} = \sum_{n=0}^{\infty} \frac{1}{n!} (zx)^n$$

は $|z| \leq R$ のとき $0 \leq x \leq 1$ で絶対一様収束するので, 積分と無限和の順序を交換すれば,

$$((6.2) \text{ の右辺}) = \frac{\Gamma(\gamma)}{\Gamma(\alpha)\Gamma(\gamma-\alpha)} \sum_{n=0}^{\infty} \frac{z^n}{n!} \int_0^1 x^{n+\alpha-1}(1-x)^{\gamma-\alpha-1}\, dx$$

$$= \frac{\Gamma(\gamma)}{\Gamma(\alpha)\Gamma(\gamma-\alpha)} \sum_{n=0}^{\infty} \frac{z^n}{n!} B(n+\alpha, \gamma-\alpha)$$

が得られる. ここで, 補題 5.1 により

$$B(n+\alpha, \gamma-\alpha) = \frac{\Gamma(n+\alpha)\Gamma(\gamma-\alpha)}{\Gamma(n+\gamma)}$$

が成り立つので, 従って

$$((6.2) \text{ の右辺}) = \sum_{n=0}^{\infty} \frac{\Gamma(n+\alpha)}{\Gamma(\alpha)} \frac{\Gamma(\gamma)}{\Gamma(n+\gamma)} \frac{z^n}{n!}$$

$$= \sum_{n=0}^{\infty} \frac{(\alpha)_n}{(\gamma)_n} \frac{z^n}{n!}$$

$$= F(\alpha, \gamma; z). \qquad \Box$$

さて, 1.2 節の議論で出てきたのは, 微分方程式 (1.50) が原点で有界かつ無限遠点で高々多項式程度の増大度である解をもつための必要十分条件が

$$l + 1 - \sigma = -m \quad (m = 0, 1, 2, \ldots)$$

で与えられる (式 (1.52) を参照), というものだった. 合流型超幾何微分方程式 (4.42) の記号では, この条件は

$$\alpha = -m \quad (m = 0, 1, 2, \ldots) \tag{6.3}$$

と表される. 上で見たように, (4.42) の原点で有界な解は (6.1) の形の合流型超幾何関数 $F(\alpha, \gamma; z)$ である. 従って, 条件 (6.3) が成り立てば, 合流型超幾何関数は m 次の多項式となるので, $F(\alpha, \gamma; z)$ が原点で有界かつ無限遠点で高々

多項式程度の増大度である (4.42) の解となることがわかる. これより, 1.2 節の議論を完結させるには, あとは

$$\alpha \neq -m \ (m = 0, 1, 2, \ldots) \ \text{のとき, 合流型超幾何関数 } F(\alpha, \gamma; z) \\ \text{は無限遠点で多項式程度の増大度とはならない} \tag{6.4}$$

を示せば良いことになる.

以下, (6.4) を示そう. それには, 原点でのべき級数として定義された合流型超幾何関数 $F(\alpha, \gamma; z)$ が $z \to \infty$ のときにどうなるか, 特に 4.5 節の例 4.4 で出てきた $z = \infty$ における (4.42) の二つの形式解 $u^{(1)}, u^{(2)}$ との関係がどうなるかを論じなければならない. こうしたことを論じる基礎となるのが, 次の漸近展開である.

定義 6.1（漸近展開）　$t > 0$ を小さな正のパラメータ, $f(t)$ を $0 < t < r$（$r > 0$ は正の定数）で定義された t の滑らかな関数（つまり, C^{∞} 級の関数あるいは $0 < t < r$ を含む領域で定義された正則関数）とする. このとき, 任意の自然数 $n \geq 1$ と任意の正の数 $\epsilon > 0$ に対して, ある十分小さな $\delta > 0$ が存在して,

$$\left| f(t) - \sum_{k=0}^{n} a_k t^k \right| \leq \epsilon t^n \quad (0 < t < \delta) \tag{6.5}$$

が成り立つとき, $f(t)$ は**漸近展開** $\sum_{k=0}^{\infty} a_k t^k$ をもつといい,

$$f(t) \sim \sum_{k=0}^{\infty} a_k t^k \quad (t \to +0) \tag{6.6}$$

という記号で表す.

ランダウの記号を用いれば, $f(t)$ が漸近展開 $\sum_{k=0}^{\infty} a_k t^k$ をもつとは, 任意の自然数 $n \geq 1$ に対して

$$f(t) = \sum_{k=0}^{n} a_k t^k + o(t^n) \quad (t \to +0) \tag{6.7}$$

が成り立つことと言っても良い. また, $t = \frac{1}{z}$ とすれば, $f(z)$ が $z \to +\infty$ のときに漸近展開 $\sum_{k=0}^{\infty} a_k z^{-k}$ をもつというのも, 全く同様に

$$f(z) = \sum_{k=0}^{n} a_k z^{-k} + o(z^{-n}) \quad (z \to +\infty) \tag{6.8}$$

として定義される.

注意 6.2　t が複素数のパラメータで $f(t)$ が正則関数の場合は，条件 (6.5) あるいは
(6.7) を（$t > 0$ を含むような）いわゆる角領域

$$\mathcal{S}(\alpha, \beta) = \{t \in \mathbb{C} \mid 0 < |t| < r,\, \alpha < \arg t < \beta\}$$

（r, α, β は定数）において，つまり $t \in \mathcal{S}(\alpha, \beta)$ かつ $t \to 0$ に対して要請するのが普通
である．しかし本書では，議論が複雑になるのを避けるために，一部の例外箇所（例
えば，以下の 6.2 節の注意 6.6 や 6.3 節の注意 6.9）を除いて，t は実数のパラメータ
として $t \to +0$（あるいは $z = \frac{1}{t} \to +\infty$）に対する漸近展開のみを主として考える
ことにする.

　無限級数 $\displaystyle\sum_{k=0}^{\infty} a_k t^k$ が収束しない場合でも，それを漸近展開にもつ関数 $f(t)$
を考えることができるのが漸近展開の最大の利点である.

　漸近展開の典型的な例を挙げよう.

例 6.1　$f(t)$ を $t = 0$ の近くで定義された C^∞ 級の関数とし，$f(t)$ の $t = 0$ に
おけるテイラー級数

$$\sum_{k=0}^{\infty} \frac{f^{(k)}(0)}{k!} t^k$$

を考える．テイラー級数は一般に収束するとは限らないが，テイラーの公式に
よれば，任意の $n \geq 0$ に対して，

$$f(t) = \sum_{k=0}^{n} \frac{f^{(k)}(0)}{k!} t^k + o(t^n) \quad (t \to 0)$$

が成り立つ．すなわち，

$$f(t) \sim \sum_{k=0}^{\infty} \frac{f^{(k)}(0)}{k!} t^k \quad (t \to 0).$$

言い換えれば，テイラー展開は漸近展開の意味ではいつでも成立する.　　　□

例 6.2 漸近展開のもう一つの代表的な例は，大きなパラメータ $z > 0$ を含んだラプラス変換型の積分である．例えば，ラプラス積分

$$F(z) = \int_0^\infty e^{-zx} \frac{1}{1+x} \, dx \tag{6.9}$$

を考える．$z > 0$ ならば右辺の積分は収束することに注意しよう．等比数列の和の公式を少し変形した等式

$$\frac{1}{1+x} = 1 - x + x^2 - \cdots + (-x)^n + \frac{(-x)^{n+1}}{1+x}$$

を用いれば，$F(z)$ は

$$F(z) = \sum_{k=0}^n \int_0^\infty e^{-zx}(-x)^k \, dx + \int_0^\infty e^{-zx} \frac{(-x)^{n+1}}{1+x} \, dx$$

と表される．ここで，積分変数の変換 $zx = y$ を用いれば，

$$\int_0^\infty e^{-zx}(-x)^k \, dx = (-1)^k \int_0^\infty e^{-y} y^k \, dy \cdot z^{-(k+1)}$$
$$= (-1)^k \Gamma(k+1) z^{-(k+1)}$$
$$= (-1)^k k! \, z^{-(k+1)}$$

および

$$\left| \int_0^\infty e^{-zx} \frac{(-x)^{n+1}}{1+x} \, dx \right| \leq \int_0^\infty e^{-zx} \frac{x^{n+1}}{1+x} \, dx$$
$$\leq \int_0^\infty e^{-zx} x^{n+1} \, dx$$
$$= \int_0^\infty e^{-y} y^{n+1} \, dy \, z^{-(n+2)}$$
$$= (n+1)! \, z^{-(n+2)}$$

であることがわかる．$z \to +\infty$ のとき

$$z^{-(n+2)} = o(z^{-(n+1)})$$

なので，従って次式が得られる．

$$F(z) \sim \sum_{k=0}^\infty (-1)^k k! \, z^{-(k+1)} \quad (z \to +\infty). \qquad \Box$$

例 **6.3** 上の例 6.2 をさらに一般化して,

$$F(z) = \int_0^\infty e^{-zx} f(x) x^\mu \, dx \tag{6.10}$$

を考える. ただし, $f(x)$ は $[0, \infty)$ の近傍で定義された正則関数である. また, 積分が収束することを保証するために, μ は -1 より大きい実数 (あるいは, $\mathrm{Re}\,\mu > -1$ を満たす複素数) とし, さらに $f(x)$ は $x = \infty$ で高々多項式程度の増大度であると仮定する. 例えば, 上で考察した例 6.2 は, $f(x) = \frac{1}{1+x}, \mu = 0$ の場合である.

この (6.10) の形の積分に対しては,

$$z^\mu F(z) \sim \sum_{k=0}^\infty \frac{\Gamma(k+\mu+1)}{k!} f^{(k)}(0) z^{-(k+1)} \quad (z \to +\infty) \tag{6.11}$$

という漸近展開が成立する. (この (6.11) という式はまた, 両辺に $z^{-\mu}$ をかけて,

$$F(z) \sim \sum_{k=0}^\infty \frac{\Gamma(k+\mu+1)}{k!} f^{(k)}(0) z^{-(k+\mu+1)} \quad (z \to +\infty)$$

とも表される.) さらに, 積分を有界区間, 例えば $[0, 1]$ に制限した

$$\widetilde{F}(z) = \int_0^1 e^{-zx} f(x) x^\mu \, dx \tag{6.12}$$

についても, (6.11) と全く同じ式が成り立つ. なお, (6.11) の証明は, もう少し一般的な形で 6.3 節で行う (命題 6.1 とその後の注意 6.8 を参照). □

この漸近展開の考え方を用いて, (6.4) を証明しよう. 合流型超幾何関数 $F(\alpha, \gamma; z)$ の $z \to +\infty$ での挙動が問題である. 原点におけるべき級数の形で与えられた関数が無限遠点でどうなるかという大域的な問題なので, 第 5 章と同様に, 定理 6.1 で与えられた $F(\alpha, \gamma; z)$ の積分表示式 (6.2) を利用する. まず, (6.2) で $x \mapsto 1 - x$ という積分変数の変換を行えば,

$$F(\alpha, \gamma; z) = \frac{\Gamma(\gamma)}{\Gamma(\alpha)\Gamma(\gamma-\alpha)} e^z \int_0^1 e^{-zx} (1-x)^{\alpha-1} x^{\gamma-\alpha-1} \, dx \tag{6.13}$$

という表示式が得られる. この右辺の積分は,

$$f(x) = (1-x)^{\alpha-1}, \quad \mu = \gamma - \alpha - 1$$

と考えれば，上記の例 6.3 で扱った形（正確には (6.12) の形）の積分である．
第 5 章でも用いた二項展開の式より

$$f^{(k)}(0) = (-1)^k (\alpha - 1)(\alpha - 2) \cdots (\alpha - k)$$
$$= (-\alpha + 1)(-\alpha + 2) \cdots (-\alpha + k) = (-\alpha + 1)_k$$

であるので，(6.11) から次の漸近展開の式が得られる．

$$F(\alpha, \gamma; z) \sim \frac{\Gamma(\gamma)}{\Gamma(\alpha)\Gamma(\gamma - \alpha)} e^z \sum_{k=0}^{\infty} \frac{\Gamma(k + \gamma - \alpha)}{k!} (-\alpha + 1)_k z^{-(k+\gamma-\alpha)}$$
$$= \frac{\Gamma(\gamma)}{\Gamma(\alpha)} e^z z^{\alpha-\gamma} \sum_{k=0}^{\infty} \frac{(\gamma - \alpha)_k (1 - \alpha)_k}{k!} z^{-k}. \tag{6.14}$$

第 4 章の最後で求めたクンマーの微分方程式 (4.42) の $z = \infty$ における形式解
$u^{(2)}$ の具体的な形 (4.45) と比較すれば，この式は

$$F(\alpha, \gamma; z) \sim \frac{\Gamma(\gamma)}{\Gamma(\alpha)} u^{(2)} \quad (z \to +\infty) \tag{6.15}$$

を意味する．つまり，(4.42) の形式解 $u^{(2)}$ が漸近展開の形で捉えられた．今は
(6.4) の証明を考えているので，仮定より $\alpha \neq -m$ $(m = 0, 1, 2, \ldots)$，従って
(6.15) の右辺の定数 $\frac{\Gamma(\gamma)}{\Gamma(\alpha)}$ は 0 ではない．よって，（$u^{(2)}$ は指数関数 e^z を含む
ので）$F(\alpha, \gamma; z)$ は $z \to +\infty$ のとき多項式程度の増大度とはならない．こうし
て，漸近展開の考え方と積分表示式を用いることにより，(6.4) が証明された．

注意 6.3 ここでは，例 6.3 を用いて具体的な計算を実行することにより，$F(\alpha, \gamma; z)$
の $z \to +\infty$ での漸近展開が $u^{(2)}$ の定数倍になることを確かめた．本書ではこれ以
上深入りしないが，一般に微分方程式の解の漸近展開を考えれば，それは自動的に微
分方程式の形式解になる．上記の計算において最も重要な点は，$F(\alpha, \gamma; z)$ の漸近展
開を考えたとき，それが $u^{(1)}, u^{(2)}$ のどのような一次結合になるかが決定できた点に
ある．

注意 6.4 さらに，一般に漸近展開では指数関数的に小さな関数は判別できない．つ
まり，例えば $f(z)$ が (6.8) という漸近展開の式を満たすとき，$f(z) + e^{-z}$ について
も全く同じ形の漸近展開の式が成り立つ．この意味では，漸近展開では，与えられた
無限級数 $\sum_k a_k t^k$ に対して関数 $f(z)$ の方は一つには定まらない．

クンマーの合流型超幾何微分方程式 (4.42) の場合，無限遠点での二つの形式解

$u^{(1)}, u^{(2)}$ のうち，$z \to +\infty$ のとき $u^{(1)}$ は $u^{(2)}$ に比べて指数関数的に小さい．従って，上記の注意 6.3 で述べた $F(\alpha, \gamma; z)$ の $z \to +\infty$ での漸近展開に関しては，指数関数的に大きな $u^{(2)}$ が実際に現れるかどうかのみが重要だと理解しておく方が良い．

なお，この節の最後に，合流型超幾何関数 $F(\alpha, \gamma; z)$ の $z \to -\infty$ での漸近展開についても触れておこう．そのためには，$z = -w$ を積分表示式 (6.2) に代入した

$$\frac{\Gamma(\gamma)}{\Gamma(\alpha)\Gamma(\gamma - \alpha)} \int_0^1 e^{-wx} x^{\alpha-1} (1-x)^{\gamma-\alpha-1} \, dx \qquad (6.16)$$

の $w \to +\infty$ のときの漸近展開を求めれば良い．この右辺の積分は再び例 6.3 の形の積分なので，上と同様な計算により，

$$F(\alpha, \gamma; z) \sim \frac{\Gamma(\gamma)}{\Gamma(\gamma - \alpha)} (-z)^{-\alpha} \sum_{k=0}^{\infty} \frac{(\alpha)_k (\alpha - \gamma + 1)_k}{k!} (-z)^{-k} \quad (z \to -\infty)$$
$$(6.17)$$

が得られる．(6.17) の右辺は，(4.42) の $z = \infty$ におけるもう一つの形式解 $u^{(1)}$ の定数倍である．先に求めた (6.14) の式と比べると，$F(\alpha, \gamma; z)$ は $z \to \pm\infty$ で全く異なる漸近展開をもつことがわかる．

このように，$z = \infty$ に近づく方向によって微分方程式の一つの解が全く異なる挙動を示す（異なる漸近展開をもつ）こと，言い換えれば，$z = \infty$ のまわりで解析接続すれば解の漸近展開の形が変化することを，一般に**ストークス現象**と呼ぶ．微分方程式の不確定特異点における形式解を論じる際には，こうした漸近展開やストークス現象を考慮に入れる必要がある．

6.2　ウェーバー方程式に対するストークス現象

前節の最後に出てきた不確定特異点のまわりでのストークス現象をより詳しく調べるために，本節では，クンマーの合流型超幾何微分方程式より簡単な**ウェーバーの微分方程式**

$$\frac{d^2 u}{dz^2} + \left(\lambda + \frac{1}{2} - \frac{z^2}{4}\right) u = 0 \qquad (6.18)$$

（ただし，λ は複素パラメータ）を考察する．

ウェーバー方程式 (6.18) は，$z = \infty$ にただ一つの不確定特異点をもつ．ま

ず，$z = \infty$ のまわりでの (6.18) の形式解を求めよう．クンマーの微分方程式の場合と同様に，定理 4.13 の証明に倣えば，(6.18) の $z = \infty$ での形式解の指数関数とべき関数の部分は，それぞれ次の形をしていることが確かめられる．

$$\begin{cases} u^{(1)} = e^{\frac{z^2}{4}} z^{-\lambda-1} \left\{ 1 + O\left(\dfrac{1}{z}\right) \right\}, \\ u^{(2)} = e^{-\frac{z^2}{4}} z^{\lambda} \left\{ 1 + O\left(\dfrac{1}{z}\right) \right\}. \end{cases}$$

$u^{(1)}$ のさらに詳しい形を求めるために，

$$u^{(1)} = e^{\frac{z^2}{4}} z^{-\lambda-1} \sum u_n z^{-n} = e^{\frac{z^2}{4}} \sum u_n z^{-\lambda-n-1} \quad (\text{ただし } u_0 = 1)$$

という展開を微分方程式 (6.18) に代入すると，(多少の計算の後に) 次式を得る．

$$-\sum_{n=1}^{\infty} n a_n z^{-\lambda-n-1} + \sum_{n=0}^{\infty} (\lambda + n + 1)(\lambda + n + 2) a_n z^{-\lambda-n-3} = 0.$$

これより，

$$a_1 = 0, \quad (n+2)a_{n+2} = (\lambda + n + 1)(\lambda + n + 2)a_n \quad (n \geq 0).$$

この漸化式を解けば，

$$a_{2m+1} = 0, \quad a_{2m} = \frac{(\lambda+1)(\lambda+2)\cdots(\lambda+2m)}{2^m m!}.$$

従って，$u^{(1)}$ の具体形は次のようになる．

$$u^{(1)} = e^{\frac{z^2}{4}} z^{-\lambda-1} \sum_{m=0}^{\infty} \frac{(\lambda+1)(\lambda+2)\cdots(\lambda+2m)}{2^m m!} z^{-2m}. \tag{6.19}$$

同様にして，$u^{(2)}$ の具体形は次式で与えられる．

$$u^{(2)} = e^{-\frac{z^2}{4}} z^{\lambda} \sum_{m=0}^{\infty} (-1)^m \frac{\lambda(\lambda-1)\cdots(\lambda-2m+1)}{2^m m!} z^{-2m}. \tag{6.20}$$

こうして，ウェーバー方程式 (6.18) の $z = \infty$ のまわりでの形式解 $u^{(j)}$ ($j = 1, 2$) が求まった．この形式解に意味をもたせるためには，クンマーの方程式の場合と同様に，$z \to \infty$ に関する漸近展開が $u^{(j)}$ と一致するような (6.18) の正則解が見つかればよい．そこで，ウェーバー方程式に関してもやはり次のような積分表示式を利用する．

定理 6.2　複素積分

$$D(z) = \int_p^q e^{-\frac{z^2}{4} - zx - \frac{x^2}{2}} x^{-\lambda-1} \, dx \tag{6.21}$$

は，ウェーバーの微分方程式 (6.18) の解となる．ただし，$p, q \in \{0, \infty\}$ であり，積分路，およびパラメータは積分 (6.21) が収束するように選ばれているものとする．

証明　$D(z)$ を積分記号下で z に関して微分すると，

$$\frac{d}{dz} D(z) = -\frac{z}{2} D(z) - \int_p^q e^{-\frac{z^2}{4} - zx - \frac{x^2}{2}} x^{-\lambda} \, dx.$$

さらにもう一度 z に関して微分すれば，

$$\frac{d^2}{dz^2} D(z) = -\frac{1}{2} D(z) + \frac{z^2}{4} D(z) + \int_p^q (z+x) e^{-\frac{z^2}{4} - zx - \frac{x^2}{2}} x^{-\lambda} \, dx.$$

ここで

$$(z+x) e^{-\frac{z^2}{4} - zx - \frac{x^2}{2}} = -\frac{\partial}{\partial x} e^{-\frac{z^2}{4} - zx - \frac{x^2}{2}}$$

であるので，右辺の最後の項に部分積分を適用することにより，

$$\frac{d^2}{dz^2} D(z) = -\frac{1}{2} D(z) + \frac{z^2}{4} D(z) - \lambda \int_p^q e^{-\frac{z^2}{4} - zx - \frac{x^2}{2}} x^{-\lambda-1} \, dx$$

$$= \left(-\lambda - \frac{1}{2} + \frac{z^2}{4} \right) D(z)$$

を得る．従って，$D(z)$ は (6.18) の解である．　　□

定理 6.2 を踏まえ，特に次の積分表示式で定義される (6.18) の解を**ウェーバー関数**と呼び，$D_\lambda(z)$ という記号で表す．

$$D_\lambda(z) = \frac{1}{\Gamma(-\lambda)} \int_0^{+\infty} e^{-\frac{z^2}{4} - zx - \frac{x^2}{2}} x^{-\lambda-1} \, dx. \tag{6.22}$$

注意 6.5　積分 (6.22) の $x = 0$ での収束性を保証するために，ここでは $\mathrm{Re}\,\lambda < 0$ を仮定している．ただ，同様な積分で定義されるガンマ関数 $\Gamma(z)$ と同様に，パラメータ λ に関する解析接続を（例えば，(6.22) を原点のまわりをまわる周回積分の形に変形したりして）考えることにより，ウェーバー関数は一般の λ の値に対しても定義することができる．

クンマーの合流型超幾何関数の場合と同様に，例 6.3，特に (6.11) の漸近展開の公式を用いれば，ウェーバー関数 $D_\lambda(z)$ とウェーバー方程式 (6.18) の形式解 $u^{(j)}$（$j = 1, 2$）が次のように対応することがわかる．まず，

$$f(x) = e^{-\frac{x^2}{2}}, \quad \mu = -\lambda - 1$$

とおけば，

$$\Gamma(-\lambda)e^{\frac{z^2}{4}}D_\lambda(z)$$

はまさしく (6.10) の形である．ここで，指数関数のべき級数展開より

$$f(x) = \sum_{n=0}^{\infty} \frac{1}{n!}\left(-\frac{x^2}{2}\right)^n = \sum_{n=0}^{\infty} \frac{(-1)^n}{n!\,2^n}\,x^{2n}$$

であるから，$f(x)$ の原点での高階微分については

$$\frac{f^{2m+1}(0)}{(2m+1)!} = 0, \quad \frac{f^{2m}(0)}{(2m)!} = \frac{(-1)^m}{m!\,2^m}$$

が成り立つ．従って，(6.11) により，$z \to +\infty$ のとき

$$
\begin{aligned}
e^{\frac{z^2}{4}}D_\lambda(z) &\sim \frac{1}{\Gamma(-\lambda)}\sum_{m=0}^{\infty} \frac{(-1)^m\,\Gamma(2m-\lambda)}{m!\,2^m}\,z^{-2m+\lambda} \\
&= z^\lambda \sum_{m=0}^{\infty} (-1)^m\,\frac{(2m-1-\lambda)(2m-2-\lambda)\cdots(-\lambda)}{m!\,2^m}\,z^{-2m} \\
&= z^\lambda \sum_{m=0}^{\infty} (-1)^m\,\frac{\lambda(\lambda-1)\cdots(\lambda-2m+1)}{m!\,2^m}\,z^{-2m}
\end{aligned}
\tag{6.23}
$$

が成立する．すなわち，ウェーバー関数 $D_\lambda(z)$ は，$z \to +\infty$ のとき，形式解 $u^{(2)}$ に対応する．

さらに，このウェーバー関数 $D_\lambda(z)$ と形式解 $u^{(2)}$ との対応は，$z \to +\infty$ のときだけでなく，より広い範囲の角領域（方向）に対して成立する．実際，$\arg z = \theta$（ただし $|\theta| < \frac{\pi}{4}$），$z = |z|e^{i\theta}$ として，$|z| \to +\infty$ に関する漸近展開を考える．ウェーバー関数の定義式 (6.22) に $z = |z|e^{i\theta}$ を代入すれば，

$$e^{\frac{z^2}{4}}D_\lambda(z) = \frac{1}{\Gamma(-\lambda)}\int_0^{+\infty} e^{-|z|e^{i\theta}x}e^{-\frac{x^2}{2}}x^{-\lambda-1}\,dx.$$

この右辺の積分には収束因子 $e^{-\frac{x^2}{2}}$ が存在するので，$|\theta| < \frac{\pi}{4}$ である限り，コーシーの積分定理により，原点から $\arg x = -\theta$ の方向に無限遠点まで延びる半

直線（この積分路を，以下では $[0, e^{-i\theta}\infty]$ と表す）に積分路を変形することができる．すなわち，

$$e^{\frac{z^2}{4}}D_\lambda(z) = \frac{1}{\Gamma(-\lambda)} \int_0^{e^{-i\theta}\infty} e^{-|z|e^{i\theta}x} e^{-\frac{x^2}{2}} x^{-\lambda-1}\, dx.$$

ここで変数変換 $x = e^{-i\theta}\widetilde{x}$ を行えば，

$$e^{\frac{z^2}{4}}D_\lambda(z) = \frac{1}{\Gamma(-\lambda)} \int_0^{+\infty} e^{-|z|\widetilde{x}} e^{-\frac{1}{2}\widetilde{x}^2 e^{-2i\theta}} \widetilde{x}^{-\lambda-1}\, d\widetilde{x} \cdot e^{i\theta\lambda}.$$

この右辺の積分に漸近展開の公式 (6.11) を適用すると，$|z| \to +\infty$ のとき，

$$e^{\frac{z^2}{4}}D_\lambda(z) \sim \frac{e^{i\theta\lambda}}{\Gamma(-\lambda)} \sum_{m=0}^\infty \frac{(-1)^m \Gamma(2m-\lambda)}{m!\,2^m} (e^{-2i\theta})^m |z|^{-2m+\lambda}$$

$$= z^\lambda \sum_{m=0}^\infty (-1)^m \frac{\lambda(\lambda-1)\cdots(\lambda-2m+1)}{m!\,2^m} z^{-2m} \qquad (6.24)$$

であることがわかる．つまり，ウェーバー関数 $D_\lambda(z)$ と形式解 $u^{(2)}$ との対応は，$|\theta| = |\arg z| < \frac{\pi}{4}$ に対して成立する．

　それでは，もう一つの形式解 $u^{(1)}$ に対応する解は何だろうか？　その答えを見つけるために，ウェーバー方程式 (6.18) の対称性に注目する．方程式の形からすぐわかるように，$u(z)$ が (6.18) を満たすならば，$u(-z)$ も (6.18) の解となる．つまり，$D_\lambda(-z)$ も (6.18) の解である．同様に，$u(z)$ が (6.18) を満たすとき，$u(\pm iz)$ は，パラメータ λ を $-\lambda-1$ に置き換えた微分方程式 (6.18) を満たすこともわかる．従って，$D_{-\lambda-1}(\pm iz)$ も (6.18) の解である．特に，上で示した (6.23) や (6.24) を $D_\lambda(-z)$ に適用すれば，

$$\frac{3\pi}{4} < \arg z < \frac{5\pi}{4}$$

の範囲で

$$e^{i\pi\lambda}D_\lambda(-z)$$

が形式解 $u^{(2)}$ に対応すること，さらに

$$\frac{\pi}{4} < \arg z < \frac{3\pi}{4}$$

の範囲で

$$e^{-\frac{i\pi(\lambda+1)}{2}}D_{-\lambda-1}(-iz)$$

が形式解 $u^{(1)}$ に対応することが確かめられる．

[注意 6.6] (6.23) や (6.24) の基になる漸近展開の公式 (6.11) は 6.3 節で証明するワトソンの補題（命題 6.1）から従うが，ワトソンの補題の結論の式 (6.35) は，$z \to +\infty$ のみならず，それを含むより広い角領域 $-\frac{\pi}{2} < \arg z < \frac{\pi}{2}$, $|z| \to +\infty$ において成り立つ（注意 6.9）．その帰結として，$D_\lambda(z)$ と $u^{(2)}$，$e^{-\frac{i\pi(\lambda+1)}{2}} D_{-\lambda-1}(-iz)$ と $u^{(1)}$，$e^{i\pi\lambda} D_\lambda(-z)$ と $u^{(2)}$ の間の対応は，実際にはそれぞれ両側に $\frac{\pi}{2}$ ずつ拡大した（元の角領域より広い）角領域 $-\frac{3\pi}{4} < \arg z < \frac{3\pi}{4}$, $-\frac{\pi}{4} < \arg z < \frac{5\pi}{4}$, $\frac{\pi}{4} < \arg z < \frac{7\pi}{4}$ において成立する（図 6.1 参照）．

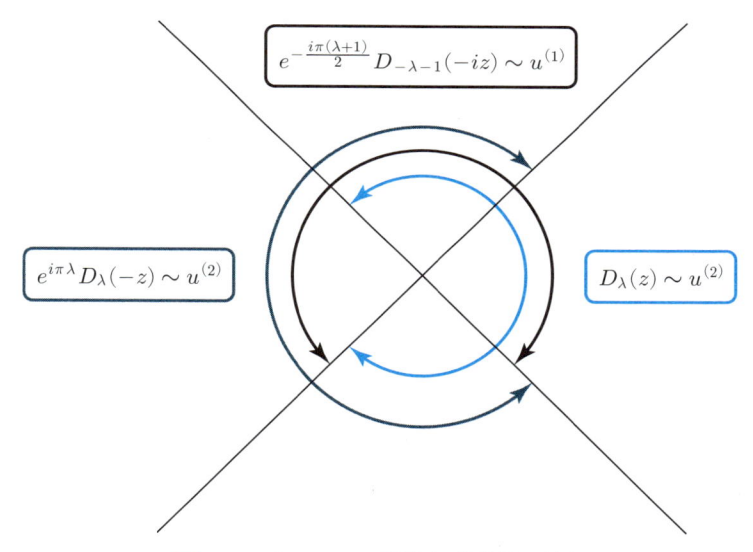

図 6.1 ウェーバー関数と形式解の対応

こうして (6.18) の 2 個の形式解 $u^{(1)}$, $u^{(2)}$ に対応する正則な解が見つかった．そこで次に，$z \to +\infty$ で $u^{(2)}$ に対応する正則な解 $D_\lambda(z)$ を取り上げ，不確定特異点 $z = \infty$ のまわりをまわったときに，具体的には $\arg z$ を 0 から π まで変化させたときに，この解と正則解の対応にどのような変化が起こるかを調べよう．上で述べたように，$D_\lambda(z)$ と $u^{(2)}$ の対応は $\arg z < \frac{\pi}{4}$ まで，あるいは注意 6.6 を考慮すれば $\arg z < \frac{3\pi}{4}$ までは成り立つが，それを超えるとこの対応関係は破綻し，$u^{(2)}$ に対応する解が $e^{i\pi\lambda} D_\lambda(-z)$ に取って代わられる．しかし，$D_\lambda(z)$ と $e^{i\pi\lambda} D_\lambda(-z)$ は (6.18) の解としては異なる正則解である．この 2 個の正則解の間には，次の関係式が成立する．

定理 6.3 次式が成立する.

$$D_\lambda(z) = e^{i\pi\lambda} D_\lambda(-z) + \frac{\sqrt{2\pi}}{\Gamma(-\lambda)} e^{\frac{i\pi(\lambda+1)}{2}} D_{-\lambda-1}(-iz). \tag{6.25}$$

注意 6.6 で述べたように，$\arg z$ が 0 から π まで変化する途中の角領域 $\frac{\pi}{4} < \arg z < \frac{3\pi}{4}$ においては，$u^{(2)}$ が $D_\lambda(z)$ と $e^{i\pi\lambda} D_\lambda(-z)$ の両方に対応している．しかし実際には，この角領域において形式解と正則解の対応関係の変化が生じており，それを記述している関係式が (6.25) だと考えられる．すなわち，(6.25) の左辺は $-\frac{3\pi}{4} < \arg z < \frac{3\pi}{4}$ において $u^{(2)}$ に対応する正則な解 $D_\lambda(z)$，右辺は $\frac{\pi}{4} < \arg z < \frac{5\pi}{4}$ においてそれぞれ $u^{(2)}$ と $u^{(1)}$ に対応する正則解 $e^{i\pi\lambda} D_\lambda(-z)$ と $e^{-\frac{i\pi(\lambda+1)}{2}} D_{-\lambda-1}(-iz)$ の一次結合である．これらが等しいことを主張しているのが関係式 (6.25) であり，それを対応する形式解を用いて書き換えれば次のようになる．

$$\left(-\frac{3\pi}{4} < \arg z < \frac{3\pi}{4} \text{ での } u^{(2)} \right) - \left(\frac{\pi}{4} < \arg z < \frac{7\pi}{4} \text{ での } u^{(2)} \right)$$
$$= \frac{\sqrt{2\pi}}{\Gamma(-\lambda)} e^{i\pi(\lambda+1)} \times \left(-\frac{\pi}{4} < \arg z < \frac{5\pi}{4} \text{ での } u^{(1)} \right). \tag{6.26}$$

途中の角領域 $\frac{\pi}{4} < \arg z < \frac{3\pi}{4}$ では，形式解 $u^{(2)}$ はもう一つの形式解 $u^{(1)}$ と比べて指数関数的に大きいことに注意しよう．従って (6.26) は，指数関数的に大きい形式解 $u^{(2)}$ に対応する正則解が，指数関数的に小さい形式解 $u^{(1)}$ の定数倍だけ変化することを主張している．これがウェーバー方程式 (6.18) に対するストークス現象の正確な表現であり，(6.26) の右辺に現れた定数

$$\frac{\sqrt{2\pi}}{\Gamma(-\lambda)} e^{i\pi(\lambda+1)}$$

を (6.18) に関する**ストークス係数**と呼ぶ.

本節の残りの部分で，定理 6.3 を証明しよう.

定理 6.3 の証明 上で用いたウェーバー方程式 (6.18) の対称性，特に $D_{-\lambda-1}(-iz)$ が (6.18) の解であることに注目すると，(6.22) の z と λ をそれぞれ iz と $-\lambda-1$ で置き換えて得られる積分表示式

$$\widetilde{D}(z) = \frac{1}{\sqrt{2\pi}} e^{\frac{i\pi\lambda}{2}} \int_{-\infty,(\text{下})}^{+\infty} e^{\frac{z^2}{4} - izx - \frac{x^2}{2}} x^\lambda \, dx \tag{6.27}$$

（ただし，積分路は $-\infty$ から負の実軸に沿って $x = -\delta$ $(\delta > 0)$ まで進み，下半平面に含まれる円弧 $|x| = \delta$ に沿って原点のまわりをまわった後，$x = \delta$ から正の実軸に沿って $x = +\infty$ まで進むものとする）もまた (6.18) の解となることがわかる．実際，

$$D_\lambda(z) = \widetilde{D}(z) = \frac{1}{\sqrt{2\pi}} e^{\frac{i\pi\lambda}{2}} \int_{-\infty,(\text{下})}^{+\infty} e^{\frac{z^2}{4} - izx - \frac{x^2}{2}} x^\lambda \, dx \tag{6.28}$$

が成立する．まず (6.28) を示そう．

$D_\lambda(z)$ も $\widetilde{D}(z)$ も (6.18) の解であるから，それらが一致することを示すには，正則解の存在と一意性の定理（定理 4.10）より，

$$D_\lambda(0) = \widetilde{D}(0), \quad \frac{d}{dz} D_\lambda(0) = \frac{d}{dz} \widetilde{D}(0)$$

を確かめれば良い．$D_\lambda(z)$ の定義式 (6.22) より，

$$\begin{aligned}
D_\lambda(0) &= \frac{1}{\Gamma(-\lambda)} \int_0^{+\infty} e^{-\frac{x^2}{2}} x^{-\lambda-1} \, dx \\
&= \frac{1}{\Gamma(-\lambda) \, 2^{1+\frac{\lambda}{2}}} \int_0^{+\infty} e^{-t} t^{-1-\frac{\lambda}{2}} \, dt \\
&= \frac{\Gamma\left(-\frac{\lambda}{2}\right)}{\Gamma(-\lambda) \, 2^{1+\frac{\lambda}{2}}}.
\end{aligned}$$

一方，(6.27) より，

$$\begin{aligned}
\widetilde{D}(0) &= \frac{1}{\sqrt{2\pi}} e^{\frac{i\pi\lambda}{2}} \int_{-\infty,(\text{下})}^{+\infty} e^{-\frac{x^2}{2}} x^\lambda \, dx \\
&= \frac{1}{\sqrt{2\pi}} e^{\frac{i\pi\lambda}{2}} \left(1 + e^{-i\pi\lambda}\right) \int_0^{+\infty} e^{-\frac{x^2}{2}} x^\lambda \, dx \\
&= \frac{2\cos\left(\frac{\pi\lambda}{2}\right)}{\sqrt{2\pi}} 2^{\frac{\lambda-1}{2}} \int_0^{+\infty} e^{-t} t^{\frac{\lambda-1}{2}} \, dt \\
&= \frac{2^{\frac{\lambda}{2}}}{\sqrt{\pi}} \cos\left(\frac{\pi\lambda}{2}\right) \Gamma\left(\frac{\lambda+1}{2}\right).
\end{aligned}$$

ここで，補題 5.2 の z を $z + \frac{1}{2}$ で置き換えて得られる関係式

$$\Gamma\left(\frac{1}{2} + z\right) \Gamma\left(\frac{1}{2} - z\right) = \frac{\pi}{\cos(\pi z)},$$

および，これもよく知られたガンマ関数の倍数公式

補題 6.1

$$\Gamma(2z) = \frac{2^{2z}}{2\sqrt{\pi}}\,\Gamma(z)\Gamma\left(z+\frac{1}{2}\right)$$

（森口–宇田川–一松[6]参照）を用いれば，

$$D_\lambda(0) = \widetilde{D}(0) = \frac{2^{\frac{\lambda}{2}}\sqrt{\pi}}{\Gamma\left(\frac{1-\lambda}{2}\right)}$$

が成り立つことがわかる．同様にして，

$$\frac{d}{dz}\,D_\lambda(0) = -\frac{1}{\Gamma(-\lambda)}\int_0^{+\infty} e^{-\frac{x^2}{2}}x^{-\lambda}\,dx$$

$$= -\frac{\Gamma\left(\frac{1-\lambda}{2}\right)}{\Gamma(-\lambda)\,2^{\frac{1+\lambda}{2}}},$$

および

$$\frac{d}{dz}\,\widetilde{D}(0) = \frac{-i}{\sqrt{2\pi}}\,e^{\frac{i\pi\lambda}{2}}\int_{-\infty,(\text{下})}^{+\infty} e^{-\frac{x^2}{2}}x^{\lambda+1}\,dx$$

$$= \frac{-i}{\sqrt{2\pi}}\,e^{\frac{i\pi\lambda}{2}}\left\{1+e^{-i\pi(\lambda+1)}\right\}\int_0^{+\infty} e^{-\frac{x^2}{2}}x^{\lambda+1}\,dx$$

$$= \frac{2^{\frac{1+\lambda}{2}}}{\sqrt{\pi}}\sin\left(\frac{\pi\lambda}{2}\right)\Gamma\left(\frac{\lambda}{2}+1\right)$$

であるから，再び補題 5.2 と補題 6.1 を用いて，

$$\frac{d}{dz}\,D_\lambda(0) = \frac{d}{dz}\,\widetilde{D}(0) = -\frac{2^{\frac{1+\lambda}{2}}\sqrt{\pi}}{\Gamma\left(-\frac{\lambda}{2}\right)}$$

を得る．これより，(6.28) が従う．

　こうしてウェーバー関数 $D_\lambda(z)$ に対する異なる二つの積分表示式 (6.22) と (6.28) が得られた．この二つの積分表示式を用いて，(6.25) を証明する．まず，$\arg x = -\pi$ という前提の下で，負の実軸に沿う次の積分表示式

$$\frac{1}{\Gamma(-\lambda)}\int_{-\infty,(\text{下})}^0 e^{-\frac{z^2}{4}-zx-\frac{x^2}{2}}x^{-\lambda-1}\,dx$$

を考える．変数変換

$$x = -t = e^{-i\pi}t$$

を施せば，この積分表示式は

$$-\frac{e^{i\pi\lambda}}{\Gamma(-\lambda)} \int_0^{+\infty} e^{-\frac{z^2}{4}+zt-\frac{t^2}{2}} t^{-\lambda-1}\, dt = -e^{i\pi\lambda} D_\lambda(-z)$$

となる．従って，次が得られる．

$$D(z) - e^{i\pi\lambda} D_\lambda(-z) = \frac{1}{\Gamma(-\lambda)} \int_{-\infty,(\text{下})}^{+\infty} e^{-\frac{z^2}{4}-zx-\frac{x^2}{2}} x^{-\lambda-1}\, dx.$$

他方，もう一つの積分表示式 (6.28) を $D_{-\lambda-1}(-iz)$ に用いれば，

$$D_{-\lambda-1}(-iz) = \frac{1}{\sqrt{2\pi}} e^{-\frac{i\pi(\lambda+1)}{2}} \int_{-\infty,(\text{下})}^{+\infty} e^{-\frac{z^2}{4}-zx-\frac{x^2}{2}} x^{-\lambda-1}\, dx.$$

この二つの積分表示式を比べれば，(6.25) を得る．　　　□

6.3　大きなパラメータを含んだ積分の漸近展開

　6.1 節と 6.2 節では，クンマーの合流型超幾何微分方程式 (4.42) とウェーバーの微分方程式 (6.18) を題材として，漸近展開の考え方を用いれば不確定特異点における形式解やストークス現象が数学的に扱えることを見た．その際に鍵となったのは，第 5 章と同様に解の積分表示式だった．特に 6.2 節で詳しく論じたウェーバー方程式については，ウェーバー関数の 2 通りの積分表示式を利用して，無限遠点のまわりのストークス係数の具体的な形まで求めた．しかし，6.2 節の議論は余りに計算が大変な上に，微分方程式の対称性に基づいて 2 通りの積分表示式を導入する必要があるなど，正直なところストークス係数を計算するためのお膳立てが非常に大変である．実は，ウェーバー方程式 (6.18) の場合，ある種の漸近解を独立変数 z と同時にパラメータ λ が大きな領域において考えれば，より系統だった見通しの良い（ある意味で幾何学的な）議論が可能である．本書の締めくくりとして，この 6.3 節と次の 6.4 節では，こうしたウェーバー方程式の漸近解に起こるいろいろなストークス現象を論じる．その準備として，本節では，大きなパラメータを含んだ積分の漸近展開，特にいわゆる最急降下法について説明する．

　以下では，合流型超幾何関数の積分表示式 (6.2) やウェーバー関数の積分表示式 (6.22) を念頭に置いて，主として次の形の複素積分を考察する．

$$\int_C e^{\eta\phi(x)} f(x)\, dx. \tag{6.29}$$

ただし，$\phi(x)$ と $f(x)$ は有限個の特異点を除いて領域 Ω で正則な関数，C は $\phi(x)$（または $f(x)$）の特異点あるいは無限遠点を端点とする Ω 内の積分路とする．また，$\eta > 0$ は大きなパラメータである．（6.1 節と 6.2 節で論じた積分表示式 (6.2) および (6.22) の場合は $\eta = z$ である．）さらに，積分が収束する条件として，C の端点では $\mathrm{Re}\,\phi(x) \to -\infty$，かつ $f(x)$ やその導関数は（$\phi(x)$ の導関数も込めて）多項式程度の増大度であると仮定する．以上の仮定の下で，複素積分 (6.29) の $\eta \to +\infty$ のときの漸近展開を求めたい．当然ながら積分 (6.29) の値がどれ位大きくなるか（あるいは小さくなるか）を知りたい訳だが，コーシーの積分定理により，積分の値は積分路を連続的に変形しても変わらない．それでは，積分路をどのように取れば最も効率的に積分の値を評価できるだろうか？　この疑問に答えてくれるのが **"最急降下法"** あるいは **"鞍点法"** である．

　最急降下法を説明するために，少し用語を準備する．

定義 6.2　(i)　正則関数 $\phi(x)$ の導関数の零点，すなわち $\phi'(x) = 0$ となる点を $\phi(x)$ の**鞍点**と呼ぶ．

　(ii)　$\widehat{x}$ を $\phi(x)$ の鞍点とする．$\widehat{x}$ を通って，$\mathrm{Re}\,\phi$ が最も速く減少するような曲線を，$\mathrm{Re}\,\phi$ の**最急降下路**と呼ぶ．

　例えば $\phi(x) = x^2$ の場合，$\phi'(x) = 2x$ なので，原点 $x = 0$ が $\phi(x)$ のただ一つの鞍点である．また，$x = p + iq$ とすれば，$\mathrm{Re}\,\phi(x) = p^2 - q^2$ となるので，虚軸 $p = 0$ が原点を通る $\mathrm{Re}\,\phi$ の最急降下路となる．一般に，$\phi(x) = \phi(p + iq) = \varphi(p, q) + i\psi(p, q)$ とすると，$\widehat{x}$ を通る $\varphi = \mathrm{Re}\,\phi$ の最急降下路は，φ の勾配ベクトル場を (-1) 倍した $-\left(\frac{\partial \varphi}{\partial p}, \frac{\partial \varphi}{\partial q}\right)$ の積分曲線，すなわち

$$\frac{dp}{dt} = -\frac{\partial \varphi}{\partial p}, \quad \frac{dq}{dt} = -\frac{\partial \varphi}{\partial q}, \quad \lim_{t \to -\infty}(p(t), q(t)) = \widehat{x} \qquad (6.30)$$

の解 $(p(t), q(t))$ として定義される．（$\widehat{x}$ は φ の勾配ベクトル場の特異点であることに注意．）

補題 6.2　正則関数 $\phi(x)$ に対して，$\mathrm{Re}\,\phi$ の最急降下路の上では $\mathrm{Im}\,\phi$ の値は一定である．

証明 上と同様に $\phi(x) = \phi(p + iq) = \varphi(p, q) + i\psi(p, q)$ とすると，$\mathrm{Re}\,\phi$ の最急降下路は (6.30) の解 $(p(t), q(t))$ である．すると，コーシー–リーマンの関係式（定理 4.1）により，

$$\frac{d}{dt}\psi(p(t), q(t)) = \frac{\partial\psi}{\partial p}\frac{dp}{dt} + \frac{\partial\psi}{\partial q}\frac{dq}{dt}$$
$$= \left(-\frac{\partial\varphi}{\partial q}\right)\left(-\frac{\partial\varphi}{\partial p}\right) + \frac{\partial\varphi}{\partial p}\left(-\frac{\partial\varphi}{\partial q}\right) = 0$$

が成り立つので，$\mathrm{Re}\,\phi$ の最急降下路の上では $\psi = \mathrm{Im}\,\phi$ の値は一定である．□

さて，$\mathrm{Re}\,\phi$ の最急降下路をこのように定義すると，複素積分 (6.29) に対する最急降下法は次のように説明できる．まず，

(A) 積分 (6.29) を，いくつかの $\mathrm{Re}\,\phi$ の最急降下路に沿う積分の和に分解する．

そして次に，

(B) $\mathrm{Re}\,\phi$ の最急降下路に沿う各積分について，その漸近展開を求める．

このうち (A) については，正則関数 $\phi(x)$ の値（特に，$\mathrm{Re}\,\phi$ の値）を参考に，積分路 C の形状を考慮して積分を分解する．この (A) はあくまでも幾何学的な問題なので，本書では一般的な議論は避け，ウェーバー方程式という具体例に対する考察に絞って次節で論じることにしたい．ただ，ここで次の点だけは注意しておこう．今，複素積分 (6.29) は収束し，積分路 C の両端では $\mathrm{Re}\,\phi(x) \to -\infty$ であることを仮定している．つまり，パラメータ η が十分大きいとき，(6.29) の被積分関数の絶対値 $|e^{\eta\phi(x)}f(x)| = e^{\eta\,\mathrm{Re}\,\phi(x)}|f(x)|$ は非常に小さい．従って (6.29) は，被積分関数の絶対値が非常に小さい所から（それとは別の）非常に小さい所への積分である．他方，$\phi(x)$ の鞍点とは，$\mathrm{Re}\,\phi$ や $\mathrm{Im}\,\phi$ のグラフが馬の鞍の形をしている所，言い換えれば，（$\mathrm{Re}\,\phi$ や $\mathrm{Im}\,\phi$ を土地の高さを表す標高と考えると）峠状の地形をなしているような点である．（$\phi(x) = x^2$ の場合の $x = 0$ はその典型．）そして，鞍点を通る $\mathrm{Re}\,\phi$ の最急降下路とは，そうした峠状の点を通る峠道に相当する．従って上記の (A) は，$e^{\eta\,\mathrm{Re}\,\phi}$ が非常に小さい 2 点を結ぶ積分路 C を，こうした峠道のいくつかの和に分解することと見なせる．複素積分は積分路を（連続的に変形可能な範囲で）自由に取ることが可能だけれども，積分 (6.29) の漸近展開を考えるにあたっては，積分路をこうした

峠道の和に分解しておくことが (Re ϕ が無駄に大きくなる点を避けるという意味で) 効率的であることを最急降下法は主張している. (より詳しい議論については, 例えば江沢[7]を参照.)

そこで, (A) の分解をどのように行うかについては次節の具体例に対する考察に譲ることとして, 本節では (B) について論じる. 以下, 積分路 C は $\phi(x)$ の鞍点 ($\widehat{x}$ で表す) を通る Re ϕ の最急降下路であるとする. さらに, 簡単のため, 最急降下路は他の鞍点にぶつかることなくその両端点で Re $\phi(x) \to -\infty$ となっていること, および $\phi''(\widehat{x}) \neq 0$, $f(\widehat{x}) \neq 0$ を仮定する. このとき, $\widehat{x}$ は峠状の点であるから, C は $\widehat{x}$ から 2 方向に延びていく. それらを C_+ と C_- で表すことにしよう. ($C_\pm$ の向きは, $\widehat{x}$ から C の端点に向かう方向に取るとする.) すると, 積分 (6.29) は

$$-\int_{C_+} e^{\eta\phi(x)} f(x)\, dx + \int_{C_-} e^{\eta\phi(x)} f(x)\, dx \tag{6.31}$$

と分解され, さらに $C_\pm$ に沿う積分を

$$\int_{C_\pm} e^{\eta\phi(x)} f(x)\, dx = e^{\eta\phi(\widehat{x})} \int_{C_\pm} e^{\eta\{\phi(x)-\phi(\widehat{x})\}} f(x)\, dx \tag{6.32}$$

と変形する. この (6.32) のそれぞれの積分について,

$$y = -\{\phi(x) - \phi(\widehat{x})\}$$

により積分変数を x から y に変換する. 上で述べた仮定により曲線 $C_\pm$ 上で $\frac{dy}{dx} \neq 0$ が成り立つので, これは正則な変数変換となる. さらに x が $C_\pm$ 上を動くとき, y は単調に 0 から ∞ まで増加する. 従って, $C_\pm$ 上での変数変換 (6.32) の逆変換を $x = \rho_\pm(y)$ で表すことにすれば,

$$\int_{C_\pm} e^{\eta\{\phi(x)-\phi(\widehat{x})\}} f(x)\, dx = \int_0^\infty e^{-\eta y} \left\{ -\frac{f(x)}{\phi'(x)} \right\}\Bigg|_{x=\rho_\pm(y)} dy$$

が成り立つ. よって, 次式が得られる.

$$\int_C e^{\eta\phi(x)} f(x)\, dx = e^{\eta\phi(\widehat{x})} \int_0^\infty e^{-\eta y} g(y)\, dy, \tag{6.33}$$

ただし,

$$g(y) = \frac{f(x)}{\phi'(x)}\Bigg|_{x=\rho_+(y)} - \frac{f(x)}{\phi'(x)}\Bigg|_{x=\rho_-(y)}. \tag{6.34}$$

（積分路 C の向きによっては (6.33) の右辺を -1 倍する必要があるが，ここでは (6.33) が成り立つように C の向きが定められているものとする．）つまり，$\mathrm{Re}\,\phi$ の最急降下路に沿う積分 (6.29) は，ラプラス変換型の積分 (6.33) に書き直せることがわかった．

ラプラス変換型の積分の漸近展開については，**ワトソンの補題**と呼ばれる次が成り立つ．

命題 6.1 （**ワトソンの補題**）　$g(x)$ は正の実軸の近傍で定義された正則関数とし，次の 2 条件を満たすと仮定する．

(i)　$q \geq 1$ を自然数，μ を

$$\mu + \frac{1}{q} > 0$$

を満たす実数として，$g(x)$ は $x = 0$ のまわりで次の形の収束級数に展開される．

$$g(x) = \sum_{k=1}^{\infty} a_k x^{\frac{k}{q}+\mu-1}.$$

(ii)　ある正の定数 $R, K, b > 0$ に対して，$x \geq R$ において $g(x)$ は次の不等式を満たす．

$$|g(x)| \leq K e^{bx} \quad (x \geq R).$$

このとき，次の漸近展開が成り立つ．

$$\int_0^\infty e^{-\eta x} g(x)\, dx \sim \sum_{k=1}^{\infty} a_k\, \Gamma\left(\frac{k}{q}+\mu\right) \eta^{-\frac{k}{q}-\mu} \quad (\eta \to +\infty). \quad (6.35)$$

注意 6.7　6.1 節の定義 6.1 では整数べきの漸近展開のみを扱ったが，分数べきの漸近展開についても同様に定義できる．

命題 6.1 は，ラプラス変換型の積分（(6.35) の左辺）の漸近展開が，被積分関数 $g(x)$ の $x = 0$ での展開のみで決定されることを主張している．

証明　$n \geq 1$ を自然数とする．仮定 (i) の展開を踏まえて，

$$g(x) = \sum_{k=1}^{n-1} a_k x^{\frac{k}{q}+\mu-1} + R_n(x)$$

とおき,

$$\int_0^\infty e^{-\eta x} g(x)\, dx = \sum_{k=1}^{n-1} a_k \int_0^\infty e^{-\eta x} x^{\frac{k}{q}+\mu-1}\, dx + \int_0^\infty e^{-\eta x} R_n(x)\, dx$$

$$(6.36)$$

と分解する. ここで, 右辺の第 1 項については, $\eta x = t$ と変数変換することにより,

$$\int_0^\infty e^{-\eta x} x^{\frac{k}{q}+\mu-1}\, dx = \int_0^\infty e^{-t} t^{\frac{k}{q}+\mu-1}\, dt \cdot \eta^{-\frac{k}{q}-\mu} = \Gamma\left(\frac{k}{q}+\mu\right)\eta^{-\frac{k}{q}-\mu}$$

と計算できる. 一方, 右辺の第 2 項の被積分関数については,

$$\widetilde{R}_n(x) = R_n(x) x^{-\left(\frac{n}{q}+\mu-1\right)} e^{-(b+1)x}$$

とおくと, 仮定 (i) および (ii) より, $\widetilde{R}_n(x)$ は $x \to 0$ のときも $x \to \infty$ のときも有界であることがわかる. つまり, $\widetilde{R}_n(x)$ は $x > 0$ 全体で有界となるので, ある定数 C_n が存在して,

$$|R_n(x)| \le C_n x^{\frac{n}{q}+\mu-1} e^{(b+1)x}$$

が $[0, \infty)$ で成り立つ. 従って, 再び $\eta x = t$ という変数変換を用いれば, (6.36) の右辺第 2 項は,

$$\left|\int_0^\infty e^{-\eta x} R_n(x)\, dx\right| \le C_n \int_0^\infty e^{-(\eta-b-1)x} x^{\frac{n}{q}+\mu-1}\, dx$$

$$= C_n \int_0^\infty e^{-\left(1-\frac{b+1}{\eta}\right)t} t^{\frac{n}{q}+\mu-1}\, dt \cdot \eta^{-\frac{n}{q}-\mu}$$

と評価できる. ここで, η が十分に大きいとき $1 - \frac{b+1}{\eta} \ge \frac{1}{2}$ であることを用いれば,

$$\left|\int_0^\infty e^{-\eta x} R_n(x)\, dx\right| \le C_n \int_0^\infty e^{-\frac{t}{2}} t^{\frac{n}{q}+\mu-1}\, dt \cdot \eta^{-\frac{n}{q}-\mu}.$$

この右辺の積分は収束して（n に依存する）定数となるので, よって, ある定数 $\widetilde{C}_n$ が存在して,

$$\left|\int_0^\infty e^{-\eta x} R_n(x)\, dx\right| \le \widetilde{C}_n \eta^{-\frac{n}{q}-\mu}$$

であることがわかる. 従って, 漸近展開の定義から, (6.35) が成立する.　　□

注意 6.8 6.1 節の例 6.3 で扱ったのは，$g(x) = f(x)x^{\mu}$, $q = 1$, $a_k = \frac{f^{(k-1)}(0)}{(k-1)!}$ の場合である．例 6.3 の漸近展開式 (6.11) は，命題 6.1 の結論 (6.35) から従う．

なお，$[0,1]$ といった有界区間上での積分についても，ワトソンの補題の結論 (6.35) と全く同じ漸近展開式が成立する．実際，

$$\int_0^1 e^{-\eta x} g(x)\, dx = \sum_{k=1}^{n-1} a_k \int_0^1 e^{-\eta x} x^{\frac{k}{q}+\mu-1}\, dx + \int_0^1 e^{-\eta x} R_n(x)\, dx$$

と分解すれば，右辺の第 2 項については上記の証明と同様にして

$$\left| \int_0^1 e^{-\eta x} R_n(x)\, dx \right| \le C_n \int_0^\infty e^{-\frac{t}{2}} t^{\frac{n}{q}+\mu-1}\, dt \cdot \eta^{-\frac{n}{q}-\mu} = O\big(\eta^{-\frac{n}{q}-\mu}\big)$$

が成立し，さらに第 1 項は

$$\int_0^1 e^{-\eta x} x^{\frac{k}{q}+\mu-1}\, dx = \int_0^\eta e^{-t} t^{\frac{k}{q}+\mu-1}\, dt \cdot \eta^{-\frac{k}{q}-\mu}$$
$$= \left\{ \Gamma\left(\frac{k}{q} + \mu \right) - \int_\eta^\infty e^{-t} t^{\frac{k}{q}+\mu-1}\, dt \right\} \eta^{-\frac{k}{q}-\mu}$$

と変形できる．ここで，

$$\int_\eta^\infty e^{-t} t^{\frac{k}{q}+\mu-1}\, dt \le e^{-\frac{\eta}{2}} \int_\eta^\infty e^{-\frac{t}{2}} t^{\frac{k}{q}+\mu-1}\, dt = O\big(e^{-\frac{\eta}{2}}\big)$$

であるから，この $[\eta, \infty)$ 上の積分は $\eta \to +\infty$ のとき指数関数的に小さく，その漸近展開は 0 となる．よって，有界区間上の積分についても (6.35) が成立する．

注意 6.9 注意 6.2 でも述べたように，本書では簡単のために $\eta \to +\infty$ に関する漸近展開のみを主として考えるが，漸近展開の公式 (6.35) は，（指数増大の条件 (ii) が対応する角領域で満たされると仮定すれば）実は $-\frac{\pi}{2} < \arg \eta < \frac{\pi}{2}$ という角領域において成立する．これは，積分変数 x が $x > 0$ を満たしているので，$-\frac{\pi}{2} < \arg \eta < \frac{\pi}{2}$ ならば $e^{-\eta x}$ が $|\eta| \to \infty$ のとき指数関数的に小さいことによる．詳しい証明については，江沢 [7] を参照．

なお，6.2 節でウェーバー関数 $D_\lambda(z)$ と形式解 $u^{(2)}$ との対応を論じる際に用いた積分路を回転させる議論は，角領域 $-\frac{\pi}{2} < \arg \eta < \frac{\pi}{2}$ における漸近展開公式 (6.35) を示す際には必要ないことに注意．従って，$D_\lambda(z)$ と $u^{(2)}$ との対応は，さらに広い角領域 $-\frac{3\pi}{4} < \arg \eta < \frac{3\pi}{4}$ で成り立つことになる（注意 6.6）．

このワトソンの補題（命題 6.1）を用いて，$\mathrm{Re}\,\phi$ の最急降下路に沿う積分 (6.29) の漸近展開を決定しよう．そのためには，(6.33) という関係式より，$g(y)$

の $y = 0$ での展開を求めればよい．ここで，$y = 0$ に対応する $x = \widehat{x}$ は $\phi(x)$ の鞍点なので，$y = y(x)$ の $x - \widehat{x}$ に関するテイラー展開

$$y(x) = -\frac{\phi''(\widehat{x})}{2}(x - \widehat{x})^2 - \frac{\phi'''(\widehat{x})}{6}(x - \widehat{x})^3 - \cdots$$

は 2 次の項から始まる．従って，その逆関数 $x = \rho_\pm(y)$ は，$y^{\frac{1}{2}}$ の収束べき級数

$$x = \widehat{x} + \left\{-\frac{2}{\phi''(\widehat{x})}\right\}^{\frac{1}{2}} y^{\frac{1}{2}} + \frac{\phi'''(\widehat{x})}{3\phi''(\widehat{x})^2} y + \cdots \tag{6.37}$$

の形に表される．（いわゆる**ピュイズー展開**．展開の各係数は未定係数法により求まり，それが収束することは陰関数の定理により保証される．）別の言い方をすれば，逆関数は（2 個の値を取る）2 価関数であり，補題 6.2 により y 平面の正の実軸 $\{y > 0\}$ の $\rho_\pm$ による像が $\mathrm{Re}\,\phi$ の二つの最急降下路 $C_\pm$ となる．（この 2 価の逆関数を表す記法が $\rho_\pm(y)$ に他ならない．）特に，y 平面で原点 $y = 0$ のまわりを一周すれば $\rho_\pm(y)$ が入れ替わり，従って (6.35) により，$g(y)$ は $y = 0$ のまわりを一周すると $-g(y)$ となることに注意しよう．$\phi'(x)$ が $x = \widehat{x}$ において 1 位の零点をもつことを考慮しつつ，上記の展開 (6.37) を (6.34) に代入すれば，

$$g(y) = f(\widehat{x})\left\{-\frac{2}{\phi''(\widehat{x})}\right\}^{\frac{1}{2}} \frac{1}{y^{\frac{1}{2}}}(1 + \cdots)$$

という $g(y)$ の $y = 0$ での展開が得られる．この右辺の $(1 + \cdots)$ の部分は，定数項 1 から始まる $y^{\frac{1}{2}}$ の収束べき級数である．実際には，上で述べたことから，$y^{\frac{1}{2}}g(y)$ は $y = 0$ のまわりを一周しても符号が変わらずに元に戻る 1 価関数となるので，この $(1 + \cdots)$ の部分は（$y^{\frac{1}{2}}$ ではなく）y の収束べき級数（正則関数）となる．すなわち，$g(y)$ の $y = 0$ での展開は次の形である．

$$g(y) = f(\widehat{x})\left\{-\frac{2}{\phi''(\widehat{x})}\right\}^{\frac{1}{2}} \sum_{n=0}^{\infty} g_n y^{n-\frac{1}{2}} \quad （ただし g_0 = 1）. \tag{6.38}$$

この右辺の y のべき指数を

$$n - \frac{1}{2} = -1 + \frac{2n + 1}{2}$$

と書き直し，$q = 2, \mu = 0$ としてワトソンの補題を (6.33) の右辺（正確には，それに $e^{-\eta\phi(\widehat{x})}$ を掛けたもの）に適用すれば，次を得る．

定理 6.4　積分路 C を $\phi(x)$ の鞍点 $\hat{x}$ を通る $\mathrm{Re}\,\phi$ の最急降下路とするとき，次の漸近展開が成り立つ.

$$
e^{-\eta\phi(\hat{x})} \int_C e^{\eta\phi(x)} f(x)\,dx
$$
$$
\sim f(\hat{x}) \left\{ -\frac{2}{\phi''(\hat{x})} \right\}^{\frac{1}{2}} \sum_{n=0}^{\infty} g_n \Gamma\left(n + \frac{1}{2}\right) \eta^{-n-\frac{1}{2}} \quad (\eta \to +\infty).
$$
$$
\tag{6.39}
$$

ただし $\{g_n\}_{n \geq 0}$ は，(6.34) で定義される $g(y)$ の $y = 0$ での展開 (6.38) の係数である（特に $g_0 = 1$).

6.4　ウェーバー方程式のパラメータに関するストークス現象

前節で説明した最急降下法を利用して，本節では，（独立変数 z とともに）パラメータ λ が大きな領域におけるウェーバー方程式のいろいろなストークス現象，特に**パラメータに関するストークス現象**について考察する.

考察の対象は，6.2 節と同様に，ウェーバーの微分方程式

$$
\frac{d^2 u}{dz^2} + \left(\lambda + \frac{1}{2} - \frac{z^2}{4} \right) u = 0
\tag{6.18}
$$

である. ただし，不確定特異点 $z = \infty$ の近傍を動く独立変数 z と同時にパラメータ λ も大きい領域を問題とするので，以下では，$\eta > 0$ を大きいパラメータとして，上式で $z, \lambda + \frac{1}{2}$ をそれぞれ $\sqrt{\eta}\,z, \eta\lambda$ で置き換えて得られる次の（大きいパラメータ $\eta > 0$ を含んだ）微分方程式を考える.

$$
\frac{d^2 u}{dz^2} - \eta^2 \left(\frac{z^2}{4} - \lambda \right) u = 0.
\tag{6.40}
$$

（以下，(6.40) もウェーバー方程式と呼ぶことにする.）定理 6.2 により，(6.40) は積分表示式

$$
\int e^{-\eta \frac{z^2}{4} - \sqrt{\eta}\,zx - \frac{x^2}{2}} x^{-\eta\lambda - \frac{1}{2}}\,dx
$$

をもっている. ここで，積分変数 x を新たに $\sqrt{\eta}\,x$ で置き換えるという積分変数の変換を行えば，微分方程式 (6.40) は（定数因子を除いた）次のような積分

表示式をもつことがわかる.

$$\int e^{\eta\phi(x;z,\lambda)} x^{-\frac{1}{2}} \, dx, \tag{6.41}$$

ただし,

$$\phi(x) = \phi(x;z,\lambda) = -\left(\frac{z^2}{4} + zx + \frac{x^2}{2} + \lambda \log x \right). \tag{6.42}$$

この積分 (6.41) は, まさに前節で扱った形の複素積分である. 以下では, (6.41) に最急降下法を応用することにより, ウェーバー方程式 (6.40) のストークス現象を論じる.

　まず, 積分表示式 (6.41) の鞍点を求めておこう. (6.41) の指数部分である関数 (6.42) の (積分変数 x に関する) 導関数

$$\frac{\partial}{\partial x} \phi(x;z,\lambda) = -\left(z + x + \frac{\lambda}{x} \right)$$

の零点として, 二つの鞍点

$$\widehat{x}^{(1)} = \frac{-z + \sqrt{z^2 - 4\lambda}}{2}, \quad \widehat{x}^{(2)} = \frac{-z - \sqrt{z^2 - 4\lambda}}{2} \tag{6.43}$$

が得られる. この二つの鞍点 $\widehat{x}^{(j)}$ ($j = 1, 2$) を通る $\operatorname{Re}\phi(x;z,\lambda)$ の最急降下路を $C^{(j)}$ とし,

$$\psi^{(j)}(z) = \int_{C^{(j)}} e^{\eta\phi(x;z,\lambda)} x^{-\frac{1}{2}} \, dx \tag{6.44}$$

とおく. ($C^{(j)}$ の向きは場合に応じて適宜定めるものとする.) $\psi^{(j)}(z)$ はウェーバー方程式 (6.40) の正則な解である. さらに, この $\psi^{(j)}(z)$ に定理 6.4 を適用すれば, $\psi^{(j)}(z)$ の ($\eta \to +\infty$ に関する) 漸近展開として,

$$u^{(j)}(z) = e^{\eta\phi(\widehat{x}^{(j)};z,\lambda)} \sum_{n=0}^{\infty} \psi_n^{(j)}(z,\lambda) \eta^{-(n+\frac{1}{2})} \tag{6.45}$$

という形の (指数関数の項を含んだ) η^{-1} のべき級数が現れる. この $u^{(j)}(z)$ は, $\psi^{(j)}(z)$ が (6.40) の解であることの帰結として, ウェーバー方程式 (6.40) の形式解となる. (6.45) のような, (指数関数の項を含んだ) η^{-1} のべき級数の形をした形式解は, 一般に **WKB 解**と呼ばれる. (WKB 解についてより詳しくは, 河合–竹井[8]を参照.) 本節で問題とするのは, このウェーバー方程式 (6.40) の WKB 解 (6.45) に関するストークス現象である. 以下では, 三つの場合につい

て，最急降下路 $C^{(j)}$ の形状を調べることにより $u^{(j)}(z)$ に起こるストークス現象を具体的に論じる．

> $\boxed{\text{注意 6.10}}$ 上記の WKB 解 $u^{(j)}(z)$ は，一般に収束しない (6.40) の形式解である．$u^{(j)}(z)$ が収束しない理由は，定理 6.4 の漸近展開の公式 (6.39) の右辺に現れる $\Gamma\left(n+\frac{1}{2}\right)$ による．

6.4.1 z が変化したときのストークス現象

まず第 1 の場合として，$\lambda = \frac{1}{4}, z = \frac{5}{4}$ のときを考える．このとき，(6.41) の鞍点は $\widehat{x} = -1$ と $\widehat{x} = -\frac{1}{4}$ である．以下では，

$$\widehat{x}^{(1)} = -1, \quad \widehat{x}^{(2)} = -\frac{1}{4}$$

と鞍点に番号を付けておく．この二つの鞍点 $\widehat{x}^{(j)}$ を通る $\operatorname{Re}\phi(x; \frac{5}{4}, \frac{1}{4})$ の最急降下路 $C^{(j)}$ ($j = 1, 2$) を図示したのが図 **6.2** である．

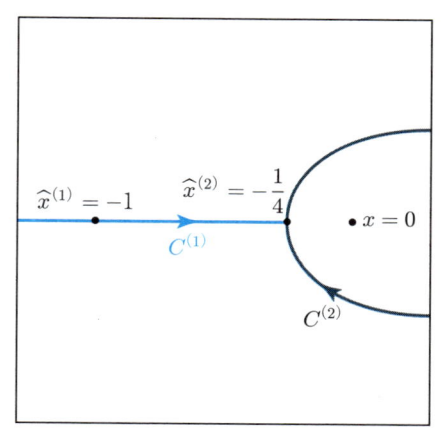

図 **6.2** $\lambda = \frac{1}{4}, z = \frac{5}{4}$ のときの鞍点と最急降下路

この図 **6.2** から，鞍点 $\widehat{x}^{(1)}$ を通る最急降下路 $C^{(1)}$ がもう一つの鞍点 $\widehat{x}^{(2)}$ にぶつかっていることが見てとれる．前節で鞍点を通る $\operatorname{Re}\phi$ の最急降下路に沿う積分表示式の漸近展開を論じたが，この図 **6.2** の状況は，その漸近展開を論じた際の仮定が満たされないことを意味する．実際，この図 **6.2** のように，鞍点 $\widehat{x}^{(j)}$ を通る $\operatorname{Re}\phi$ の最急降下路 $C^{(j)}$ が他の鞍点（または，$\widehat{x}^{(j)}$ 自身）にぶつ

かると，一般に，対応する WKB 解 $u^{(j)}(z)$ にストークス現象が起きる．

今の場合，実際に $u^{(1)}(z)$ にストークス現象が起きていることを確かめるために，$\mathrm{Im}\,z$ の値を少し変化させてみよう．図 **6.3**，図 **6.4** は，それぞれ $z = \frac{5}{4} - i\epsilon$，$z = \frac{5}{4} + i\epsilon$ のときの二つの鞍点を通る $\mathrm{Re}\,\phi$ の最急降下路の図である．（ここで，ϵ は十分小さい正の数．なお，λ は $\frac{1}{4}$ に固定している．）最急降下路 $C^{(1)}$ が鞍点 $\widehat{x}^{(2)}$ にぶつかるという退化した図 **6.2** の特殊な状況が，図 **6.3** と図 **6.4** では，異なる 2 通りのパターンで解消されていることがわかる．なお，$z = \frac{5}{4} \pm i\epsilon$ で形状が異なる $C^{(1)}$ を区別するために，以下では $C^{(1)}_{\pm}$ という記号を用いることにし，対応する正則解や WKB 解の方も $\psi^{(1)}_{\pm}(z)$，$u^{(1)}_{\pm}(z)$ と表す．（区別の必要のない $C^{(2)}$ や $u^{(2)}(z)$ については，こうした記法は用いない．）特に図 **6.3** における，つまり $z = \frac{5}{4} - i\epsilon$ のときの WKB 解 $u^{(1)}_{-}(z)$ を考える．前節の議論より，この WKB 解には

$$\psi^{(1)}_{-}(z) = \int_{C^{(1)}_{-}} e^{\eta\phi(x;\frac{5}{4}-i\epsilon,\frac{1}{4})} x^{-\frac{1}{2}}\, dx \tag{6.46}$$

という積分表示式で与えられる正則な解が対応する．この解 (6.46) を $z = \frac{5}{4} + i\epsilon$ まで解析接続しよう．積分路 $C^{(1)}_{-}$ が $z = \frac{5}{4} + i\epsilon$ では $C^{(1)}_{+}$ と $C^{(2)}$ の和の形になることに注意すれば，(6.46) の解析接続は

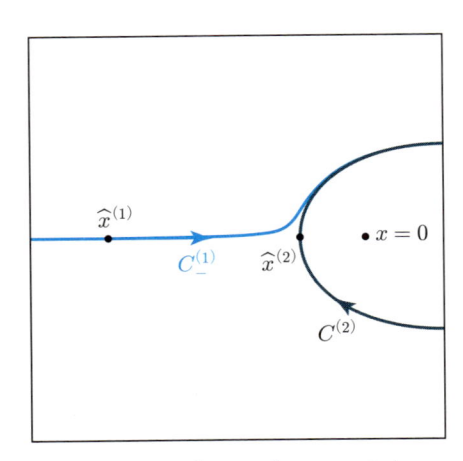
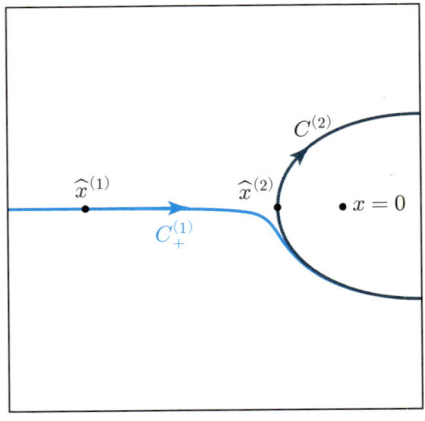

図 **6.3** $\lambda = \frac{1}{4}, z = \frac{5}{4} - i\epsilon$ のときの鞍点と最急降下路

図 **6.4** $\lambda = \frac{1}{4}, z = \frac{5}{4} + i\epsilon$ のときの鞍点と最急降下路

$$\int_{C_+^{(1)}} e^{\eta \phi(x; \frac{5}{4} + i\epsilon, \frac{1}{4})} x^{-\frac{1}{2}} \, dx + \int_{C^{(2)}} e^{\eta \phi(x; \frac{5}{4} + i\epsilon, \frac{1}{4})} x^{-\frac{1}{2}} \, dx$$

という二つの積分の和で与えられることがわかる．（前節の (A) の議論の典型例！）すなわち，正則解 $\psi_{\pm}^{(1)}(z)$, $\psi^{(2)}(z)$ の間に

$$\psi_-^{(1)}(z) = \psi_+^{(1)}(z) + \psi^{(2)}(z)$$

という式が成り立つ．対応する WKB 解を用いて表すと，

$$u_-^{(1)}(z) = u_+^{(1)}(z) + u^{(2)}(z) \tag{6.47}$$

となる．容易にわかるように $\mathrm{Re}\,\phi(\widehat{x}^{(1)}) > \mathrm{Re}\,\phi(\widehat{x}^{(2)})$ であるから，この (6.47) という式は，$z = \frac{5}{4}$ の近傍で z が実軸を横切って下半平面から上半平面に変化するときに，指数関数的に大きな WKB 解 $u^{(1)}(z)$ が指数関数的に小さい $u^{(2)}(z)$ を拾い込むというストークス現象が起きていることを意味している．こうして $\lambda = \frac{1}{4}$, $z = \frac{5}{4}$ において実際にストークス現象が起こることが確かめられた．このストークス現象は，z が変化するときに起こるという意味で，6.2 節で論じたストークス現象と本質的に同じものである．

6.4.2 パラメータ λ が変化したときのストークス現象

次に，$\lambda = \frac{i}{4}$, $z = \frac{5}{4} e^{\frac{i\pi}{4}}$ の場合を考える．このとき，(6.41) の鞍点は次の 2 点である．

$$\widehat{x}^{(1)} = -e^{\frac{i\pi}{4}}, \quad \widehat{x}^{(2)} = -\frac{1}{4} e^{\frac{i\pi}{4}}.$$

この二つの鞍点 $\widehat{x}^{(j)}$ を通る $\mathrm{Re}\,\phi$ の最急降下路 $C^{(j)}$ $(j = 1, 2)$ を図示したのが図 6.5 である．前項の場合とは状況が異なるが，この場合も鞍点 $\widehat{x}^{(2)}$ を通る最急降下路 $C^{(2)}$ が自分自身にぶつかるという退化が生じている．この退化した状況により，この場合も WKB 解 $u^{(2)}(z)$ に以下で説明するようなストークス現象が起こる．

今回の場合は，z の値は固定しておいて，パラメータ λ の値，特にその実部 $\mathrm{Re}\,\lambda$ を変化させてみる．つまり，ϵ を十分小さい正の数として，$\lambda = \pm\epsilon + \frac{i}{4}$ という二つの場合を考える．図 6.6, 図 6.7 は，パラメータの値がそれぞれ $\lambda = -\epsilon + \frac{i}{4}$, $\lambda = \epsilon + \frac{i}{4}$ のときの二つの鞍点を通る $\mathrm{Re}\,\phi$ の最急降下路の図である．図 6.5 の退化した状況が解消され，図 6.6 では鞍点 $\widehat{x}^{(2)}$ を通る最急降下路の一方が原点

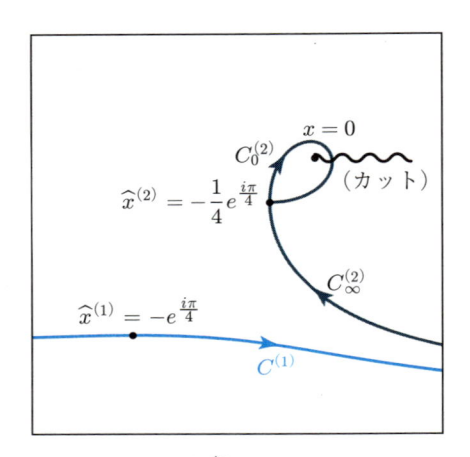

図 **6.5**　$\lambda = \frac{i}{4}, z = \frac{5}{4}e^{\frac{i\pi}{4}}$ のときの鞍点と最急降下路

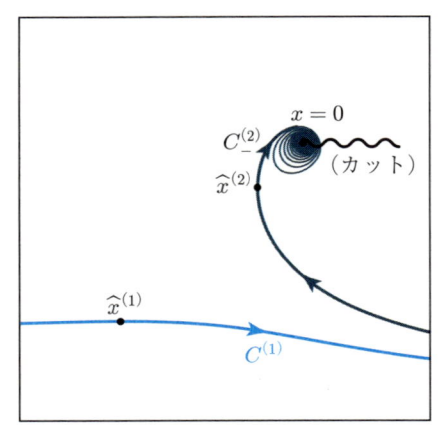

図 **6.6**　$\lambda = -\epsilon + \frac{i}{4}, z = \frac{5}{4}e^{\frac{i\pi}{4}}$ のときの鞍点と最急降下路

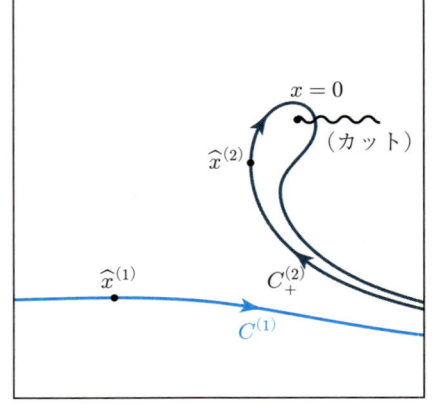

図 **6.7**　$\lambda = \epsilon + \frac{i}{4}, z = \frac{5}{4}e^{\frac{i\pi}{4}}$ のときの鞍点と最急降下路

$x = 0$ に流れ込み，図 6.7 では $x = 0$ をまわり込んで $\widehat{x}^{(2)}$ を通る最急降下路が 2 方向とも無限遠点 $x = \infty$ に流れ込んでいることがわかる．この状況下で WKB 解 $u^{(2)}(z)$ に起こるストークス現象をより詳しく論じるために，前項と同様に，$C_\pm^{(2)}$ や $u_\pm^{(2)}(z)$ という記法を用いる．また，図 6.5 の状況において，鞍点 $\widehat{x}^{(2)}$ を通る最急降下路に沿って $x = \infty$ から $\widehat{x}^{(2)}$ に至る曲線を $C_\infty^{(2)}$，同じく $\widehat{x}^{(2)}$ を通る最急降下路に沿って $\widehat{x}^{(2)}$ から原点 $x = 0$ のまわりをまわって $\widehat{x}^{(2)}$ に戻る曲線を $C_0^{(2)}$ で表す（図 6.5 参照）．このとき，$\lambda = -\epsilon + \frac{i}{4}$ における WKB 解 $u_-^{(2)}(z)$（正確には，それに対応する正則解 $\psi_-^{(2)}(z)$）が $\lambda = \epsilon + \frac{i}{4}$ ではどのように表されるかが問題である．

ここで注意すべきは，積分表示式 (6.41) の被積分関数 $\phi(x; z, \lambda)$ と $x^{-\frac{1}{2}}$ が多価関数であり，$x = 0$ のまわりをまわると分枝が変化するという点である．より正確には，原点 $x = 0$ から正の実軸に沿ってカットを入れておくと（図 6.5 参照），このカットを上から下に横切るとき，$\phi(x; z, \lambda)$ と $x^{-\frac{1}{2}}$ はそれぞれ $\phi(x; z, \lambda) + 2i\pi\lambda$ と $-x^{-\frac{1}{2}}$ に変化する．従って，カットを上から下に横切るたびに，積分表示式 (6.41) は $-e^{2i\pi\eta\lambda}$ 倍されることになる．この多価性を踏まえれば，図 6.6 と図 6.7 により，積分路 $C_\pm^{(2)}$ は次のように表されることがわかる．

$$C_-^{(2)} = C_\infty^{(2)} + C_0^{(2)} + (-e^{2i\pi\eta\lambda})C_0^{(2)} + (-e^{2i\pi\eta\lambda})^2 C_0^{(2)} + \cdots$$
$$= C_\infty^{(2)} + \frac{1}{1 + e^{2i\pi\eta\lambda}} C_0^{(2)}, \tag{6.48}$$

および

$$C_+^{(2)} = C_\infty^{(2)} + C_0^{(2)} + (-e^{2i\pi\eta\lambda})(-C_\infty^{(2)})$$
$$= (1 + e^{2i\pi\eta\lambda})C_\infty^{(2)} + C_0^{(2)}. \tag{6.49}$$

この二つの式 (6.48) と (6.49) を比べれば，次式を得る．

$$u_+^{(2)}(z) = (1 + e^{2i\pi\eta\lambda})u_-^{(2)}(z). \tag{6.50}$$

（今の場合，$u^{(1)}(z)$ の方にはストークス現象は起こらない．）$\lambda = \frac{i}{4}$ であったから，$e^{2i\pi\eta\lambda}$ は指数関数的に小さいことに注意しよう．従って (6.50) は，やはり（大きいパラメータ $\eta > 0$ に関して）指数関数的に小さい項を拾い込むというストークス現象が WKB 解 $u^{(2)}(z)$ に起きていることを意味している．パラメータ λ の変化に伴って起こるストークス現象なので，(6.50) は**パラメータに関するストークス現象**と呼ばれる．

6.4.3　2種類のストークス現象が同時に起こる場合

最後に，6.4.1項，6.4.2項よりもう少し複雑な $\lambda = \frac{i}{4}, z = \frac{4}{5} e^{\frac{i\pi}{4}}$ の場合を考察する．この場合の (6.41) の鞍点は

$$\widehat{x}^{(1)} = \frac{-4+3i}{10} e^{\frac{i\pi}{4}}, \quad \widehat{x}^{(2)} = \frac{-4-3i}{10} e^{\frac{i\pi}{4}}$$

の2点である．この二つの鞍点 $\widehat{x}^{(j)}$ を通る $\mathrm{Re}\,\phi$ の最急降下路 $C^{(j)}$（$j = 1, 2$）を図 6.8 に示す．この場合は，$C^{(1)}$ と $C^{(2)}$ の両方の最急降下路が他の鞍点にぶつかるという2重の退化が生じている．両方の鞍点 $\widehat{x}^{(j)}$ が退化に関係している上に，原点 $x = 0$ をまわりこんだ後に他の鞍点にぶつかるという退化も起こっているという意味で，この場合は 6.4.1 項，6.4.2 項で論じた退化が同時に起こっていると考えられる．

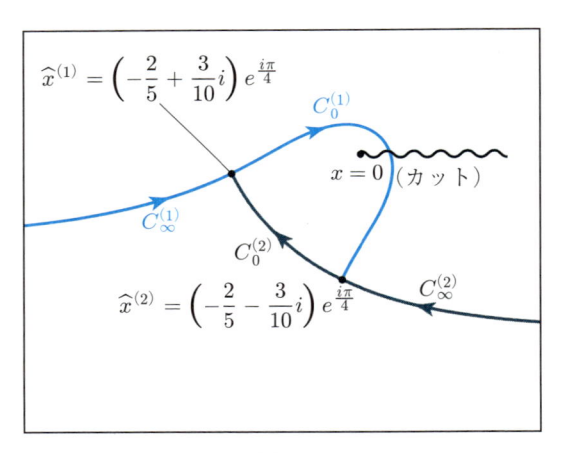

図 6.8　$\lambda = \frac{i}{4}, z = \frac{4}{5} e^{\frac{i\pi}{4}}$ のときの鞍点と最急降下路

　この場合のストークス現象を調べるために，6.4.2項と同様に，z の値は固定した上で，$\lambda = \pm\epsilon + \frac{i}{4}$ としてパラメータ λ の実部 $\mathrm{Re}\,\lambda$ の値を変化させてみる（ϵ は十分小さい正の数）．パラメータの値が $\lambda = -\epsilon + \frac{i}{4}, \lambda = \epsilon + \frac{i}{4}$ のときの二つの鞍点を通る $\mathrm{Re}\,\phi$ の最急降下路を図示したのが，それぞれ図 6.9，図 6.10 である．前2項と同様に，やはり図 6.8 の退化した状況は解消され，図 6.9 ではどちらの鞍点を通る最急降下路も一方が原点 $x = 0$ に流れ込み，図 6.10 ではどちらの鞍点を通る最急降下路も両方向が無限遠点 $x = \infty$ に流れ込んでい

る．前 2 項と同様に，以下では $C_\pm^{(j)}$ や $u_\pm^{(j)}(z)$ $(j = 1, 2)$ という記法を用いる．また，図 **6.8** に示されているように，曲線 $C_\infty^{(j)}$, $C_0^{(j)}$ を定める．

このとき，6.4.2 項と全く同様に，原点 $x = 0$ から正の実軸に沿ってカットを入れておくと（図 **6.8** 参照），カットを上から下に横切るたびに積分表示式 (6.41) は $-e^{2i\pi\eta\lambda}$ 倍される．従って，図 **6.9** と図 **6.10** により，積分路 $C_\pm^{(j)}$ は次のように表されることになる．

$$
\begin{aligned}
C_-^{(1)} &= C_\infty^{(1)} + C_0^{(1)} + (-e^{2i\pi\eta\lambda})C_0^{(2)} \\
&\quad + (-e^{2i\pi\eta\lambda})C_0^{(1)} + (-e^{2i\pi\eta\lambda})^2 C_0^{(2)} + \cdots \\
&= C_\infty^{(1)} + \frac{1}{1 + e^{2i\pi\eta\lambda}} C_0^{(1)} - \frac{e^{2i\pi\eta\lambda}}{1 + e^{2i\pi\eta\lambda}} C_0^{(2)}, \\
C_-^{(2)} &= C_\infty^{(2)} + C_0^{(2)} + C_0^{(1)} + (-e^{2i\pi\eta\lambda})C_0^{(2)} + (-e^{2i\pi\eta\lambda})C_0^{(1)} + \cdots \\
&= C_\infty^{(2)} + \frac{1}{1 + e^{2i\pi\eta\lambda}} C_0^{(1)} + \frac{1}{1 + e^{2i\pi\eta\lambda}} C_0^{(2)},
\end{aligned}
$$

および

$$
\begin{aligned}
C_+^{(1)} &= C_\infty^{(1)} + C_0^{(1)} + (-e^{2i\pi\eta\lambda})(-C_\infty^{(2)}) = C_\infty^{(1)} + C_0^{(1)} + e^{2i\pi\eta\lambda}C_\infty^{(2)}, \\
C_+^{(2)} &= C_\infty^{(2)} + C_0^{(2)} - C_\infty^{(1)}.
\end{aligned}
$$

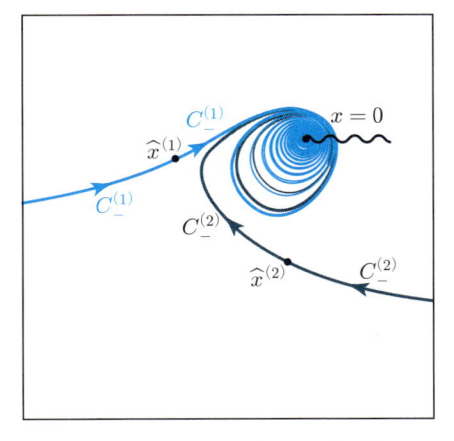 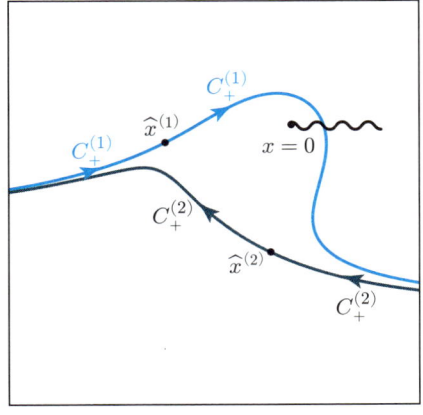

図 **6.9** $\lambda = -\epsilon + \frac{i}{4}, z = \frac{4}{5}e^{\frac{i\pi}{4}}$ の ときの鞍点と最急降下路

図 **6.10** $\lambda = \epsilon + \frac{i}{4}, z = \frac{4}{5}e^{\frac{i\pi}{4}}$ の ときの鞍点と最急降下路

これより,

$$(1 + e^{2i\pi\eta\lambda})C_-^{(1)} = (1 + e^{2i\pi\eta\lambda})C_\infty^{(1)} + C_0^{(1)} - e^{2i\pi\eta\lambda}C_0^{(2)}$$
$$= C_+^{(1)} - e^{2i\pi\eta\lambda}C_+^{(2)}, \tag{6.51}$$

$$(1 + e^{2i\pi\eta\lambda})C_-^{(2)} = (1 + e^{2i\pi\eta\lambda})C_\infty^{(2)} + C_0^{(1)} + C_0^{(2)}$$
$$= C_+^{(1)} + C_+^{(2)} \tag{6.52}$$

が得られる. すなわち, 解を用いて表現すると,

$$\begin{cases} (1 + e^{2i\pi\eta\lambda})u_-^{(1)} = u_+^{(1)} - e^{2i\pi\eta\lambda}u_+^{(2)}, \\ (1 + e^{2i\pi\eta\lambda})u_-^{(2)} = u_+^{(1)} + u_+^{(2)}. \end{cases} \tag{6.53}$$

$u_+^{(j)}$ について解けば,

$$\begin{cases} u_+^{(1)} = u_-^{(1)} + e^{2i\pi\eta\lambda}u_-^{(2)}, \\ u_+^{(2)} = -u_-^{(1)} + u_-^{(2)} \end{cases} \tag{6.54}$$

が成り立つ. この (6.53), あるいは (6.54) が, この場合のストークス現象を表す式である. これは, 6.4.1 項と 6.4.2 項で論じた 2 種類のストークス現象を表す式 (6.47) と (6.50) を複雑に組み合わせた式となっている.

　このように, 大きなパラメータを含んだ積分に関する最急降下法を用いれば, 独立変数とパラメータがともに大きい領域での形式解 (WKB 解) についてのストークス現象を表す式が具体的に求まる. つまり, WKB 解に関するストークス現象は, 最急降下路の幾何と複素積分の理論の組み合わせにより比較的見通し良く解析することが可能である. 複素積分の方法は, 確定特異点型の微分方程式の解の大域的性質のみならず, 不確定特異点を含む微分方程式のストークス現象の解析にも有効である.

演 習 問 題

演習 1　(6.16) の漸近展開を計算することにより，合流型超幾何関数 $F(\alpha, \gamma; z)$ の $z \to -\infty$ での漸近展開を表す公式 (6.17) を証明せよ.

演習 2　変数変換とワトソンの補題を用いて，

$$I = \int_0^\infty e^{-zx^2} \cos x \, dx$$

と

$$J = \int_0^\infty e^{-zx^2} \sin x \, dx$$

の $z \to +\infty$ での漸近展開を求めよ.

演習 3　(6.13) の右辺の積分において，$z = \eta w$, $\alpha = p$, $\gamma = \eta q$ とおいて得られる積分

$$I(\eta) = \int_0^1 e^{\eta f(x; w, p, q)} \frac{dx}{x(1-x)},$$
$$f(x; w, p, q) = -wx + p \log(1-x) + (q-p) \log x$$

を考える. $w, p, q > 0$ かつ $q > p$ と仮定するとき，実軸上の区間 $(0, 1)$ に $I(\eta)$ の鞍点が一つ存在すること，さらに積分区間 $(0, 1)$ はこの鞍点を通る $\mathrm{Re}\, f$ の最急降下路であることを示せ.

演習問題略解

第 1 章

演習 1 (i)　$x = \dfrac{c}{t}$　（c は任意定数）　　(ii)　$x = a + ce^t$　（c は任意定数）

(iii)　$x = -\dfrac{1}{t + c}$　（c は任意定数）

演習 2　$x = -\dfrac{\beta}{\alpha} t - \dfrac{\beta}{\alpha^2} - \dfrac{\gamma}{\alpha} + ce^{\alpha t}$　（c は任意定数）

演習 3　$\frac{\partial \phi}{\partial t} = f(t, x)$ は明らか. $\frac{\partial \phi}{\partial x} = g(t, x)$ は次のようにして確かめられる.

$$\frac{\partial \phi}{\partial x} = g(t_0, x) + \int_{t_0}^{t} \frac{\partial f}{\partial x}(t', x)\, dt' = g(t_0, x) + \int_{t_0}^{t} \frac{\partial g}{\partial t}(t', x)\, dt'$$

$$= g(t_0, x) + \Big[g(t', x)\Big]\Big|_{t' = t_0}^{t' = t} = g(t, x).$$

あるいはグリーンの公式を用いて

$$\int_{\gamma_1 - \gamma_2} (f\, dt + g\, dx) = \iint_{\Omega} \left(\frac{\partial g}{\partial t} - \frac{\partial f}{\partial x} \right) dt\, dx$$
$$= 0.$$

従って

$$\int_{\gamma_1} (f\, dt + g\, dx) = \int_{\gamma_2} (f\, dt + g\, dx).$$

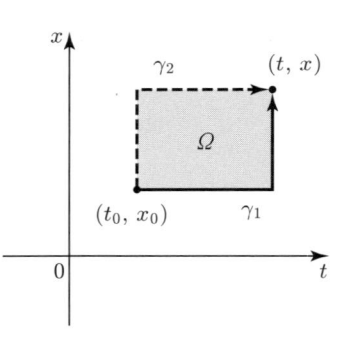

演習 4　(i)　$\phi = \frac{1}{4}(x^4 - 6t^2 x^2 + t^4)$ とおくと，問題の微分方程式は，完全微分形 $\frac{\partial \phi}{\partial t} + \frac{\partial \phi}{\partial x} \frac{dx}{dt} = 0$ の形である. 従って $x^4 - 6t^2 x^2 + t^4 = c$（c は任意定数）を得る.

(ii)　積分因子 t^{-3} をかければ，問題の微分方程式は（$\phi = \frac{x}{t^2}$ として）完全微分形である. 従って $x = ct^2$（c は任意定数）を得る.

演習 5　$y = \frac{x}{t}$ とおくと，y は

$$\frac{dy}{dt} = \frac{1}{t} \left(\frac{3y}{y^2 - 1} - y \right) = \frac{1}{t} \frac{y(4 - y^2)}{y^2 - 1}$$

を満たす. これを解いて $y^2(y^2 - 4)^3 = \frac{c}{t^8}$（$c$ は任意定数）.

演習 6　$y = \frac{1}{x}$ とおくと，y は

$$\frac{dy}{dt} = -a(t) - b(t)y$$

を満たす．これを解いて

$$x = \frac{1}{y} = \left\{ -e^{-B(t)} \int a(t) e^{B(t)} \, dt + c e^{-B(t)} \right\}^{-1}.$$

ただし，$B(t)$ は $b(t)$ の原始関数 $\int b(t)\,dt$，また c は任意定数．

第 2 章

演習 1　$x_j = e^{\lambda_j t}$ $(j = 1, 2, \ldots, n)$ とおくと，その $t = 0$ でのロンスキアンは

$$W(x_1, x_2, \ldots, x_n)(0) = \begin{vmatrix} 1 & \cdots & 1 \\ \lambda_1 & \cdots & \lambda_n \\ \vdots & & \vdots \\ \lambda_1^{n-1} & \cdots & \lambda_n^{n-1} \end{vmatrix}.$$

これはヴァンデルモンドの行列式なので，

$$W(x_1, x_2, \ldots, x_n)(0) = \prod_{i > j} (\lambda_i - \lambda_j). \tag{$*$}$$

従って，仮定より $W(x_1, x_2, \ldots, x_n)(0) \neq 0$. ゆえに $(x_1, x_2, \ldots, x_n)$ は一次独立．

なお，$(*)$ の一つの証明方法は，数学的帰納法を用いて次のようにすれば良い．まず $n = 2$ のときは明らか．次に n まで OK だと仮定して $n + 1$ のとき，つまり $W(x_1, x_2, \ldots, x_{n+1})(0)$ を考えると，

(1)　$W(x_1, x_2, \ldots, x_{n+1})(0)$ は λ_{n+1} について n 次の多項式，

(2)　その λ_{n+1}^n の係数は $W(x_1, x_2, \ldots, x_n)(0) = \prod_{n \geq i > j \geq 1} (\lambda_i - \lambda_j)$ に等しい，

(3)　$W(x_1, x_2, \ldots, x_{n+1})(0)$ は $\lambda_{n+1} = \lambda_j$ $(j = 1, 2, \ldots, n)$ で 0 になる，

が容易に確かめられる．これより $n + 1$ のときも $(*)$ が成り立つことがわかる．

演習 2　$(D - \mu)^n (e^{\lambda t} f) = e^{\lambda t} (D - \mu + \lambda)^n f$（ただし $D = \frac{d}{dt}$）を n に関する数学的帰納法で示す．$n = 0$ のときは明白．次に $n = 1$ のときは

$$\begin{aligned}
(D - \mu)(e^{\lambda t} f) &= (e^{\lambda t} f)' - \mu e^{\lambda t} f \\
&= e^{\lambda t} f' + \lambda e^{\lambda t} f - \mu e^{\lambda t} f \\
&= e^{\lambda t} (D - \mu + \lambda) f.
\end{aligned}$$

そこで n まで OK として $n+1$ のときを考えると,

$$(D - \mu)^{n+1}(e^{\lambda t}f) = (D - \mu)\left\{(D - \mu)^n(e^{\lambda t}f)\right\}$$
$$= (D - \mu)\left\{e^{\lambda t}(D - \mu + \lambda)^n f\right\}$$
$$= e^{\lambda t}(D - \mu + \lambda)\{(D - \mu + \lambda)^n f\}$$
$$= e^{\lambda t}(D - \mu + \lambda)^{n+1}f.$$

(ただし,2 行目の等式で n の場合の仮定を,また 3 行目の等式で先に確かめた $n = 1$ の場合の式を $(D - \mu + \lambda)^n f$ に対して,それぞれ用いた.)

演習 3 (i) $\lambda^2 + 3\lambda + 2 = (\lambda + 1)(\lambda + 2)$ より e^{-t}, e^{-2t} が基本解系.

(ii) $\lambda^2 + \lambda + 1 = 0$ の根は $\lambda = \frac{1}{2}(-1 \pm \sqrt{3}\,i)$. 従って $e^{(-1+\sqrt{3}\,i)\frac{t}{2}}, e^{(-1-\sqrt{3}\,i)\frac{t}{2}}$ (あるいは $e^{-\frac{t}{2}}\cos\frac{\sqrt{3}}{2}t, e^{-\frac{t}{2}}\sin\frac{\sqrt{3}}{2}t$) が基本解系.

(iii) $\lambda^3 - 4\lambda^2 + 5\lambda - 2 = (\lambda - 1)^2(\lambda - 2)$ より e^t, te^t, e^{2t} が基本解系.

演習 4 例題 2.2 と同様に考える.与えられた方程式をラプラス変換すると,

$$\left[\xi^2 \mathcal{L}[f] - \left\{\xi f(0) + \frac{df}{dx}(0)\right\}\right] + 5\{\xi\mathcal{L}[f] - f(0)\} + 6\mathcal{L}[f] = 0.$$

この式に初期条件 $f(0) = 0, \frac{df}{dx}(0) = 1$ を代入して $\mathcal{L}[f]$ について解けば,

$$\mathcal{L}[f](\xi) = \frac{1}{\xi^2 + 5\xi + 6} = \frac{1}{\xi + 2} - \frac{1}{\xi + 3}.$$

この式のラプラス逆変換を考えることにより,求める解は

$$f(x) = e^{-2x} - e^{-3x}.$$

演習 5 $\mu \neq \pm 1$ のとき,

$$\int \cos \mu t \sin t \, dt = -\frac{\cos(\mu + 1)t}{2(\mu + 1)} + \frac{\cos(\mu - 1)t}{2(\mu - 1)} - c_1,$$
$$\int \cos \mu t \cos t \, dt = \frac{\sin(\mu + 1)t}{2(\mu + 1)} + \frac{\sin(\mu - 1)t}{2(\mu - 1)} + c_2$$

より,

$$x = -\cos t \int \cos \mu t \sin t \, dt + \sin t \int \cos \mu t \cos t \, dt$$
$$= \frac{1}{2}\left(\frac{1}{\mu + 1} - \frac{1}{\mu - 1}\right)\cos \mu t + c_1 \cos t + c_2 \sin t$$
$$= -\frac{\cos \mu t}{\mu^2 - 1} + c_1 \cos t + c_2 \sin t.$$

$\mu = 1$ のとき（$\mu = -1$ のときも同じ），

$$\int \cos t \sin t \, dt = -\frac{1}{4} \cos 2t - c_1, \quad \int \cos^2 t \, dt = \frac{1}{4} \sin 2t + \frac{t}{2} + c_2$$

より，

$$x = -\cos t \int \cos t \sin t \, dt + \sin t \int \cos^2 t \, dt$$

$$= \frac{1}{4} \cos t + \frac{t}{2} \sin t + c_1 \cos t + c_2 \sin t$$

$$= \frac{t}{2} \sin t + \widetilde{c_1} \cos t + c_2 \sin t \qquad (ただし，\ \widetilde{c_1} = c_1 + \tfrac{1}{4}).$$

演習 6　$x'' - 2x' + x = 0$ の基本解系は $e^t,\ te^t$. そこで $x(t) = c_1(t)e^t + c_2(t)te^t$ の形で解を探す. 定数変化法を適用することにより，

$$\begin{pmatrix} e^t & te^t \\ e^t & (t+1)e^t \end{pmatrix} \begin{pmatrix} c_1' \\ c_2' \end{pmatrix} = \begin{pmatrix} 0 \\ e^t \end{pmatrix}.$$

$$\therefore \quad c_1' = -t, \quad c_2' = 1.$$

すなわち $c_1(t) = -\frac{t^2}{2} + c_1,\ c_2(t) = t + c_2$ （c_1, c_2：任意定数）. 従って

$$x = \left(-\frac{1}{2} t^2 + c_1 \right) e^t + (t + c_2)te^t = \frac{1}{2} t^2 e^t + c_1 e^t + c_2 te^t.$$

演習 7　$\det(\lambda I - A)$ を第 1 列に関して展開すると，

$$\det(\lambda I - A) = \begin{vmatrix} \lambda & -1 & & \\ & \ddots & \ddots & \\ & & \lambda & -1 \\ a_m & a_{m-1} & \cdots & \lambda + a_1 \end{vmatrix}$$

$$= \lambda \begin{vmatrix} \lambda & -1 & & \\ & \ddots & \ddots & \\ & & \lambda & -1 \\ a_{m-1} & \cdots & \cdots & \lambda + a_1 \end{vmatrix} + a_m.$$

これを繰り返して，

$$\det(\lambda I - A) = \lambda^{m-2} \begin{vmatrix} \lambda & -1 \\ a_2 & \lambda + a_1 \end{vmatrix} + a_3 \lambda^{m-3} + \cdots + a_m$$

$$= \lambda^m + a_1 \lambda^{m-1} + \cdots + a_m.$$

演習 8　(2.35) の証明：$\|A\|$ の定義より，$\|Au\|_\infty \le \|A\| \cdot \|u\|_\infty$ がすべての $u \in \mathbb{C}$ に対して成り立つ．従って

$$\|ABu\|_\infty \le \|A\| \cdot \|Bu\|_\infty \le \|A\| \cdot \|B\| \cdot \|u\|_\infty.$$

$$\therefore \quad \|AB\| = \sup_{u \in \mathbb{C}, \, u \ne 0} \frac{\|ABu\|_\infty}{\|u\|_\infty} \le \|A\| \cdot \|B\|.$$

(2.36) の証明：e_j を第 j 成分のみ 1，他の成分は 0 という $\mathbb{C}^n$ の元とすると，

$$\|e_j\|_\infty = 1, \quad \|Ae_j\|_\infty = \max_{1 \le i \le n} |a_{ij}|.$$

$$\therefore \quad \max_{1 \le i \le n} |a_{ij}| = \frac{\|Ae_j\|_\infty}{\|e_j\|_\infty} \le \|A\|.$$

これがすべての j に対して成立するので，$\|A\|_\infty \le \|A\|$．他方，

$$\|Au\|_\infty = \max_{1 \le i \le n} \left| \sum_{j=1}^n a_{ij} u_j \right| \le \max_{1 \le i \le n} \sum_{j=1}^n |a_{ij}| \cdot |u_j|$$

$$\le n \max_{1 \le i, j \le n} |a_{ij}| \max_{1 \le j \le n} |u_j| = n\|A\|_\infty \|u\|_\infty.$$

$$\therefore \quad \|A\| = \sup_{u \in \mathbb{C}, \, u \ne 0} \frac{\|Au\|_\infty}{\|u\|_\infty} \le n\|A\|_\infty.$$

演習 9　例えば

$$X = X(t) = \begin{pmatrix} 1 & t \\ 0 & t \end{pmatrix}$$

とする．帰納法により

$$X^j = \begin{pmatrix} 1 & t + t^2 + \cdots + t^j \\ 0 & t^j \end{pmatrix} = \begin{pmatrix} 1 & \frac{t(1-t^j)}{1-t} \\ 0 & t^j \end{pmatrix}$$

が確かめられるので，

$$e^{X(t)} = \sum_{j=1}^\infty \frac{X^j}{j!} = \begin{pmatrix} e & \frac{t}{1-t}(e - e^t) \\ 0 & e^t \end{pmatrix}.$$

$$\therefore \quad \frac{d}{dt} e^{X(t)} = \begin{pmatrix} 0 & \frac{e}{(1-t)^2} - \frac{1+t-t^2}{(1-t)^2} e^t \\ 0 & e^t \end{pmatrix}.$$

他方，

$$X'(t) e^{X(t)} = \begin{pmatrix} 0 & 1 \\ 0 & 1 \end{pmatrix} \begin{pmatrix} e & \frac{t}{1-t}(e - e^t) \\ 0 & e^t \end{pmatrix} = \begin{pmatrix} 0 & e^t \\ 0 & e^t \end{pmatrix} \ne \frac{d}{dt} e^{X(t)}.$$

演習 10　$\det(\lambda I - A) = (\lambda - a)^3$ に注意して，A をジョルダン標準形に変換する．

$A - aI = \begin{pmatrix} -a & 1 & 0 \\ 0 & -a & 1 \\ a^3 & -3a^2 & 2a \end{pmatrix}$ より，$\boldsymbol{x}_1 = \begin{pmatrix} 1 \\ a \\ a^2 \end{pmatrix}$, $\boldsymbol{x}_2 = \begin{pmatrix} 0 \\ 1 \\ 2a \end{pmatrix}$, $\boldsymbol{x}_3 = \begin{pmatrix} 0 \\ 0 \\ 1 \end{pmatrix}$ とおくと，

$$(A - aI)\boldsymbol{x}_1 = 0, \quad (A - aI)\boldsymbol{x}_2 = \boldsymbol{x}_1, \quad (A - aI)\boldsymbol{x}_3 = \boldsymbol{x}_2$$

が成り立つ．従って

$$T = \begin{pmatrix} 1 & 0 & 0 \\ a & 1 & 0 \\ a^2 & 2a & 1 \end{pmatrix} \quad \text{とおくと} \quad T^{-1}AT = \begin{pmatrix} a & 1 & 0 \\ 0 & a & 1 \\ 0 & 0 & a \end{pmatrix}.$$

$$\therefore \quad e^{At} = T e^{at} \begin{pmatrix} 1 & t & \frac{t^2}{2} \\ 0 & 1 & t \\ 0 & 0 & 1 \end{pmatrix} T^{-1}.$$

第3章

演習 1　仮定の不等式の右辺を $w(t) = C + \int_{t_0}^t u(s)v(s)\,ds$ とおく．すると $w'(t) = u(t)v(t)$ なので，仮定より $w'(t) \le v(t)w(t)$ が成立する．従って，

$$\frac{d}{dt}\left[w(t) \exp\left\{ -\int_{t_0}^t v(s)\,ds \right\} \right] \le 0.$$

これを t_0 から t まで積分すれば，$w(t) \exp\{ -\int_{t_0}^t v(s)\,ds \} \le w(t_0) = C$ を得る．よって，仮定の不等式と合わせて，

$$u(t) \le w(t) \le C \exp \int_{t_0}^t v(s)\,ds.$$

演習 2　$x_0 \in X$ を任意に一つとり，X 内の点列 $\{x_n\}_{n=0,1,2,\dots}$ を $x_n = \Phi(x_{n-1})$ $(n = 1, 2, \dots)$ により定める．このとき，

$$\|x_n - x_{n-1}\|_0 = \|\Phi(x_{n-1}) - \Phi(x_{n-2})\|_0 \le K\|x_{n-1} - x_{n-2}\|_0$$

$$\cdots$$

$$\le K^{n-1}\|x_1 - x_0\|_0 = CK^{n-1}.$$

$$\therefore \quad \sum_{n=1}^\infty \|x_n - x_{n-1}\|_0 \le C \sum_{n=1}^\infty K^{n-1} < +\infty.$$

従って, 点列 $x_n = x_0 + \sum_{k=1}^{n} (x_k - x_{k-1})$ はある点 $\hat{x} \in X$ に収束する. $x_n = \Phi(x_{n-1})$ であったから, $n \to \infty$ とすることにより, この $\hat{x}$ は $\Phi(\hat{x}) = \hat{x}$ を満たすことがわかる. 今, $\Phi(\hat{x}) = \hat{x}$ を満たす点が $\hat{x}_1$, $\hat{x}_2$ と二つあったとすると,

$$\|\hat{x}_1 - \hat{x}_2\|_0 = \|\Phi(\hat{x}_1) - \Phi(\hat{x}_2)\|_0 \leq K\|\hat{x}_1 - \hat{x}_2\|_0.$$

$$\therefore \quad (1 - K)\|\hat{x}_1 - \hat{x}_2\|_0 = 0.$$

$K < 1$ より, これが成立するのは $\hat{x}_1 = \hat{x}_2$ のときのみ. 従って $\Phi(\hat{x}) = \hat{x}$ を満たす $\hat{x}$ はただ一つである.

演習 3 まず, $\boldsymbol{x} \in X = \{\boldsymbol{x}(t) \in V \mid \|\boldsymbol{x}(t) - \boldsymbol{\alpha}\| \leq a\}$ ならば $\Phi(\boldsymbol{x}) \in X$ となることを示す. $\Phi(\boldsymbol{x})$ が I'' 上で連続であることは明らか. さらに,

$$\|\Phi(\boldsymbol{x}) - \boldsymbol{\alpha}\| \leq \left| \int_{t_0}^{t} \|\boldsymbol{f}(s, \boldsymbol{x}(s))\| \, ds \right| \leq M|t - t_0| \leq Mr'' \leq a.$$

次に, Φ が縮小写像であることは次のように確かめられる.

$$\begin{aligned}
\|\Phi(\boldsymbol{x}) - \Phi(\boldsymbol{y})\|_0 &= \sup_{t \in I''} \|\Phi(\boldsymbol{x})(t) - \Phi(\boldsymbol{y})(t)\| \\
&\leq \sup_{t \in I''} \left| \int_{t_0}^{t} \|\boldsymbol{f}(s, \boldsymbol{x}(s)) - \boldsymbol{f}(s, \boldsymbol{y}(s))\| \, ds \right| \\
&\leq L \sup_{t \in I''} \left| \int_{t_0}^{t} \|\boldsymbol{x}(s) - \boldsymbol{y}(s)\| \, ds \right| \\
&\leq Lr'' \|\boldsymbol{x} - \boldsymbol{y}\|_0 \leq \frac{1}{2} \|\boldsymbol{x} - \boldsymbol{y}\|_0.
\end{aligned}$$

演習 4 $x' = x^2 - 1$ は変数分離形.

$$\frac{1}{2} \left(\frac{1}{x-1} - \frac{1}{x+1} \right) \frac{dx}{dt} = 1$$

と変形して積分することにより, 一般解を求めると

$$x(t) = \frac{1 + ce^{2t}}{1 - ce^{2t}} \quad (c \text{ は任意定数}).$$

従って, 初期条件 $x(0) = \alpha$ を満たす解は次のようになる.

$$x(t) = \frac{(\alpha + 1) + (\alpha - 1)e^{2t}}{(\alpha + 1) - (\alpha - 1)e^{2t}}.$$

よって,

$1 < \alpha$ のとき, 解 $x(t)$ は $-\infty < t < \frac{1}{2} \log \frac{\alpha + 1}{\alpha - 1}$ まで,

$-1 \leq \alpha \leq 1$ のとき，　　　解 $x(t)$ は $-\infty < t < +\infty$ まで，

$\alpha < -1$ のとき，　　　　解 $x(t)$ は $\dfrac{1}{2} \log \dfrac{\alpha+1}{\alpha-1} < t < +\infty$ まで，

それぞれ接続できる．

演習 5　(i)　微分方程式

$$\frac{dX}{dt} = g(X), \quad X(0) = \alpha \tag{A.1}$$

の解を $X(t)$ とおく．仮定より $t \geq 0$ において $x(t)$ は単調増加なので，特に $x(t) > 0$ が成り立つことに注意すれば，比較定理より $(0 <) \, x(t) \leq X(t)$ が成立する．

　さて，(A.1) は変数分離形なので，その解 $X(t)$ は

$$\int_{\alpha}^{X(t)} \frac{1}{g(x)} \, dx = t$$

により求まる．つまり，$X(t)$ は $t = \int_{\alpha}^{X} \frac{1}{g(x)} \, dx$ の逆関数である．仮定より $\Phi(X) = \int_{\alpha}^{X} \frac{1}{g(x)} \, dx$ は $[\alpha, +\infty)$ から $[0, +\infty)$ への単調増加関数．従って $X(t)$ は $[0, +\infty)$ から $[\alpha, +\infty)$ への単調増加関数となるので，$x(t) \leq X(t)$ より，問題の微分方程式 (3.21) の解 $x(t)$ は $0 \leq t < +\infty$ まで接続できる．

　(ii)　(i) と同様にして，

$$\frac{dY}{dt} = h(Y), \quad Y(0) = \alpha \tag{A.2}$$

の解を $Y(t)$ とおくと，$(0 <) \, Y(t) \leq x(t)$ が成立する．再び (i) と同様に，$Y(t)$ は $t = \int_{\alpha}^{Y} \frac{1}{h(y)} \, dy$ の逆関数である．仮定より $\int_{\alpha}^{\infty} \frac{1}{h(y)} \, dy < +\infty$ なので，その積分の値を T とおくと，$\Psi(Y) = \int_{\alpha}^{Y} \frac{1}{h(y)} \, dy$ は $[\alpha, +\infty)$ から $[0, T)$ への単調増加関数となる．従って $Y(t)$ は $[0, T)$ から $[\alpha, +\infty)$ への単調増加関数である．よって，$Y(t) \leq x(t)$ であるから，(3.21) の解 $x(t)$ は $0 \leq t \leq T$ の範囲で爆発する．

演習 6　$\epsilon > 0$ に対して $G(t, Z) = F(t, Z) + \epsilon$ とおき，微分方程式

$$\frac{dZ}{dt} = G(t, Z), \quad Z(t_0) = A$$

の解 $Z(t) = Z(t; \epsilon)$ を考える．仮定より $\|\boldsymbol{f}(t, \boldsymbol{x})\| \leq F(t, \|\boldsymbol{x}\|) < G(t, \|\boldsymbol{x}\|)$ が成立するので，定理 3.6（比較定理）より $\|\boldsymbol{x}(t)\| \leq Z(t; \epsilon)$ が成り立つ．一方，パラメータに関する連続性（定理 3.8）より，$\epsilon \to 0$ のとき $Z(t; \epsilon) \to X(t)$．従って，$\|\boldsymbol{x}(t)\| \leq X(t)$ $(t \geq t_0)$ が成立する．

第4章

演習 1 $u(z) = \sum_{n \geq 0} u_n z^n$ を微分方程式に代入すると,

$$\sum_{n=2}^{\infty} n(n-1)u_n z^{n-2} - \sum_{n=0}^{\infty} u_n z^{n+2} = 0,$$

$$\therefore \quad \sum_{n=0}^{\infty} (n+2)(n+1)u_{n+2} z^n - \sum_{n=2}^{\infty} u_{n-2} z^n = 0.$$

従って,

$$2u_2 = 0, \quad 6u_3 = 0, \quad (n+2)(n+1)u_{n+2} = u_{n-2} \quad (n \geq 2).$$

初期条件より $u_0 = 1$, $u_1 = 0$ なので, これより

$$\begin{cases} u_n = u_{4m} = \left\{ \prod_{j=1}^{m} (4j)(4j-1) \right\}^{-1} & (n = 4m \text{ のとき}), \\ u_n = 0 & (\text{それ以外}). \end{cases}$$

演習 2 対数関数のべき級数展開より,

$$f(z) = \log(1+z) \quad (|z| < 1)$$

(ただし, 右辺の対数関数は主値, つまり $\log 1 = 0$ を満たすとする) が成り立つ. 従って, $f(z)$ は $\widetilde{\Omega} = \mathbb{C} \setminus \{-1\}$ に多価関数として解析接続される.

演習 3 $p(z) = \frac{1}{z}$, $q(z) = 1 - \frac{\nu^2}{z^2}$ とおくと, $P(z) = zp(z) = 1$, $Q(z) = z^2 q(z) = z^2 - \nu^2$ がともに $z = 0$ で正則なので, $z = 0$ は確定特異点. 特性指数は

$$\rho(\rho - 1) + P(0)\rho + Q(0) = \rho^2 - \nu^2 = 0$$

を解いて, $\rho = \pm\nu$.

演習 4 $\widehat{r}$, $\widehat{C}$ を, それぞれ

$$\widehat{r} \geq C + 1 \ (> 1), \quad \widehat{C} = \max\{a_0, a_1, \dots, a_{N-1}\}$$

を満たすように選ぶと,

$$a_0 \leq \widehat{C}, \quad a_1 \leq \widehat{C} \leq \widehat{C}\widehat{r}, \quad \dots, \quad a_{N-1} \leq \widehat{C} \leq \widehat{C}\widehat{r}^{N-1}$$

が成立する. そこで, 結論が $n-1$ (ただし $n \geq N$) まで正しい, すなわち $a_k \leq \widehat{C}\widehat{r}^k$ が $k \leq n-1$ に対して成り立つと仮定すると,

$$a_n \le C \sum_{k=0}^{n-1} a_k \le C\widehat{C} \sum_{k=0}^{n-1} \widehat{r}^k = C\widehat{C}\,\frac{\widehat{r}^n - 1}{\widehat{r} - 1}.$$

$\widehat{r}$ の決め方から $\frac{C}{\widehat{r}-1} \le 1$ なので,

$$a_n \le \widehat{C}(\widehat{r}^n - 1) \le \widehat{C}\widehat{r}^n$$

が n に対しても成り立つ. よって数学的帰納法により, 結論がすべての n に対して成立する.

演習 5　$u^{(2)} = e^z \sum_{n \ge 0} u_n z^{\alpha - \gamma - n}$ をクンマーの微分方程式 (4.42) に代入して整理すると,

$$e^z \left\{ -\sum_{n=0}^{\infty} n u_n z^{\alpha - \gamma - n} + \sum_{n=0}^{\infty} (\alpha - \gamma - n)(\alpha - 1 - n) u_n z^{\alpha - \gamma - 1 - n} \right\} = 0.$$

これより,

$$-(n+1)u_{n+1} + (\alpha - \gamma - n)(\alpha - 1 - n)u_n = 0 \quad (n = 0, 1, 2, \ldots).$$

すなわち, $u_{n+1} = \frac{(\alpha - \gamma - n)(\alpha - 1 - n)}{(n+1)} u_n$. よって,

$$u^{(2)} = e^z z^{\alpha - \gamma} \sum_{n=0}^{\infty} \frac{(\gamma - \alpha)_n (1 - \alpha)_n}{n!} z^{-n}.$$

演習 6　$z = \frac{1}{\zeta}$ と変数変換すると, ベッセルの微分方程式 (4.46) は次の形になる.

$$\frac{d^2 u}{d\zeta^2} + \frac{1}{\zeta}\frac{du}{d\zeta} + \left(\frac{1}{\zeta^4} - \frac{\nu^2}{\zeta^2} \right) u = 0.$$

さらに, $u(\zeta) = \zeta^{-\frac{1}{2}} v(\zeta)$ とすれば,

$$\frac{d^2 v}{d\zeta^2} + \left\{ \left(\frac{1}{4} - \nu^2 \right) \frac{1}{\zeta^2} + \frac{1}{\zeta^4} \right\} v = 0.$$

そこで $v(\zeta) = \exp\left\{ \int w(\zeta)\,d\zeta \right\}$ とおけば,

$$\frac{dw}{d\zeta} + w^2 + \left\{ \left(\frac{1}{4} - \nu^2 \right) \frac{1}{\zeta^2} + \frac{1}{\zeta^4} \right\} = 0.$$

$w = \frac{w_0}{\zeta^2} + \frac{w_1}{\zeta} + \cdots$ と展開すれば,

$$w_0^2 + 1 = 0, \quad 2w_0 w_1 - 2w_0 = 0, \quad \ldots$$

となる. これより $w_0 = \pm i, w_1 = 1$ となるので,

$$u^{(j)} = \zeta^{-\frac{1}{2}} \exp \int \left(\pm \frac{i}{\zeta^2} + \frac{1}{\zeta} + \cdots \right) d\zeta = \zeta^{\frac{1}{2}} \exp \left(\mp \frac{i}{\zeta} + \cdots \right).$$

すなわち,

$$u^{(1)} = e^{iz} z^{-\frac{1}{2}} \left\{ 1 + O\left(\frac{1}{z} \right) \right\}, \quad u^{(2)} = e^{-iz} z^{-\frac{1}{2}} \left\{ 1 + O\left(\frac{1}{z} \right) \right\}.$$

第 5 章

演習 1 $u = z^{1-\gamma} \sum u_n z^n = \sum u_n z^{1-\gamma+n}$ をガウスの超幾何微分方程式 (5.7) に代入して整理すると,

$$-\sum (n - \gamma + 1 + \alpha)(n - \gamma + 1 + \beta) u_n z^{1-\gamma+n} + \sum (n - \gamma + 1) n u_n z^{-\gamma+n} = 0.$$

従って,

$$(n - \gamma + 1) n u_n = (n - \gamma + \alpha)(n - \gamma + \beta) u_{n-1} \quad (n = 1, 2, 3, \ldots).$$

すなわち,

$$u_n = \frac{(\alpha - \gamma + n)(\beta - \gamma + n)}{(1 - \gamma + n) n} u_{n-1}.$$

従って, $u_0 = 1$ とすると,

$$u_n = \frac{(\alpha - \gamma + 1)_n (\beta - \gamma + 1)_n}{(2 - \gamma)_n n!}.$$

よって, 求める解は

$$z^{1-\gamma} \sum_{n=0}^{\infty} \frac{(\alpha - \gamma + 1)_n (\beta - \gamma + 1)_n}{(2 - \gamma)_n} \frac{z^n}{n!} = z^{1-\gamma} F(\alpha - \gamma + 1, \beta - \gamma + 1, 2 - \gamma; z).$$

演習 2 超幾何微分方程式 (5.7) で変数変換 $z = \frac{1}{\zeta}$ を行えば,

$$\left[(1 - \zeta) \zeta^2 \frac{d^2}{d\zeta^2} + \{ (\gamma - 2) \zeta + 1 - \alpha - \beta \} \zeta \frac{d}{d\zeta} + \alpha\beta \right] u = 0$$

が得られる. さらに, 未知関数の変換 $u = \zeta^\alpha v$ を行うと, v は

$$\left[(1 - \zeta) \zeta \frac{d^2}{d\zeta^2} + \{ (\alpha - \beta + 1) - (2\alpha - \gamma + 2) \zeta \} \frac{d}{d\zeta} - \alpha(\alpha - \gamma + 1) \right] v = 0$$

を満たすことがわかる. これは $\widetilde{\alpha} = \alpha, \widetilde{\beta} = \alpha - \gamma + 1, \widetilde{\gamma} = \alpha - \beta + 1$ をパラメータとする ζ に関するガウスの超幾何微分方程式である. 従って,

$$\phi_1(z) = z^{-\alpha} F\left(\alpha, \alpha - \gamma + 1, \alpha - \beta + 1; \frac{1}{z} \right)$$

が $z = \infty$ における基本解系の一方の解となる.

さらに，前問を利用すれば，$z = \infty$ における基本解系のもう一方の解は，

$$\phi_2(z) = \zeta^\alpha \zeta^{1-\tilde{\gamma}} F(\tilde{\alpha} - \tilde{\gamma} + 1, \tilde{\beta} - \tilde{\gamma} + 1, 2 - \tilde{\gamma}; \zeta)$$

$$= z^{-\beta} F\left(\beta, \beta - \gamma + 1, \beta - \alpha + 1; \frac{1}{z}\right)$$

であることがわかる.

演習 3　ガンマ関数の定義式 (4.22) において $x = s^2$ と変数変換すれば，

$$\Gamma(p) = \int_0^\infty e^{-x} x^{p-1}\, dx = 2 \int_0^\infty e^{-s^2} s^{2p-1}\, ds.$$

従って，

$$\Gamma(p)\Gamma(q) = 4 \int_0^\infty e^{-s^2} s^{2p-1}\, ds \int_0^\infty e^{-t^2} t^{2q-1}\, dt$$

$$= 4 \int_0^\infty \int_0^\infty e^{-(s^2+t^2)} s^{2p-1} t^{2q-1}\, ds dt.$$

ここで極座標変換 $s = r\cos\theta, t = r\sin\theta$ を行えば，

$$\Gamma(p)\Gamma(q) = 4 \int_0^\infty e^{-r^2} r^{2(p+q)-1}\, dr \int_0^{\frac{\pi}{2}} (\cos\theta)^{2p-1} (\sin\theta)^{2q-1}\, d\theta$$

$$= \Gamma(p+q) \times 2 \int_0^{\frac{\pi}{2}} (\cos\theta)^{2p-1} (\sin\theta)^{2q-1}\, d\theta.$$

一方，ベータ関数の定義式で $x = \cos^2\theta$ とおくと，

$$B(p,q) = \int_0^1 x^{p-1}(1-x)^{q-1}\, dx = 2 \int_0^{\frac{\pi}{2}} (\cos\theta)^{2p-1} (\sin\theta)^{2q-1}\, d\theta.$$

よって，$\Gamma(p)\Gamma(q) = \Gamma(p+q)B(p,q)$.

演習 4　ヒントにあるように，$1 - z = w$ として $y = \dfrac{x-1}{x} \dfrac{1}{w}$ で変数変換を行う.

$$x = \frac{1}{1-wy}, \quad 1 - x = -\frac{wy}{1-wy}, \quad 1 - zx = w\frac{1-y}{1-wy}, \quad dx = \frac{w}{(1-wy)^2}\, dy$$

に注意すると，

$$\int_1^{\frac{1}{z}} X(z, x)\, dx$$

$$= \int_0^1 (1-wy)^{1-\alpha} \left(-\frac{wy}{1-wy}\right)^{\gamma-\alpha-1} \left(w\frac{1-y}{1-wy}\right)^{-\beta} \frac{w}{(1-wy)^2}\, dy$$

$$= w^{\gamma-\alpha-\beta} \int_0^1 (-y)^{\gamma-\alpha-1} (1-y)^{-\beta} (1-wy)^{\beta-\gamma}\, dy.$$

この右辺の積分は, $\widetilde{\alpha} = \gamma - \alpha, \widetilde{\beta} = \gamma - \beta, \widetilde{\gamma} = \gamma - \alpha - \beta + 1$ とおくと, $F(\widetilde{\alpha}, \widetilde{\beta}, \widetilde{\gamma}; w)$ の積分表示の定数倍である.

演習 5　前問と同様に, 今度は $y = \frac{1}{zx}$ で変数変換を行う.

$$x = \frac{1}{zy}, \quad 1 - x = \frac{zy - 1}{zy}, \quad 1 - zx = \frac{y - 1}{y}, \quad dx = -\frac{1}{zy^2} \, dy$$

により,

$$\int_{\frac{1}{z}}^{\infty} X(z, x) \, dx = \int_{1}^{0} (zy)^{1-\alpha} \left(\frac{zy - 1}{zy} \right)^{\gamma - \alpha - 1} \left(\frac{y - 1}{y} \right)^{-\beta} \left(-\frac{1}{zy^2} \right) dy$$

$$= z^{1-\gamma} \int_{0}^{1} y^{\beta - \gamma} (y - 1)^{-\beta} (zy - 1)^{\gamma - \alpha - 1} \, dy.$$

この右辺の積分は, $\widetilde{\alpha} = \beta - \gamma + 1, \widetilde{\beta} = \alpha - \gamma + 1, \widetilde{\gamma} = 2 - \gamma$ とおくと, $F(\widetilde{\alpha}, \widetilde{\beta}, \widetilde{\gamma}; z) = F(\widetilde{\beta}, \widetilde{\alpha}, \widetilde{\gamma}; z)$ の積分表示の定数倍である.

第6章

演習 1　例 6.3 を $\mu = \alpha - 1$, $f(x) = (1 - x)^{\gamma - \alpha - 1}$ に対して用いる.

$$f(x) = (1 - x)^{\gamma - \alpha - 1}$$

$$= \sum_{n=0}^{\infty} \frac{(\gamma - \alpha - 1)(\gamma - \alpha - 2) \cdots (\gamma - \alpha - n)}{n!} (-x)^n$$

$$= \sum_{n=0}^{\infty} \frac{(\alpha - \gamma + 1)_n}{n!} x^n$$

より,

$$\int_{0}^{1} e^{-wx} x^{\alpha - 1} (1 - x)^{\gamma - \alpha - 1} \, dx \sim \sum_{k=0}^{\infty} \frac{\Gamma(k + \alpha)}{k!} (\alpha - \gamma + 1)_k w^{-(k+\alpha)}$$

$$= \Gamma(\alpha) w^{-\alpha} \sum_{k=0}^{\infty} \frac{(\alpha)_k (\alpha - \gamma + 1)_k}{k!} w^{-k}.$$

よって,

$$\frac{\Gamma(\gamma)}{\Gamma(\alpha) \Gamma(\gamma - \alpha)} \int_{0}^{1} e^{-wx} x^{\alpha - 1} (1 - x)^{\gamma - \alpha - 1} \, dx$$

$$\sim \frac{\Gamma(\gamma)}{\Gamma(\gamma - \alpha)} w^{-\alpha} \sum_{k=0}^{\infty} \frac{(\alpha)_k (\alpha - \gamma + 1)_k}{k!} w^{-k}.$$

演習 2 $\cos x$ のべき級数展開 $\cos x = \displaystyle\sum_{n=0}^{\infty} \frac{(-1)^n}{(2n)!} x^{2n}$ に注意して，変数変換 $x^2 = t$ とワトソンの補題（命題 6.1）を用いると，$z \to +\infty$ のとき

$$
\begin{aligned}
I &= \int_0^\infty e^{-zx^2} \cos x \, dx = \int_0^\infty e^{-zt} \cos \sqrt{t} \, \frac{dt}{2\sqrt{t}} \\
&= \frac{1}{2} \int_0^\infty e^{-zt} \sum_{n=0}^\infty \frac{(-1)^n}{(2n)!} t^{n-\frac{1}{2}} \, dt \\
&\sim \frac{1}{2} \sum_{n=0}^\infty \frac{(-1)^n}{(2n)!} \Gamma\left(n + \frac{1}{2}\right) z^{-\left(n+\frac{1}{2}\right)} \\
&= \frac{1}{2} \sum_{n=0}^\infty \frac{(-1)^n (n-\frac{1}{2})(n-\frac{3}{2}) \cdots \frac{1}{2} \, \Gamma\left(\frac{1}{2}\right)}{(2n)!} z^{-\left(n+\frac{1}{2}\right)} \\
&= \frac{\sqrt{\pi}}{2} \sum_{n=0}^\infty \frac{(-1)^n}{2^{2n} n!} z^{-\left(n+\frac{1}{2}\right)}.
\end{aligned}
$$

ここで $\Gamma(\frac{1}{2}) = \sqrt{\pi}$ を用いた.

同様にして，$\sin x = \displaystyle\sum_{n=0}^{\infty} \frac{(-1)^n}{(2n+1)!} x^{2n+1}$ に注意すれば，

$$
\begin{aligned}
J &= \int_0^\infty e^{-zx^2} \sin x \, dx = \frac{1}{2} \int_0^\infty e^{-zt} \sum_{n=0}^\infty \frac{(-1)^n}{(2n+1)!} t^n \, dt \\
&\sim \frac{1}{2} \sum_{n=0}^\infty \frac{(-1)^n}{(2n+1)!} \Gamma(n+1) z^{-(n+1)} = \frac{1}{2} \sum_{n=0}^\infty \frac{(-1)^n n!}{(2n+1)!} z^{-(n+1)}.
\end{aligned}
$$

演習 3 鞍点は $\frac{\partial f}{\partial x}$ の零点である. $\frac{\partial f}{\partial x}$ を計算すると，

$$
\frac{\partial f}{\partial x} = -w - \frac{p}{1-x} + \frac{q-p}{x} = \frac{wx^2 - (w+q)x + (q-p)}{x(1-x)}.
$$

この右辺の分子を $g(x) = wx^2 - (w+q)x + (q-p)$ とおくと，

$$
g(0) = q - p > 0, \quad g(1) = -p < 0
$$

なので，$g(x)$ は区間 $(0,1)$ に零点をもつ. 従って，実軸上の区間 $(0,1)$ に鞍点 $\widehat{x}$ が一つ存在する. さらに，区間 $(0,1)$ において f は実数値（すなわち，$\mathrm{Im}\, f = 0$），かつ $(0, \widehat{x})$ で $f > 0$，$(\widehat{x}, 1)$ で $f < 0$ が成立するので，補題 6.2 に注意すれば，区間 $(0,1)$ が $\widehat{x}$ を通る $\mathrm{Re}\, f$ の最急降下路であることがわかる.

参　考　文　献

[1]　高崎金久，常微分方程式，日本評論社，2006.

[2]　小川卓克，応用微分方程式，朝倉書店，2017.

[3]　坂井秀隆，常微分方程式，東京大学出版会，2015.

[4]　笠原晧司，微分積分学，サイエンス社，1974.

[5]　高野恭一，常微分方程式，朝倉書店，1994.

[6]　森口繁一–宇田川銈久–一松信，数学公式 III，岩波書店，1960.

[7]　江沢洋，漸近解析入門，岩波書店，2013.

[8]　河合隆裕–竹井義次，特異摂動の代数解析学，岩波書店，2008.

[9]　福原満洲雄，常微分方程式（第 2 版），岩波書店，1980.

[10]　コディントン–レヴィンソン（吉田節三 訳），常微分方程式論（上/下），吉岡書店，1968/1969.

[11]　原岡喜重，複素領域における線形微分方程式，数学書房，2015.

[12]　伊藤秀一，常微分方程式と解析力学，共立出版，1998.

[13]　笠原晧司，微分方程式の基礎，朝倉書店，1982.

[14]　神保道夫，複素関数入門，岩波書店，2003.

[15]　畑政義，数理科学のための 複素関数論，サイエンス社，2018.

[16]　犬井鉄郎，特殊函数，岩波書店，1962.

[17]　原岡喜重，超幾何関数，朝倉書店，2002.

[18]　木村弘信，超幾何関数入門，SGC ライブラリ 55，サイエンス社，2007.

[19]　T. Oshima, Fractional Calculus of Weyl Algebra and Fuchsian differential equations, MSJ Memoirs, Vol. 28, Math. Soc. Japan, 2012.

[20]　大久保謙二郎–河野實彦，漸近展開，教育出版，1976.

[21]　渋谷泰隆，複素領域における線型常微分方程式 — 解析接続の問題，紀伊國屋書店，1976.

[22]　岡本和夫，パンルヴェ方程式，岩波書店，2009.

[23]　千葉逸人，解くための微分方程式と力学系理論，現代数学社，2021.

　以上の参考文献のリストのうち，本書で参考にし，本文中で引用した文献は[1]〜[8]である．その他，定評のある常微分方程式の教科書として[9]〜[17]がある．特に，[3]と[11]は，非常に多くの内容を含んだ著者の意気込みが伝わってくる力作である．

　以下，各章に関連し，本書よりやや進んだ内容を扱う文献について，少しコメントを加えておこう．（ただし，決して網羅的ではないことを注意しておく．）

　第1章では，イントロダクションの後，主として求積できる常微分方程式の例をいくつか扱ったが，応用上も重要なハミルトン系については，ページ数の関係もあって全く触れることができなかった．ハミルトン系については，例えば[12]やそこで挙げられている文献を参照して欲しい．また，線形方程式を論じた第2章に関しては，[13]の説明が詳しくてわかりやすい．常微分方程式の基本定理を扱った第3章については，上で挙げたような常微分方程式の教科書が基本的な参考文献である．

　本文中でも述べたが，複素変数の常微分方程式の理論を論じた後半の第4章以降がある意味で本書の主要部である．この後半では，主として複素解析の方法を用いて，ガウスの超幾何関数をはじめとする代表的な常微分方程式の解のいろいろな性質を論じた．複素解析の最も基本的な部分は本書の中でも簡単に解説したが，複素解析の系統的な解説については，例えば[14]，あるいは本ライブラリ中の[15]を参照．また，こうした古典的かつ代表的な微分方程式を論じる分野は，しばしば「特殊関数論」と呼ばれる．特殊関数論の解説書として代表的なものに（やや古いが）[16]がある．特に，第5章で論じたガウスの超幾何関数を扱った特色のある教科書として，上でも挙げた[5]に加えて，[17]，[18]を挙げておく．本書で論じた複素変数の常微分方程式論の分野では，リーマン–リウヴィル変換に基づくいわゆる中間畳み込み（middle convolution）の方法を用いて，スペクトル型などの理論整備が最近急速に進展した．こうした最近の進展については（英語で書かれた専門書ではあるが）[19]を参照．さらに，漸近展開とストークス現象を扱った第6章の参考書として，[7]に加えて[20]，および（ストークス現象を層（sheaf）理論の視点から厳密に論じた）[21]等がある．

　最後に，モノドロミーをはじめとする複素変数の常微分方程式の大域理論のさらに発展的な内容として，モノドロミー保存変形やそれに関わるパンルヴェ方程式の理論がある．パンルヴェ方程式を論じた名著として[22]を挙げておく．また，本書では常微分方程式の解の漸近的な性質，特にその力学系的な側面を全く論じることができなかった．この話題については，例えば[23]やそこで挙げられている文献を参照されたい．

索　　引

あ　行

アスコリ–アルツェラの定理　　68
鞍点　　162
鞍点法　　162
一様有界性　　69
一致の定理　　84, 85
一般解　　4
ウェーバー関数　　154
ウェーバーの微分方程式　　152
演算子法　　37
延長　　70
オイラーの公式　　8
オイラーの積分表示式　　120

か　行

階数　　2
解析接続　　92
解の基本系　　27
ガウスの超幾何微分方程式　　15, 105, 118
確定特異点　　97
重ね合わせの原理　　4
完全微分形　　19
完備　　65
ガンマ関数　　92, 120
基本解行列　　48
基本解系　　27
基本群　　115
求積できる　　17
境界条件　　10
行列の指数関数　　51
行列の対角化　　54
極　　87
グロンウォールの補題　　63
クンマーの合流型超幾何微分方程式　　15, 109, 143

形式解　　111
合流型超幾何関数　　144
合流型超幾何級数　　144
コーシーの折れ線近似　　63, 66
コーシーの積分公式　　82
コーシーの積分定理　　82
コーシーの評価式　　84
コーシー問題　　3
コーシー–リーマンの関係式　　81
固有関数　　13
固有多項式　　54
固有値　　13, 54

さ　行

最急降下法　　162
最急降下路　　162
指数増大度　　38
縮小写像の原理　　65
シュレーディンガー作用素　　13
常微分方程式　　1
初期条件　　3
初期値　　3
初期値問題　　3
ジョルダン標準形　　54
ストークス係数　　158
ストークス現象　　143, 152
斉次方程式　　25
正則関数　　81
正則点　　87
積分因子　　21
接続　　70
接続問題　　133
漸近展開　　143, 147
線形方程式　　4

た　行

単独方程式　　1

超幾何関数　　106, 118
超幾何級数　　106
定数変化法　　42
同次形　　24
同次方程式　　25
同程度連続性　　69
同等連続性　　69
特異点　　96
特殊解　　4
特性指数　　98
特性多項式　　30
特性方程式　　30, 98

な　行

ノルム　　51

は　行

爆発　　7, 73
波動方程式　　9
パラメータに関するストークス現象
　169, 175
反転公式　　40
ピカールの逐次近似法　　63
比較定理　　73
非斉次方程式　　25
非線形方程式　　4
非同次方程式　　25
微分方程式　　1
ピュイズー展開　　168
不確定特異点　　97
フックス型方程式　　118
フロベニウスの方法　　99
べき級数展開　　63, 83
ベッセル関数　　12

ベッセルの微分方程式　　12, 112
ベルヌーイ形　　24
変数分離形　　5, 17
変数分離法　　11
偏微分方程式　　1
本質的特異点　　87

ま　行

モノドロミー　　113, 114
モノドロミー行列　　114

や　行

優級数　　90
優級数の方法　　89

ら　行

ラプラス変換　　38
リーマン図式　　118
リッカチ方程式　　22
リプシッツ条件　　60
リプシッツ連続　　60
留数　　87
留数定理　　86
連立方程式　　1
ローラン展開　　86
ロジスティック方程式　　5
ロンスキアン　　27
ロンスキー行列式　　27

わ　行

ワトソンの補題　　165

欧　字

WKB 解　　170

著者略歴

竹 井 義 次
たけ　い　よし　つぐ

1990 年　京都大学大学院理学研究科数学専攻
　　　　博士後期課程修了　京都大学理学博士
1990 年　京都大学理学部数学教室助手
1993 年　京都大学数理解析研究所助教授
　　　　（2007 年より准教授）
2017 年　同志社大学理工学部教授

主要著書

『特異摂動の代数解析学』（共著，岩波書店，2008）
　（"Algebraic Analysis of Singular Perturbation Theory"，
　アメリカ数学会から英訳，2005）
『Virtual Turning Points』（共著，Springer-Verlag，2015）

ライブラリ数理科学のための数学とその展開＝F4

数理科学のための
常微分方程式と複素積分

2024 年 10 月 10 日 ⓒ　　　　　　　　　　初 版 発 行

著　者　竹 井 義 次　　　　　　　発行者　森 平 敏 孝
　　　　　　　　　　　　　　　　　印刷者　大 道 成 則

発行所　　　株式会社　サ イ エ ン ス 社

〒151-0051　東京都渋谷区千駄ヶ谷 1 丁目 3 番 25 号
営業　☎ (03)5474-8500（代）　振替 00170-7-2387
編集　☎ (03)5474-8600（代）
FAX　☎ (03)5474-8900

印刷・製本　　（株）太洋社

《検印省略》

サイエンス社のホームページのご案内
https://www.saiensu.co.jp
ご意見・ご要望は
rikei@saiensu.co.jp　まで.

ISBN978-4-7819-1612-5

PRINTED IN JAPAN